KB270854

미국은 왜 한국전쟁에서 휴전할 수밖에 없었을까

- 미국의 새로운 국가안보체제하의 전쟁정책과 전쟁지도를 중심으로 -

미국은 왜 한국전쟁에서 휴전할 수밖에 없었을까

– 미국의 새로운 국가안보체제하의 전쟁정책과 전쟁지도를 중심으로 –

○ 남정옥 지음

한국학술정보㈜

제2차 세계대전 이후 미국은 핵무기의 독점 보유로 세계최강의 군사대국으로 등극하였다. 또한 미국은 제2차 세계대전에서 노출되었던 전쟁수행상의 제도적 문제점을 보완하기 위해 국가안보기구에 대한 대대적인 개혁을 단행하였다.

이에 따라 국가안보회의(NSC), 중앙정보국(CIA), 국방부(DOD), 합동참모본부(JCS)가 창설되어 전쟁승리에 필요한 체제를 완벽하게 구축하게 되었다. 군사부문에서도 미국은 육군에서 항공대를 독립시킴으로써 비로소 육·해·공군의 3군(three services) 체제를 갖추게 되었다.

비록 미국이 제2차 세계대전 후 태평양전쟁에서 일본의 조기항복을 가능케 했던 원자폭탄에 대한 과도한 신뢰로 재래식 군비에 대한 감축이 이루어졌으나 여전히 미국은 재래식 군사력 면에서 소련과 더불어 세계최강을 자랑하고 있었다.

이러한 전력을 갖추고 있던 미국이 1950년 6월 25일 한국에서 북한의 기습남침으로 전쟁이 발발하자 3년 동안 막대한 국방비와 군사력을 투입하고도 미국 역사상 최초로 승리 아닌 휴전을 하게 되었다.

미국은 한국전쟁 기간 수천 대의 전투기와 16척의 항공모함, 그리고 180만 명에 달하는 미군을 한국전선에 투입하고도 그들이 원하는 완전한 군사적 승리를 거두지 못했다.

특히 한국전선에 투입돼 기동력과 화력이 우세한 미군을 지휘했던 미군 지휘관들은 불과 5년 전 제2차 세계대전과 태평양전쟁의 주 무대였던 유럽과 태평양에서 독일군과 일본군을 상대로 승리만을 구가했던 역전의 맹장과 지장들이었다. 맥아더, 워커, 리지웨이, 밴플리트, 클라크, 테일러, 스트레트메이어, 조이, 밀번, 알먼드, 스미스 장군 등은 모두 미국이 자랑하는 최고의 지휘관들이었다.

또한 이들을 지휘했던 워싱턴의 군사지도자들도 제2차 세계대전의 명장들이었다. 브래들리 합참의장을 비롯하여 콜린스 육군참모총장, 셔먼 해군참모총장, 반덴버그 공군참모총장 등은 역전의 용장들이었다.

그런데 미국은 왜 한국전쟁에서 휴전을 하게 되었을까? 그것도 동양의 한반도에서. 미국은 왜 이처럼 우수한 지휘관과 우세한 군사력 그리고 막대한 국방비를 투입하고도 한국을 통일하지 못했을까? 이에 대한 답을 구하는 것이 본 연구의 목적이다.

이를 위해 필자는 전쟁 이전 미국의 전쟁지도체제와 전쟁수행능력, 전쟁 이후 한반도에 전개된 군사력 규모와 전개, 그리고 전쟁 전개과정에서 수립되어 적용된 미국의 정책과 전략이 궁극적으로 전쟁결과에 어떠한 영향을 미쳤는가를 규명하고자 노력하였다.

이 책은 필자가 이에 대해 오랫동안 관심을 갖고 학문적 고뇌를 거듭하다 작성했던 박사학위논문 「미국의 국가안보체제 개편과 한국전쟁 시 전쟁정책과 지도」(단국대학교 대학원 사학과)를 거의 변형시키지 않은 채 오자와 탈자를 바로잡는 정도로 손을 보아 출간한 것이다.

이 연구를 하는 데는 많은 분들의 도움이 있었다. 그중에서도 석사 과정에서부터 이 분야에 대해 연구할 수 있도록 꾸준히 지도해 주신 충남대학교 차상철 교수님, 건국대학교 이주영 교수님, 단국대학교 김연진 교수님의 열정과 배려에 고마움을 표한다.

또한 필자와 함께 공부를 하면서 도움을 아끼지 않았던 많은 동학들에 대한 고마움도 잊을 수 없다. 지면에 일일이 거명하지 못하는 것에 대해 양해를 구한다.

끝으로 이 책이 나오기까지 도와주신 모든 분들께 심심한 감사를 표한다.

6·25전쟁 60주년을 앞둔 2010년 1월

남정옥

목 차

제4장 한국전쟁 중 미국의 전쟁수행정책과 전쟁지도 / 207

제5장 결론: 미국은 한국전쟁에서 왜 승리 아닌 휴전을 했는가 / 287

제 **1** 장

서 론

미 국방부 마크

미 합동참모본부 마크

본 연구는 미국이 한국전쟁에 개입하여 3년 동안 막대한 국방비와 군사력을 투입하고도 그 역사상 최초로 승리 아닌 휴전을 하게 된 배경과 원인을 미국의 국가안보체제와 전쟁수행 과정에서 밝히는 데 있다.

이를 위해 본고에서는 전쟁 이전 미국의 전쟁지도체제와 전쟁수행능력, 전쟁 이후 한반도에 전개된 군사력 규모와 전개, 그리고 전쟁 전개과정에서 수립되어 적용된 미국의 정책과 전략이 궁극적으로 전쟁결과에 어떠한 영향을 미쳤는가를 규명하는 것이다.

미국 역사에서 한국전쟁은 매우 독특한 전쟁이었다. 한국전쟁은 미국이 핵무기 시대에 미국 의회의 동의를 받지 않고 싸운 최초의 재래식 전쟁이자 비전통적(untraditional) 방식에 의해 수행된 전쟁이다. 또한 한국전쟁은 국제평화기구인 유엔의 권위와 지도 아래 유엔군이란 집단안보체제가 작동되어 수행된 최초의 전쟁이다.[1]

한국전쟁 이전까지만 해도 미국은 전쟁을 소정의 절차를 밟아 행했다. 미국은 의회의 동의를 거쳐 적대국가에 선전포고를 실시한 후 전쟁상태에 들어갔고, 전쟁이 시작되면 무조건 항복이라는 절대적 승리를 통해 적대국가에 전쟁의 책임을 묻는 전쟁수행원칙을 고수하였다.[2]

---

1) Michael S. Twedt, "The War Rhetoric of Harry S. Truman during the Korean Conflict", University of Kansas, Ph. D. dissertation, 1969, p.4.

이는 미국이 수행하였던 전쟁을 통해 알 수 있다. 미국은 미·스페인전쟁(the Spanish－American War)이 끝나자 스페인에 전쟁책임을 물었고, 제2차 세계대전 이후에는 독일과 일본에 패전책임을 물어 전쟁배상과 군정(軍政)을 실시하는 전통적인 전쟁수행방식에 충실하였다.

그러나 한국전쟁 동안 미국은 전쟁계획 속에 포함된 핵무기를 사용하지 않은 채 교전국가와 휴전협정을 체결함으로써 승리 아닌 휴전으로 전쟁을 종결하게 되었다. 이는 미국 역사상 초유의 사건일 뿐만 아니라 과거 미국이 수행하였던 전쟁에서는 결코 볼 수 없었던 비전통적인 전쟁수행방식이었다.

역사적으로 미국은 전쟁을 할 때면 참전에 대한 국민들의 열기와 공감대가 충분히 형성된 후에야 비로소 의회의 동의를 받아 적대국가에 선전포고를 하였다.

특히 미국은 적국에 대한 국민들의 증오심이 커지고 적국에 대한 응징의 열기가 최고로 높아진 시점에서 여론의 전폭적인 지지와 의회의 전쟁결의를 통해 전쟁상태에 들어갔다.

즉, 미국은 참전의 타당성을 가장 상징적으로 표현한 구호(slogan)를 통해 여론을 극대화하여 참전의 당위성을 고취시켜 나갔다.

멕시코 전쟁 때 미국은 국민들에게 "알라모(Alamo) 요새를 상기하라!"고 호소하였고, 미·스페인전쟁 때 미국은 "메인(Maine)호를 기억하라!"고 호소하면서 국민들의 전의를 일깨웠다.

제2차 세계대전에 참전할 때 미국은 "진주만을 기억하라"고 호소하면서 일본과의 태평양 전쟁에 돌입하였다.[3]

---

2) Russell F. Weigley, *The American Way of War: A History of United States Military Strategy and Policy*(Bloomington: Indiana University Press, 1973), pp. xⅷ－xⅸ.

이처럼 미국은 전쟁을 하기 전에 반드시 국민들의 전쟁에 대한 결의를 하나로 통합시킨 다음에 선전포고를 실시하였고, 이어서 전쟁이 벌어지면 적으로부터 무조건항복을 통해 완벽한 군사적 승리를 얻어냈다.

하지만 한국전쟁의 경우 미국은 전쟁의 당위성 및 승리에 필요한 상징적인 전쟁구호와 이에 따른 여론 형성, 그리고 의회의 선전포고가 이루어지지 않은 가운데 전쟁에 개입하였다. 이는 이제까지 미국이 개입해 왔던 전쟁수행방식에서 크게 이탈한 것으로서 전혀 색다른 모습을 보여 주었다.

한국전쟁은 전쟁의 승패를 떠나 전쟁사적 측면에서 중요한 위치를 점유하고 있다. 한국전쟁은 1816년 나폴레옹 전쟁 이후부터 1965년 베트남전쟁 이전까지 국제사회에서 발생한 50여 회의 전쟁 가운데 참전병력, 참전기간, 교전대상국, 피해를 종합하여 분석한 결과 제1·2차 세계대전에 이어 세 번째로 평가받고 있다.[4]

한국전쟁은 미국 전쟁사에서도 미국이 참전했던 전쟁 가운데 참전병력, 참전비용, 참전기간 면에서 제1·2차 세계대전에 이어 세 번째, 그리고 사상자 수에서는 제1·2차 세계대전과 남북전쟁(the Civil War)에 이어 네 번째로 평가받았다.[5]

특히, 한국전쟁은 사상자 비율에서 과거 다른 전쟁보다 높은 수

---

3) Harry H. Ransom, *Can American Democracy Survive Cold War?*(Garden City, NY: Doubleday and Company, Inc., 1963), p.27; Twedt, "The War Rhetoric of Harry S. Truman during the Korean Conflict", pp.59-60에서 재인용.

4) J. David Singer and Melvin Small, *The Wages of War: 1816~1965*(New York: John Wiley & Sons, 1972), pp.131-134.

5) U. S. Bureau of the Census, *Historical Statistics of the Unites States: Colonial Times to 1957*(Washington, D.C.: Government Printing Office, 1961), pp.735-739.

치를 나타냈다. 이는 미국의 전쟁사가 퀸시 라이트(Quincy Wright) 교수의 17세기부터 20세기까지 참전 군인의 피해에 대한 연구 결과에서 알 수 있다. 그는 참전 군인의 피해가 17세기에 20%였던 것이 18세기에는 15%로 떨어졌고 19세기에는 10% 수준으로 5%씩 감소하다가 20세기에는 6%로 떨어졌음을 밝혀냈다.[6]

그러나 한국전쟁은 20세기 참전군인의 평균 피해인 6%보다 1.7%나 많은 7.7%로 라이트 교수의 연구결과에 역행하는 특이한 결과를 빚어냈다. 제2차 세계대전 이전 미국은 전쟁 개입단계부터 전쟁목표와 정책을 수립한 상태에서 명확한 적에게 선전포고를 한 후 전쟁에 임했다.

하지만 제2차 세계대전 이후 미국은 핵무기와 전략공군에 기초한 소련과의 전면전쟁계획만을 수립하였고, 전후 대소 봉쇄정책 수행 과정에서 발생할 국지전(local war)에 대한 전쟁계획은 수립하지 않았다.

더욱이 미국의 대소 전쟁계획에는 군사적으로 전략가치가 낮게 평가된 한반도를 포함한 극동지역에서는 전략적 방어를 하도록 계획되어 있었고, 극동방위의 핵심도 일본을 방위하기 위해 극동방위선(알류산 열도 - 일본 - 필리핀 - 오키나와)에서 소련의 공격을 저지하는 것이었다.[7]

이런 연유로 한국은 미국의 전쟁계획에 포함되지 않았다. 그 결과 한국에서 북한의 기습남침으로 전쟁이 발발하자 미국의 전쟁지

---

6) Quincy Wright, *A Study of War* (Chicago: University of Chicago Press, 1965), p.59.

7) Kenneth W. Condit, *History of the Joint Chiefs of Staff: The Joint Chiefs of Staff and National Policy*, Vol. II - *1947 - 1949* (Washington, D.C.: Office of Joint History, Office of the Chairman of the Joint Chiefs of Staff, 1996), pp.153 - 166, 274 - 278.

도부가 참전에 따른 전쟁정책과 목표를 설정하고 군대를 축차적(逐次的)으로 파병하였다. 이는 과거 미국이 충분한 전쟁준비를 통해 전쟁에 개입하여 수행하였던 전쟁형태와는 사뭇 다른 모습이었다.

한국전쟁은 여러 가지 복합적 요인이 상호 상승작용을 일으키며 발발한 것이었다. 한국전쟁의 원인들로는 제2차 세계대전 이후 소련의 위협에 대해 미국의 국지전에 대한 계획의 미 수립, 미국의 대외정책과 전쟁계획에 나타난 유럽우선주의 정책과 한반도를 배제한 극동에서의 일본 중시정책, 그리고 북한을 포함한 소련공산권의 침략적 요인을 들 수 있다.

즉, 한국전쟁은 냉전의 심화 과정에서 주한미군이 철수하고 '애치슨 라인(Acheson Line)' 또는 '극동방위선'으로 대표되는 미국의 소극적인 한반도 안보정책의 허점을 간파한 북한·소련·중공이 사전 모의하에 일으킨 기습전쟁이었다.[8]

그러나 미국은 전쟁 이전 소극적인 대한 정책과는 달리 전후 새롭게 개편된 전쟁지도체제하에서 북한의 남침에 대해 유엔과의 공조를 통해 신속하면서도 단호하게 대처해 나갔다.

트루먼 대통령은 제2차 세계대전의 원인으로 작용했던 1930년대

---

8) 이러한 주장을 담고 있는 논저로는 김철범, 「미국의 대한 정책과 주둔군 철수」, 「한국전쟁사: 전쟁의 기원」 제2권(서울: 전쟁기념사업회, 1990); 김철범, 「한국전쟁과 미국의 외교정책: 철수, 참전, 북진, 휴전결정을 중심으로」, 「한국전쟁을 보는 시각」(서울: 을유문화사, 1990); 신복룡, 「한국전쟁과 미국 유도설: D. 애치슨 연설을 둘러싼 논쟁을 중심으로」, 「한국분단사 연구」(서울: 한울 아카데미, 2001); 김영호, 「한국전쟁의 기원과 전개과정」(서울: 두레, 1998); 남주홍, 「미국의 참전」, 「한국전쟁의 정치외교사적 고찰」(서울: 평민사, 1989); 이철순, 「이승만정권기 미국의 대한 정책연구, 1948－1960」, 서울대학교박사학위논문, 2000; 안천, 「남침유도설 해부」(서울: 과학지식사, 1993); 이호재, 「한국외교정책의 이상과 현실: 해방 민족갈등기의 반성」(서울: 법문사, 1988); 국방부군사편찬연구소, 「6·25전쟁사: 북한의 전면남침과 초기 방어전투」 ② (서울: 군사편찬연구소, 2005); William Stueck, *The Korean War: An International History* (Princeton, NJ: Princeton University Press, 1995); William Stueck, *Rethinking The Korean War: A New Diplomatic and Strategic History* (Princeton, NJ: Princeton University Press, 2002) 등이 있다.

일본이나 독일의 침략에 대해 적극적으로 대처하지 못했던 '1930년대 역사적 과오'를 되풀이하지 않기 위해 북한의 침략행위를 유엔헌장의 위반으로 규정하고 처음부터 단호한 태도를 취하였다.

미국은 유엔안전보장이사회의 결의에 따라 한국에 대한 군사적 지원을 제공하였다. 미국은 한국을 원조하기 위해 해·공군을 지원한 데 이어 전쟁 발발 1주일 만에 미 지상군을 파견하여 유엔회원국 중 한국전쟁에 가장 먼저 개입하게 되었다.

또 미국은 한국에 파견될 유엔회원국의 군대를 통합·지휘할 유엔군사령부를 유엔안보리 결의에 따라 설치함으로써 한국전쟁을 적극적으로 주도하며 수행해 나갔다.

미국은 3년간의 한국전쟁 동안 막대한 재원과 병력을 투입하였다. 미국은 178만 명의 군인을 포함하여 수백 척의 항공모함과 전함, 수천 대의 항공기, 그리고 670억 달러의 비용을 한국전쟁에 투입하였다.

그러나 미국은 제2차 세계대전 이전 미군의 상징이 되었던 '적으로부터의 무조건 항복'이라는 완벽한 군사적 승리를 얻지 못하였다. 미국은 역사상 최초로 휴전협정에 조인한 미군 사령관을 탄생시킴으로써 한국전쟁을 '승리 아닌 휴전'으로 종결짓게 되었다.[9]

그렇다면 미국이 전쟁 초기부터 한국전쟁에 개입하여 막대한 군사력을 투입하고도 전쟁에서 승리하지 못했던 이유가 무엇일까? 이 책에서는 미국이 전쟁에서 승리 아닌 휴전으로 끝낼 수밖에 없었던 근본적인 이유를 중공의 개입과 같은 대외적 요인보다는 미국의 대내적 요인에서 찾고자 하였다.

---

9) Mark W. Clark, *From to the Danube the Yalu*(New York: Harper and Row, 1974), p.1.

미국이 전쟁을 수행하는 데 크게 영향을 주었던 대외적 요인으로
는 중공군 개입과 이에 따른 확전의 가능성,10) 중공군 개입 이후 미
국의 핵무기 사용에 대한 서유럽 국가들의 제동, 유엔참전국가의 전
쟁 조기종결 압력, 그리고 미국의 대소 전면전쟁계획에 사활적 이익
지역으로 분류된 서유럽을 소련의 침략으로부터 보호하기 위해 시급
히 해결해야 될 북대서양조약기구(NATO)에 대한 강화가 있었다.11)

영국을 비롯한 서유럽 국가들은 중공군의 개입 이전까지는 미국
의 정책을 지지하고 옹호하였다. 그러나 중공군 개입 이후 서유럽
국가들은 미국의 중국 본토로의 확전 및 핵무기 사용에 대해 제동
을 걸기 시작하였고, 미국은 영국과 사전 협의 없이 핵무기를 사용
하지 않겠다는 입장을 표명했다.12)

하지만 여기서는 이들 대외적인 요인보다는 미국이 전후 새롭게
개편한 국가안보체제하에서 수행된 전쟁정책과 전략, 전쟁지도(戰

---

10) Chen Jian, *China's Road to the Korean War: The Making of the Sino-American Confrontations, 1949-1958*(New York: Columbia University Press, 1994); Allen S. Whiting, *China Cross the Yalu: The Decision to Enter the Korean War*(Stanford: Stanford University Press, 1968).

11) 라종일, 「끝나지 않은 전쟁: 한반도와 강대국정치, 1950-1954」(서울: 전예원, 1994); Dean G. Acheson, *Present at Creation: My Years in the State Department*(New York: W. W. Norton & Company, 1969); Callum MacDonald, *Britain and the Korean War*(Oxford: B. Blackwall, 1990); Gye-Dong Kim, *Foreign Intervention in Korea*(Aldershot, England: Brookfield, Vt: Dartmouth, 1993); William Stueck, *The Korean War: An International History*(Princeton, NJ: Princeton University Press, 1995); William Stueck, *Rethinking The Korean War: A New Diplomatic and Strategic History*(Princeton, NJ: Princeton University Press, 2002); 김계동, 「한국전쟁과 영·미의 외교적 갈등」, 「國際情勢」 12호 (1990.6), pp.48-57; 김계동, 「한국전쟁 기간 영·미간의 갈등-유화론과 강경론의 대립」, 「탈냉전시대 한국전쟁의 재조명」(서울: 백산서당, 2000), pp.173-208; 원태재, 「6·25전쟁과 영국의 역할」, 「軍史」 제59호(2006.6), pp.271-309.

12) Memorandum for the Record by the Ambassador ar Large(Jessup), December 7, 1950, *FRUS, 1950,* vol.Ⅶ, p.1462; Memorandum for the Record, by Mr. R. Gordon Arneson, Special Assistant to the Secretary of State, January 16, 1953, *FRUS, 1950,* vol.Ⅶ, pp.1462-1465.

爭指導: conduct of war),[13] 그리고 군사력 운용 등 전쟁수행능력 및 전쟁수행 과정에서 발생하였던 내적 요인을 통해 문제의 본질에 접근하고자 하였다.

물론 미국이 한국전쟁을 수행하는 과정에서 중공군의 개입 등 새로운 전장 환경의 변화에 따른 정책을 결정하고 전쟁을 지도하는 데 있어 대외적 요인을 무시해도 될 만큼 영향력이 없었던 것은 아니다. 그럼에도 불구하고 본고에서 대외적 요인을 배제한 가운데 대내적 요인을 중심으로 논지를 전개하려는 이유는 미국이 국가안보회의에서 한국전쟁과 관련한 정책과 전략을 수립할 때 소련 및 중공의 위협, 향후 그들의 행동 가능성, 참전 우방국가의 입장 등 대외적 요인을 충분히 검토하였기 때문이다.[14]

또한 한국전쟁을 처음부터 끝까지 지도하고 수행하였던 미국이 한국에서 승리 아닌 휴전을 할 수밖에 없었던 이유를 본고에서는 미국의 전쟁지도체제와 전쟁수행능력 등 국가안보 및 군사력 측면

---

13) 전쟁지도는 미국을 위시한 유럽에서 "전쟁에서 승리를 획득하기 위하여 모든 국력을 사용하는 기술"이라고 하여 전쟁수행전략과 유사한 개념으로 파악되고 있다. 물론 전쟁의 발생을 사전에 예방하는 노력과 일단 전쟁이 시작되었을 때 전쟁의 목적을 달성하기 위하여 국가의 군사력과 기타 군사 외적 국력 요소들을 준비·계획하고 적용하는 방책을 전쟁지도의 영역에 포함시키고 있다. 즉, 전쟁지도는 국가의 전쟁목적을 달성할 수 있도록 전쟁에 대비하고 전쟁을 수행함에 있어서 국가의 자원과 노력을 조직화하고 효율화하는 일련의 조정·통제의 과정을 지칭한다. 이에 대해서는 다음의 문헌을 참고할 것. 최병갑, 「전쟁지도론」, 「안전보장론」(서울: 국방대학원, 1991); 최병갑, 「전쟁지도」, 「국가안전보장론」(서울: 국방대학원, 1992); J. F. C. Fuller 저, 국방대학원 역, 「戰爭의 指導: The Conduct of War」(서울: 국방대학원, 1960); 국가안전보장회의 비상기획위원회, 「한국전쟁지도체제의 발전방향」(서울: 비상기획위원회, 1993); 육군교육사령부, 「戰爭指導 理論과 實際」(대전: 교육사령부, 1991); 엄영호, 「한국의 전쟁지도에 관한 연구」, 건국대학교 석사학위논문, 1988; 이상호, 「한국의 전쟁지도체제에 관한 연구」, 연세대학교 석사학위논문, 1980.

14) 미국의 국가안보회의 문서가 어떻게 구성되었는가를 NSC-73/1(한국 상황에서 장차 소련이 취할 해동에 대한 미국의 입장과 조치)을 통해 살펴보면 다음과 같다. 문제 제기, 개요, 3차 세계대전의 가능성, 소련이 그들의 위성국가를 활용한 침략의 가능성, 장차 소련의 비군사적 움직임, 결론 순으로 구성되어 있다. NSC-73/1, July 29, 1950, *Documents of The National Security Council: Korea 1948-1950*(서울: 국방부군사편찬연구소, 1996), pp.555-576.

에서 찾고자 하였기 때문이다.

그렇게 함으로써 필자는 이 책의 논지와 이것이 담고 있는 의미를 보다 분명히 하고자 했다.

미국의 한국전쟁수행 및 결과에 영향을 미쳤던 대내적 요인으로는 경제적 요인, 인적 피해의 가중, 반전 여론의 형성 등을 들 수가 있을 것이다.

즉, 먼저 전쟁 이전과 비교하여 4배를 상회하는 국방예산의 대폭증액,[15] 전쟁 장기화에 따른 승리 비용에 대한 추가적인 재정 부담,[16] 그리고 막대한 인명손실[17] 등을 꼽을 수가 있을 것이다.

그렇지만 여기서는 전쟁을 지도하고 수행하였던 미국 전쟁지도부의 역할, 미군 참전 시기의 적절성과 군사력 지원 규모, 전쟁정책과 지도 등 전쟁 승패와 직접적인 관련이 있는 국가안보 및 군사적 측면만을 고려하였다.

이를 위해 여기서는 전쟁 이전 미국의 전쟁지도부로서 국가안보체제, 미국의 대외정책과 전쟁계획, 그리고 미국의 대한 정책을 다루게 될 것이고, 전쟁 발발 이후에는 미국의 참전 결정과정과 이에

---

15) 미국의 국방예산은 1950년 약 130억 달러에서 전쟁 중에는 연간 약 445억 달러에서 540억 달러로 증가하였다. Walter S. Poole, *History of the JCS: The Joint Chiefs of Staff and National Policy, 1950 – 1952*, vol. V (Washington, D.C.: Office of JCS, Office of the Chairman of the JCS, 1998), p.31.

16) 미국이 한국에서 전면전을 지속하기 위해 추가로 필요한 병력은 20만 명이었다. 당시 미군 1명을 한국에 주둔시키는 데 필요한 비용은 연간 4,500달러가 소요되었다. 따라서 단순한 추가 소요 비용만도 9억 달러에 달했다. Albert C. Wedemeyer's Testimony and Gen. Marshall's Testimony, *MacArthur's Hearings*(Washington, D.C.: Government Printing Office, 1951), pp.610, 2397.

17) 한국전쟁 기간 동안 미군은 전 사상자 약 13만 명으로 미국이 참전한 역대 전쟁에서 4번째를 차지하였다. U. S. Bureau of the Census, *Historical Statistics of the Unites States: Colonial Times to 1957*, pp.735 – 739; Senator W. F. Knowland's Testimony, *MacArthur Hearings*, p.794.

따라 이루어진 미군의 한반도 군사력 전개, 그리고 전쟁 전개과정
에서 나타난 미국의 전쟁정책과 전략, 이러한 틀 속에서 작동되었
던 전쟁지도에 대해 다루게 될 것이다.

먼저, 전쟁지도체제로서 제2차 세계대전 이후 새롭게 개편된 미
국의 국가안보체제가 전쟁수행에 적합한 제도였는지, 또 전쟁 이전
미국의 대외정책과 전쟁계획, 그리고 미국의 소극적인 대한 정책이
미국의 전쟁수행에 어떠한 영향을 미쳤는지는 전쟁의 결과가 휴전
으로 갈 수밖에 없었던 평가 기준으로서의 역할을 하게 될 것이다.

또한 전쟁 발발 이후 전개된 미국의 군사력 규모와 전개시기에
대한 검토도 전쟁사에서 이들 요소가 전쟁의 승패를 결정짓는 중
요한 요소로 작용하고 있다는 점에서 의미가 있을 것이다.

특히 한국전쟁에서 미국의 군사작전에 직접적인 영향을 주었을
뿐만 아니라 전쟁의 향배에 결정적 역할을 했던 미국의 전쟁정책
과 전략, 이에 따라 이루어진 전쟁지도를 미국의 전쟁지도부의 활
동을 통해 고찰하게 될 것이다.

이는 미국이 한국전쟁을 미국의 정책과 전략과 관련하여 어떻게
생각하고, 또 이를 통해 전쟁을 어떻게 지도하고 수행해 왔는가를
총체적으로 파악할 수 있다는 점에서 매우 중요하다.

이 책의 연구범위는 두 가지로 구분하여 전개하고자 한다. 전반
적으로 연구의 시기와 내용은 제2차 세계대전 이후부터 한국전쟁
이 종결되는 1953년까지 미국의 대한 정책과 전략, 그리고 전쟁수
행정책과 전쟁지도에 관련된 문제를 다루고 있다.

이 시기를 좀 더 구체적으로 살펴보면 먼저 전쟁 이전 미국의
정책과 전략, 그리고 미국의 전쟁지도체제의 개편을 담고 있는

1945년부터 1950년까지가 이 책의 도입부 역할을 하게 될 것이다.

그러한 연장선상에서 전쟁 발발 이후 미국의 참전결정으로부터 휴전내용을 담고 있는 1950년부터 1953년까지가 이 책의 핵심적인 역할을 하게 될 것이다. 이 시기 동안 다루어질 주요 내용으로는 미군의 한반도 전개와 이에 따른 미국의 전쟁수행정책 및 전략, 그리고 전쟁지도가 있다.

특히 휴전을 목전에 두고 미국 민주당의 트루먼 행정부에서 공화당의 아이젠하워 행정부로 이양되는 정권 교체기의 미국 정책과 전략, 나아가 아이젠하워 행정부의 새로운 종전정책과 전략에 대한 검토가 다루어지게 될 것이다.

본 연구주제와 관련된 기존의 연구는 주로 한미관계 연구와 관련되어 있음을 알 수 있다. 아울러 이에 대한 기존 연구 성과가 매우 제한되어 있음도 알 수 있다. 이들 연구로는 전쟁 이전 미국의 대한 정책이나 전쟁배경을 다룬 논문,[18] 미국의 참전결정 및 전쟁의 전개과정을 총력전과 제한전(limited war) 측면, 그리고 수정주의 시각에서 연구된 논문이 다수 있을 뿐이다.[19]

또 전쟁의 전개과정을 소련과 미국의 롤백(Roll Back)정책이라는

---

18) 정용석, 「미국의 대한 정책」(서울: 일조각, 1995); 이호재, 「한국외교정책의 이상과 현실」(서울: 법문사, 1969); 문창극, 「한·미 간의 갈등유형연구」, 서울대학교 박사학위논문, 1993; 한배호, 「미국의 대한 정책」, 구영록 외, 「미국과 동북아」(서울: 서울대학교 미국학연구소, 1984); 김철범, 「한국전쟁과 미국외교정책」, 김철범 편, 「한국전쟁을 보는 시각」(서울: 을유문화사, 1990); 김계동, 「미국의 대한반도 군사정책 변화」, 「군사」 제20호(서울: 국방군사연구소, 1990); 이철순, 「이승만 정권기 미국의 대한 정책 연구」, 서울대학교 박사학위논문, 2000.

19) 온창일, 「超總力戰 그리고 制限戰 - 6·25전쟁의 遂行過程」, 「한국전쟁의 정치외교사적 고찰」(서울: 평민사, 1989); 이광일, 「한국전쟁의 발발 및 군사적 전개과정」, 「한국전쟁의 이해」(서울: 역사비평사, 1990); 박명림, 「한국전쟁의 전개과정」, 「한국전쟁 연구」(서울: 태암, 1990); 남주홍, 「미국의 참전」, 「한국전쟁의 정치외교사적 고찰」(서울: 평민사, 1989); 서용선, 「미국의 한국전쟁 개입정책에 관한 연구」, 단국대학교 박사학위논문, 1998.

틀 속에 맞추어 북한의 남침과 미국의 38도 선 돌파를 다국적 사료에 근거하여 분석한 연구,[20] 그리고 전쟁 전개과정에 나타난 미국의 정책적 변화를 국제전쟁에서 제한전쟁으로 이행되는 과정을 분석하거나 미국의 한반도 참전결정 이후 실행된 군사력 전개를 전투상황에 맞춰 전쟁사적 측면에서 분석한 논문이 있다.[21]

이 외에도 한국전쟁의 결과로서 나타난 한미동맹관계를 심층적으로 분석하거나 참전했던 미군 지휘관들의 전쟁지도 및 리더십(leadership)에 관한 연구들이 있다.[22]

그러나 이들 논문들은 미국의 전쟁수행이라는 큰 틀에서 볼 때 그 일부분만을 다루고 있기 때문에 그 범위와 내용 면에서 자체의

---

20) 김영호, 「한국전쟁의 기원과 전개과정」(서울: 두레, 1998). 또한 다국적 사료의 교차분석에 대한 연구로는 Kathryn Weatersby, "Soviet Aims in Korea and the Origins of the Korean War, 1949-1950: New Evidence From Rusian Archives", *Working Paper,* No.8(Woodrow Wilson Center for Scholars, 1993); Kathryn Weatersby, "To Attack or Not to Attack? Stalin, Kim Il Sung, and the Prelude to War", *Bulletin*(CWIHP), No.5; Sergei N. Goncharov, John W. Lewis, and Xue Litai, *Uncertain Partners: Stalin, Mao, and the Korean War*(Stanford: Stanford University Press, 1993) 등을 참고할 것.

21) 서주석, 「한국전쟁의 초기 전개과정」, 「한국전쟁의 새로운 접근」(서울: 나남출판, 1990); 남정옥, 「한미군사관계사 1871-2002」(서울: 국방부군사편찬연구소, 2002); 남정옥, 「6·25전쟁시 주일 미군의 한반도 전개」, 「6·25전쟁시 주일 미군의 한반도 전개」, 한·일군사사워크숍(서울: 국방부군사편찬연구소, 2004.11.8); 남정옥, 「6·25전쟁시 주일 미군의 참전결정과 한반도 전개」, 「군사」 제54호(서울: 국방부군사편찬연구소, 2005); 남정옥, 「6·25전쟁시 미군의 한반도 전개양상과 특징」, 「6·25전쟁과 동북아 군사관계의 변화」, 6·25전쟁국제학술세미나(서울: 국방부군사편찬연구소, 2005.6.9); 남정옥, 「6·25전쟁 초기 미국의 정책과 전략, 그리고 전쟁지도」, 「군사」 제59호(서울: 국방부군사편찬연구소, 2006. 6. 25).

22) 차상철, 「한미동맹 50년」(서울: 생각의 나무, 2004)); 차상철, 「이승만과 한미상호방위조약」, 「한국과 6·25전쟁」(연세대 현대학연구소 제4차 국제학술회의, 2001); 차상철, 「이승만과 1950년대의 한미동맹」, 「1950년대 한국사의 재조명: 비판과 성찰」(연세대 현대학연구소 제5차 국제학술회의, 2002); 차상철, 「외교가로서 이승만 대통령」, 「이승만 대통령의 역사적 재평가」(연세대 현대학연구소 제6차 국제학술회의, 2004); 김남균, 「세계사적 관점에서 본 맥아더」, 「한국전쟁의 성격과 맥아더 논쟁의 재조명」(한국전쟁학회 2006년 춘계학술회의, 2006.3); 조성훈, 「맥아더와 한국전쟁: 인천상륙작전 재평가」, 「한국전쟁의 성격과 맥아더 논쟁의 재조명」(한국전쟁학회 2006년 춘계학술회의, 2006.3); 정토웅, 「한국전쟁 중 미8군 사령관의 작전지도」, 「전사」 제4호(서울: 국방부군사편찬연구소, 2002.6); 한배호, 「한미방위조약 체결의 협상과정」, 「군사」 제4호(서울: 국방부전사편찬위원회, 1982.7).

한계성을 지니고 있다.

또한 이들 논문들은 제2차 세계대전 이후 미국의 국가안보체제 하에 이루어진 미국의 전쟁수행과는 다소 거리가 먼 것으로 주로 한미관계 내지는 전쟁과정에서 미국의 정책과 전쟁의 영향 등을 도출하기 위해 분석한 연구들이 주류를 이루고 있다.

특히 이 주제에 대한 연구는 미국에서도 제한적으로 이루어졌다. 1970년대 미국에서 정보공개법에 따라 자료가 공개되기 이전까지 자료의 특수성에 따른 공개의 제한으로 한국전쟁 연구는 군사연구 기관이 선구자적 역할을 하였다.

1961년부터 1990년까지 미국의 육군부 · 해군부 · 공군부에 소속 된 전사연구기관에서는 자군(自軍)에게 필요한 한국전쟁 관련 전쟁 사를 연구하여 왔음을 알 수 있다.

미국 육군부의 전사감실에서는 1961년부터 1990년까지 전쟁지도 전개과정을 전쟁사와 전투사 측면에서 다룬 총 5권의 한국전쟁 관 련 공간사(official history)를 발간하였다.23) 이 연구서들은 미국 육 군이 한국전쟁과 관련하여 실시했던 전투과정과 전쟁지도를 시기 별 주제별로 분류하여 발간한 것이다.

미 해군 전사연구소에서도 1958년과 1962년 두 번에 거쳐 해군

---

23) James F. Schnabel, *United States Army in the Korean War – Policy and Direction: The First Year*(Washington, D.C.: Office of the Chief of Military History, United States Army, 1972); Roy E. Appleman, *South to the Naktong, North to the Yalu, June – November 1950, United States Army in the Korean War*(Washington, D.C.: Government Printing Office, 1961); Billy C. Mossman, *Ebb and Flow, U. S. in the Korean War*(Washington, D.C.: Office of the Chief of Military History, United States Army, 1990); Walter G. Hermes, *Truce Tent and Fighting Front, U. S. Army in the Korean War*(Washington:, D.C.: Office of the Chief of Military History, United States Army, 1966); Albert E. Cowdrey, *The Medic's War, U. S. Army in the Korean War*(Washington, D.C.: Office of the Chief of Military History, United States Army, 1987).

에 관한 한국전쟁 관련 공간사를 내놓았다.[24] 이는 미 해군이 전쟁 초기부터 휴전할 때까지의 전쟁 전개과정을 해군 작전일지와 작전경과 보고서를 활용하여 분석 정리한 것이다.

미 공군에서도 공군의 참전과정을 미 공군의 입장에서 분석한 한국전쟁 관련 전쟁사를 1961년에 발간하였다.[25] 이들 공간사들은 일반 학자들이 접근하기 어려운 전쟁일지와 작전명령 등 1차 사료와 참전자들의 증언을 근거로 작성함으로써 전쟁사로서의 완성도를 높이고자 노력하였음을 알 수 있다.

또한 미국의 정책 및 전략을 총체적으로 다룬 미국의 국방사와 합동참모본부사가 1980년대 말부터 발간됨으로써 미국의 한국전쟁 수행에 관한 정책과 전략을 비교적 객관성 있게 검토할 수 있도록 하였다. 이들 연구서들은 모두 미국 정부의 공식입장을 담고 있는 내용으로 주로 비밀자료 성격의 1차 자료를 토대로 작성되었다.[26]

이 외에도 이 주제와 관련된 연구로는 전쟁을 정치적 측면에서 분석하거나 전략적으로 분석한 연구[27], 미국의 외교정책·전략·

---

24) Malcolm W. Cagle and Frank A. Manson, *The Sea War in Korea*(Washington, D.C.: U. S. Naval Institute, 1957); James A. Field, *United States Naval Operations, Korea*(Washington, D.C.: Department of the Navy: 1962).

25) Robert F. Futrell, *United States Air Forces in Korea*(New York: Duell, Sloan and Pearce, 1961).

26) James F. Schnabel and Robert J. Watson, *The History of the Joint Chiefs of Staff: The Joint Chiefs of Staff and National Policy, Vol. III – The Korean War*(Washington, D.C.: The Joint Chiefs of Staff, 1978); Doris M. Condit, *History of the Office of the Secretary of Defense, Vol. II, The Test of War, 1950 – 1953*(Washington, D.C.: Government Printing Office, 1988).

27) John W. Spanier, *The Truman – MacArthur Controversy and the Korean War*(New York: W. W. Norton, 1965); John W. Spanier, *American Foreign Policy Since World War II*, 12 rev. ed.(Washington, D.C.: Congressional Quarterly, 1992); David Rees, *Korea: The Limited War*(New York: St. Martin's Press, 1964); R. E. Osgood, *Limited War: The Challenge to American Strategy*(Chicago: University of

국방비의 상관관계를 종합적으로 분석한 연구,[28] 순수한 전쟁사 측면 및 군사적 관점에서 분석한 연구,[29] 그리고 전쟁 참전 당사국을 중심으로 다자간의 국제관계 측면을 분석한 연구[30] 등이 있다.

그러나 이들 연구 성과들도 1차 사료에 근거하여 미국의 육·해·공군의 전투과정을 군사적 측면에서 정리하였거나, 전쟁 전개과정에서 도출되었던 미국의 정책 및 전략에 제한을 두고 연구된 것으로 미국의 새로운 국가안보체제 개편하에서 새롭게 짜인 전쟁 지도부에 의해 주도된 전쟁 전개과정을 모두 담아내지 못하는 자체의 한계점을 안고 있다.

이상에서 검토한 대로 미국의 국가안보체제 개편과 한국전쟁 중 미국

Chicago Press, 1957); Joseph C. Goulden, *Korea: The Untold Story of the War*(New York: Times Books, 1982); Max Hastings, *The Korean War*(New York: Simon & Schuster, 1987); Rosemary Foot, *The Wrong War: American Policy and the Dimensions of the Korean Conflict, 1950 – 1953*(Ithaca, NY: Cornell University Press, 1985); Ronald J. Caridi, *The Korean War and American Politics: The Republican Party as a Case Study*(Philadelphia: University of Pennsylvania Press, 1968); Charles E. Bohlen, *Witness to History 1929 – 1969*(New York: Norton, 1973); William S. Borden, *The Pacific Alliance*(Madison: University of Wisconsin Press, 1984); James I. Matray, *The Reluctant Crusade: American Foreign Policy in Korea, 1941 – 1950*(Honolulu: University of Hawaii Press, 1985); Barton J. Bernstein, "Truman's Secret Thoughts on Ending the Korean War", *Foreign Service Journal 57*(November 1980): p.31 – 33, 44.

28) Warner R. Schilling, Paul Y. Hammond, and Glenn H. Synder, *Strategy, Politics, and Defense Budgets*(New York: Columbia University Press, 1952).

29) Roy E. Appleman, *Ridgway Duels for Korea*(College Station, Tx: Texas A&m University Press, 1990); S. L. A. Marshall, *The River and the Gauntlet*(New York: William Morrow, 1953); Clay Blair, *The Forgotten War: America in Korea, 1950 – 1953*(New York: Times Books, 1987); T. R. Fehrenbach, *This Kind of War: A Study in Preparedness*(New York: Macmillan, 1963).

30) William Stueck, *The Korean War: An International History*(Princeton, NJ: Princeton University Press, 1995); Zhai Quiang, *The Dragon, Lion, and Eagle: Chinese – British – American Relations, 1949 – 1958*(Kent, Ohio: Kent State University Press, 1994); Zhang Shugang, *Deterrence and Strategic Culture: Chinese American Confrontations, 1949 – 1958*(Ithaca, NY: Cornell University Press, 1992); Richard M. Bueschel, *Communist Chinese Air Power*(New York: Praeger, 1968).

의 정책과 지도에 대한 연구는 거의 이루어지지 않았음을 알 수 있다.

다만 한미관계 속에서 노정된 대한 정책, 미국의 참전결정, 전쟁 중 미국의 전쟁수행 과정, 전쟁결과로 나타난 한미동맹, 그리고 전쟁에 관여하였던 정치가 및 군인들에 대한 연구가 비교적 심도 있게 이루어졌다.

그렇지만 이들 연구 가운데 본고와 관련된 것도 그 자체로서의 한계성과 미비점을 안고 있음을 알 수 있다.

첫째, 전쟁 이전 미국의 한반도 정책이 한쪽 자료, 즉 국무부 자료에만 의존한 연구가 주류를 이루고 있다는 것이다. 이에 따라 전쟁 이전 미국의 대한반도 정책은 주한미군의 철수와 애치슨의 선언을 근거로 대부분 소극적인 대한 정책으로 결론을 내리고 있다.

그러나 여기서 간과하고 있는 것은 미 합참이나 극동군사령부의 전쟁계획 및 전략이 제대로 규명되지 않음으로써 미국의 한반도에 대한 정책이 제대로 평가되지 못하고 있다는 것이다. 이를 위해서는 미국의 국가안보회의, 국방부, 국무부, 합동참모본부의 문서를 토대로 한 종합적인 자료 분석과 해석이 필요할 것이다.

둘째, 미국의 정책과 전략에 대한 접근방법에 문제점이 있다는 것이다. 기존 연구에서는 미국의 정책과 전략이 주로 특정 주제에 상당히 편중되어 있음을 알 수 있다. 즉, 기존 연구에서는 맥아더의 해임이나 중공군 개입에 따른 정책과 전략에 보다 많은 비중을 두었기 때문에 미국이 수행했던 한국전쟁 전반을 통찰할 수 있는 정책과 전략, 그리고 전쟁지도에 대해서는 실질적인 연구가 이루어지지 않았다.

또한 이에 대한 연구도 소련과 미국이 한반도에서의 영향력을 독점하기 위해 사용한 롤백정책으로 단순하게 평가되고 있음도 알 수 있다. 한국전쟁에 대한 미국의 정책과 전략을 정확히 이해하기 위해서는 미국의 전쟁지도체제, 한국에 투입된 군사력의 규모 및 전개 시기, 전쟁지도, 그리고 한반도의 전장 환경 등 다방면에 대한 종합적인 연구가 필수적이다.

셋째, 미국의 전쟁수행이 군사적·정치적 측면에서만 이루어지지 않았다는 점이다. 미국은 새롭게 개편된 국가안보체제하에서 전쟁을 수행해 나갔다. 또 한국전쟁 당시 미국은 대외정책인 봉쇄정책과 전쟁정책으로서 핵무기를 토대로 수립되었던 군부의 전쟁계획의 틀 속에서 전쟁을 지도해 나갔다.

따라서 한국전쟁에서 미국의 전쟁수행을 총체적으로 이해하기 위해서는 전쟁지도부의 역할과 군사력의 규모, 그리고 전쟁목표와 군사목표에 대한 충분한 검토가 뒷받침되어야 한다는 것이다.

그러므로 본 연구에서는 이상과 같은 문제의식을 갖고서 기존 연구의 한계와 미비점을 보완하기 위해 다양한 1차 사료를 토대로 하여 제2차 세계대전 이후 미국의 국가안보체제 개편으로부터 한국전쟁 종전까지 미국의 전쟁수행 과정이 미국의 전쟁정책과 전략, 그리고 전쟁지도 측면에서 어떻게 결정되고 적용되었는지를 분석하여 미국이 승리 아닌 휴전을 하게 된 요인을 밝혀내고자 한다.

본 연구에 필요한 자료로는 연구 목적 및 성격상 주로 미국 자료를 활용하고자 한다. 이들 자료로는 미국 국무부의 대외문서 (FRUS), 국가안보회의(NSC) 문서, 맥아더 장군의 청문회 기록, 그리고 주요 정책결정자들의 회고록 및 전기 등을 들 수 있다.

한국전쟁 초기 애치슨 미국 국무장관의 지시로 작성된 후 정보공개법에 따라 1970년대부터 공개되기 시작한 미 국무부의 대외관

계문서철(FRUS),[31] 한국전쟁 기간 미국의 전쟁지도부 역할을 했던
국가안보회의(NSC)의 문서,[32] 국무부와 함께 전쟁정책과 전략 수립
에 있어서 군사적으로 중요한 역할을 했던 국방부와 합동참모본부
의 문서,[33] 맥아더 장군 해임 이후 미 상원의 외교·군사위원회에

31) U. S. Department of State, *Foreign Relations of United States*(이하 *FRUS*로 약칭),
   1946, vol.8, The Far East(Washington, D.C.: Government Printing Office, 1969);
   FRUS, 1947, vol.VI, The Far East, 1973; *FRUS*, 1948, vol.VII, The Far East and
   Australia, 1976; *FRUS*, 1950, vol.VII, Korea, 1976; *FRUS*, 1951, vol.VII, Korea
   and China, 1983; *FRUS*, 1952-54, vol.X V, Korea, 1984.

32) U. S. National Security Council, NSC-8(1948.4.2); NSC-8/1(1949.3.16);
   NSC-8/2(1949.3.22); NSC-48(1949.6.10); NSC-48/1(1949.12.23);
   NSC-48/2(1949.12.30); NSC-48/3(1951.4.26); NSC-48/4(1951.5.4);
   NSC-48/5(1951.5.17); NSC-61(1950.1.27); NSC-61/1(1950.5.16);
   NSC-68(1950.4.14); NSC-68/1(1950.9.21); NSC-68/2(1950. 9.30);
   NSC-68/3(1950.12.8); NSC-68/4(1950.12.14); NSC-73(1950.7.1);
   NSC-73/1(1950.7.29); NSC-73/2(1950.8.8); NSC-73/3(1950.8.22);
   NSC-73/4(1950.8.25); NSC-74(1950.7.10); NSC-76(1950.7.21);
   NSC-76/1(1950.7.25); NSC-80(1950.9.1); NSC-81(1950.9.1);
   NSC-81/1(1950.9.9); NSC-81/2 (1950.11.14); NSC-85(1950.9.14);
   NSC-90(1950.10.26); NSC-92(1950.12.4); NSC-95(1950.12.31);
   NSC-100(1951.1.11); NSC-101(1951.1.12); NSC-118(1951.11.9);
   NSC-118/1(1951.12.7); NSC-118/2(1951.12.20); NSC-134(1952.7.2);
   NSC-147(1953.4.2); NSC-148(1953.4.6); NSC-154(1953. 6.15);
   NSC-154/1(1953.7.7); NSC-156(1953.6.23); NSC-156/1(1953.7.17);
   NSC-156/1(1953.7.17); NSC-157(1953.6.25); NSC-157/1(1953.7.7);
   NSC-158(1953.6.29).

33) JCS 1483/47(1947.11.24), JCS 1483/49(1948.1.15), JCS 1483/58(1948.11.22),
   JCS 1483/60(1949.2.1), JCS 1483/72(1949.7.21), JCS 1641/4(1946.4.6),
   JCS 1641/5(1946.4.11), JCS 1769/1(1947.4.29), JCS 1776/3(1949.6.13),
   JCS 1776/4(1949.6.20), JCS 1776/6(1950.6.29), JCS 1776/8(1950.6.29),
   JCS 1776 /9(1950.6.30), JCS 1776/10(1950.7.1), JCS 1776/16(1950.7.3),
   JCS 1776/20(1950.7.6), JCS 1726/5(1950.7.9), JCS 1776/27(1950.7.10),
   JCS 1776/39(1950.7.18), JCS 1776/41(1950.7.19), JCS 1776/54(1950.7.24),
   JCS 1776/61(1950.7.28), JCS 1776/62(1950.7.29), JCS 1776/70(1950.8.5),
   JCS 1776/76(1950.8.16), JCS 1776/78(1950.8.21), JCS 1776/96(1950.9.4),
   JCS 1776/102(1950.9.13), JCS 1776/104(1950.9.15), JCS 1776/109(1950.9.21),
   JCS 1776/116(1950.9.26), JCS 1776/117(1950.11.9), JCS 1776/121(1950.10.3),
   JCS 1776/130(1950.11.6), JCS 1776/152(1950.11.6), JCS 1776 /163(1950.
   11.17), JCS 1776/164(1950.11.22), JCS 1776/167(1950.12.4), JCS 1776/
   168(1950.12.4), JCS 1776/172(1950. 12.12), JCS 1776/176(1950.12.15), JCS
   1776/178(1950.12.29), JCS 1776/179(1951.1.2), JCS 1776/186(1951.1.16), JCS

서 맥아더 장군을 비롯하여 국무부와 국방부의 고위관리 및 장성들을 대상으로 진행되었던 미국의 극동정책과 전략을 세부적으로 밝힌 맥아더 청문회(MacArthur Hearings)[34]의 기록 등이 주요 자료라고 할 수 있을 것이다.

그리고 국방부 군사편찬연구소에 마이크로필름 형태로 보관하고 있는 한국전쟁 관련 미국 합동참모본부 및 한국전쟁 참전 미군 보고서 등도 미국의 대한 군사정책과 전략, 그리고 미국의 전쟁수행 방식을 파악하는 데 활용하였다.

이 밖에 전쟁 국면별 정책결정과정에서 중요한 역할을 했던 미국 트루먼 대통령과 애치슨 국무장관을 비롯한 주요 정책결정자와 브래들리 미 합참의장과 콜린스 미 육군참모총장 등 군부 장성들의 회고록 및 개인 전기,[35] 그리고 신문 등도 사실 이면의 내용을

1776/192(1951.2.24), JCS 1776/196(1951.3.5), JCS 1776 /201(1951.3.26), JCS 1776/202(1951.3.30), JCS 1776/203(1951.4.3), JCS 1776/208(1951.4.24), JCS 1776/221(1951. 5.23), JCS 1776 /234(1951.6.27), JCS 1776/243(1951.8.1), JCS 1776/249(1951.9.1), JCS 1776/255(1951.10.3), JCS 1776/260(1951.11.14), JCS 1776/268(1951.12.18), JCS 1776/297(1952.6.19), JCS 1776/298(1952.6.24), JCS 1776/281(1952.2.12), JCS 1776/282(1952.3.12), JCS 1776 /301(1952.7.8), JCS 1776/306(1952.8.20), JCS 1776 /317(1952.9.26), JCS 1776/323(1952. 10.10), JCS 1776/340(1952.12.9), JCS 1776/365(1953.3.23), JCS 1776/370 (1953.5.4), JCS 1776/372(1953. 5.13), JCS 1776/373(1953.6.5), JCS 1776/ 374(1953.6.9); James F. Schnabel and Robert J. Watson, *The History of the Joint Chiefs of Staff: The Joint Chiefs of Staff and National Policy*, Vol. Ⅲ - *The Korean War* (Washington, D.C.: The Joint Chiefs of Staff, 1978); Doris M. Condit, *History of the Office of the Secretary of Defense*, Vol. Ⅱ, *The Test of War, 1950-1953* (Washington, D.C.: Government Printing Office, 1988).

34) U. S. Senate, Committee on Armed Services and the Committee on Foreign Relations, Eigthy-Second Congress, *Military Situation in the Far East: Conduct an Inquiry into the Military Situation in the Far East and the Facts Surrounding the Relief of General of the Army Douglas MacArthur from His Assignments in that Area*(이하 *MacArthur Hearings*로 약칭)(Washington, D.C.: U. S. Government Printing Office, 1951).

35) Harry S. Truman, *Years of Trial and Hope*, Vol. Ⅱ(Garden City, NY: Doubleday, 1956); Dean Acheson, *The Korean War*(New York: W. W. Norton, 1969); Forrest C. Pogue,

파악하는 데 중요한 자료라고 할 수 있다.

위의 자료에 기반을 두고 전개될 이 책은 크게 5개 장(章)으로 구성되어 있다. 여기서는 서론을 제외한 4개의 장에 대해 살펴보게 될 것이다.

먼저, 제2장에서는 전쟁 이전 미국의 전쟁지도체제와 군사력이 과연 한국에서 전쟁을 수행할 수 있을 정도로 완비되었는가에 중점을 두고 검토하게 될 것이다. 이는 왜 미국이 한국전쟁에 참전하여 승리 아닌 휴전으로 전쟁을 끝냈는지를 평가할 수 있는 중요한 기준이 될 것이다.

이를 위해 먼저 한국전쟁을 수행하는 과정에서 핵심적인 역할을 했던 새로운 미국의 전쟁지도체제하에서 이루어진 통수계통상의 전쟁지휘체제를 검토하게 될 것이다.

검토 대상 기관으로는 한국전쟁기간 전쟁을 주도했던 국가안보기관으로부터 전구사령부(戰區司令部) 역할을 했던 극동군사령부까지이다. 그리고 전쟁시스템으로서 전쟁지도체제뿐만 아니라 전쟁당시 미국의 전쟁수행능력이 어느 정도였는가를 정책 및 전략적

George C. Marshall: Statesman(New York: Penguin, 1987); J. Lawton Collins, War in Peacetime: The History and Lessons of Korea(Norwalk, Conn.: the Eastern Press, 1969); George F. Kennan, American Diplomacy, 1900-1950(Chicago: University of Chicago Press, 1951); Matthew B. Ridgway, The Korean War(Garden City, NY: Doubleday, 1967); Douglas MacArthur, Reminiscences(New York: Mcgraw Hill, 1964); Courtney Whitney, MacArthur: His Rendezvous With History(New York: Knopf, 1956); D. Clayton James, The Years of MacArthur: Triumph And Disaster, 1945-1964(Boston: Houghton Mifflin, 1985); William Manchester, American Caesar: Douglas MacArthur, 1880-1964(New York: Dell, 1978); Michael Schaller, Douglas MacArthur: The Far Eastern General(New York: Oxford University Press, 1989); John Gunther, The Riddle of MacArthur(New York: Harper and Bros., 1951); Omar N. Bradley and Clay Blair, A General's Life: An Autobiography by General of the Army(New York: Simon & Schuster, 1983); Mark Wayne Clark, From the Danube to the Yalu(New York: Harper and Bros., 1954).; C. Turner Joy, How Communists Negotiate(New York: Macmillan, 1955).

측면에서 규명하게 될 것이다.

미국의 전쟁수행능력의 평가 요소로는 대외정책인 봉쇄정책으로 부터 미 합동참모본부가 작성했던 전쟁계획과 그 속에 포함된 극동전략, 이러한 정책과 전략적 틀 속에서 적용되었던 대한 정책, 그리고 전쟁수행의 근간이 되었던 군사력을 들 수 있다.

결국 이를 통해 미국의 전쟁수행능력과 한반도와의 관계 속에서 미국이 어떠한 군사적 환경 속에서 전쟁에 투입되었는지를 판단하게 될 것이고, 나아가 미국의 전쟁수행체제와 능력이 전쟁결과에 어느 정도의 영향을 주었는지를 가늠하게 될 것이다.

둘째, 제3장에서는 한국전쟁 발발 이후 미국의 참전 결정과 이에 따라 이루어진 미군의 한반도 전개과정을 규명하려 한다. 미국의 전쟁지도부는 한국전쟁에 지상군 참전을 결정하기까지 1주일이라는 짧은 기간 동안 많은 논의를 통해 중요한 군사적 결정을 내렸다.

여기서는 미국 전쟁지도부의 한국전 참전 결정 과정을 통해 미국의 전쟁정책 및 전략적 사고가 무엇이고, 미국이 한국전쟁을 어떻게 수행해 나가려 했는지를 가늠할 수 있게 해 줄 것이다.

또 전쟁 초기 미국이 전쟁수행 과정에서 어떻게 전쟁지도를 하고, 왜 그러한 전쟁목표를 결정했는지를 이해하도록 해 줄 것이다. 특히 여기서는 미국의 한반도에 대한 군사력 전개의 규모와 시기의 적절성, 군사력 측면에서 미국의 전쟁수행능력, 그리고 미군의 전시 작전지휘능력을 검증해 볼 수 있는 기회를 제공받게 될 것이다.

미군의 한반도에 대한 군사력 전개는 시기적으로나 규모 면에서 전쟁의 승패에 직접적인 영향을 줄 수 있다는 점에서 아주 중요하다.

그러므로 여기서는 한반도에 전개된 미군의 전개 시기가 적절했는지, 그리고 그 규모가 전쟁의 결과에 영향을 미칠 정도였는지에 대해 검토하게 될 것이다.

셋째, 제4장에서는 한국전쟁 기간 미국이 수행했던 정책과 전략을 토대로 전쟁수행 과정에서 전쟁지도부가 주요 국면별 전쟁 상황에 대처할 목적으로 사안별로 실시했던 전략적 검토와 전쟁수행을 위한 노력에 대해 규명해 보고자 한다.

이를 위해 여기서는 미국의 정책과 전략적 변화를 4단계로 구분하여 전개시켜 나가고자 한다. 미국이 한국전쟁을 수행하는 과정에서 전쟁정책과 전략적 측면에서 확연하게 변화를 보였던 시기로는 북한의 남침 이후, 중공군의 개입 이후, 맥아더 장군의 해임 이후, 그리고 아이젠하워 행정부의 등장 이후로 구분할 수 있다.

여기서는 미국이 한국전쟁을 지도하고 수행하는 과정에서 한반도에서의 새로운 전장 환경의 변화에 따라 미국의 정책과 전략이 어떻게 달라졌고, 이에 따라 전쟁지도가 어떻게 이루어졌는지를 이해하는 데 도움을 주게 될 것이다.

또한 미국이 한국전쟁에 참전하면서 고려했던 제3차 세계대전 방지와 소련과의 전면전 회피가 미국의 정책 수립에 어떠한 영향을 미쳤는지, 미국이 인천상륙작전 성공 이후 북진을 단행하면서 최초의 전쟁목표였던 '전쟁 이전 상태의 회복'에 왜 변화를 보였는지, 그리고 중공군 개입 이후 미국이 정책과 전략을 수립하는 과정에서 가장 고려했던 것이 무엇인지에 대해서 살펴보게 될 것이다.

넷째, 제5장은 "미국이 왜 한국전쟁에서 승리 아닌 휴전을 하였는가?"로서 이 책의 마지막 결론 부분에 해당된다. 이 장에서는 지금까지 논의를 통해 검토된 내용을 중심으로 제2차 세계대전 이후 새롭게 개편된 전쟁지도체제하에서 미국이 한국전쟁에서 완전한 승리를 거두지 못하고 승리 아닌 휴전을 하게 된 요인이 무엇인지를 종합적 분석을 통해 밝히고자 한다.

먼저 전쟁 이전 미국의 국가안보체제 개편에 따른 전쟁지도부의 전쟁지도능력에 대한 검증과 전쟁 이전 미국의 전쟁수행능력에 대한 적합성 여부를 평가할 것이다.

그 다음으로 전쟁 발발 이후 한반도에 전개된 미군의 전개 시기와 규모가 전쟁 승패에 어떠한 영향을 미쳤는지를 평가하게 될 것이다. 마지막으로 전쟁수행 과정에서 나타난 미국의 정책과 전략, 그리고 전쟁지도에서 나타날 수 있는 여러 가지 요인 등을 고려하여 검토할 것이다.

즉, 전쟁수행 과정에서 표출될 수 있는 전쟁정책의 결점이나 전략적 오류, 전쟁지도부의 오판 또는 전쟁지도부 간의 불협화음, 전쟁수행의 실질적인 주체인 미국 국방부와 국무부 간의 견해 차이, 제한전쟁이라는 전쟁의 특수성이 낳은 군사적 환경에서 나올 수 있는 요인, 그리고 미국 전쟁지도부와 전구 사령관인 미 극동부사령관 간의 전쟁목표에 대한 인식의 차이 등을 고려하여 평가하게 될 것이다.

이러한 평가를 통해 본 연구의 목적인 "미국은 한국전쟁에서 왜 승리 아닌 휴전을 할 수밖에 없었는가?"라는 물음에 보다 구체적인 결론을 제시하고자 한다.

제 2 장

한국전쟁 이전
미국의 전쟁수행체제와 능력

미 국방부(일명 펜타곤) 청사의 전경
펜타곤 건물은 제2차 대전 중인 1941년 9월에 착공하여 1943년 1월 15일 완공되었다.
공사비는 8,300만 달러가 소요되었으며 현재 17개의 국방부서에 23,000명의 군인과 민간
인이 근무하고 있다.

제1절 개관

미국은 제2차 세계대전 이후 국가안보체제를 대폭 개편하고, 새로운 안보환경의 변화에 따라 대외정책과 전쟁계획을 새롭게 수립하였다.

1947년 국가안전보장법과 1949년 개정된 국가안전보장법에 의해 그 골격이 형성된 미국의 전쟁지도체제는 기존의 국무부 외에 국가안보회의, 중앙정보국, 국방부, 합동참모본부, 공군의 독립 및 공군부가 새로 설치되면서 완성되었다.

새로 개편된 전쟁지도체제하에서 미국의 통수체계는 총사령관인 대통령의 지시에 따라 국방장관이 합동참모회의의 자문을 받아 군의 편성과 규모를 결정하고 전쟁을 지도해 나갔다.

그리고 전쟁수행은 국가안보회의(NSC: National Security Council)에서 결정된 전략지침을 합동참모본부가 전구사령부(극동군사령부 겸 유엔군사령부)에 하달하고, 전구 사령관(극동군 사령관 겸 유엔군 사령관)은 이를 기초로 작전을 지도해 나갔다.

한국전쟁 이전 미국의 대외정책과 전쟁계획은 모두 소련을 대상으로 수립되었다. 그러나 한반도를 둘러싼 미국 국무부의 봉쇄정책과 국방부의 전쟁계획에는 하나의 차이점이 있었다. 그것은 미 국무부가 마련한 봉쇄정책에서는 38도 선이 소련의 침략을 저지하는 봉쇄선인 데 반해, 미 합동참모본부가 수립한 전쟁계획에서 38도 선은 전략적으로나 군사적으로 아무런 의미가 없었다.

대소 전쟁계획에 따르면 미국은 소련으로부터 일본을 보호하기 위해 극동방위선에서 소련의 침략을 저지하는 것이었다. 한국전쟁 이전 미 국무부의 봉쇄정책과 합동참모본부의 전쟁계획에는 소련의 침략을 저지하는 선으로 38도 선과 극동방위선이 각각 존재하고 있었다.

여기서는 제2차 세계대전 이후 새롭게 개편된 미국의 전쟁지도체제와 함께 전쟁 이전 미국의 전쟁수행능력이 한국전쟁에 어떠한 영향을 미쳤는가를 살펴보고자 한다. 이 과정에서 미국의 전쟁지도체제 개편이 시간적 제약으로 인해 전쟁수행에 지장을 주었는지, 그리고 전쟁지도부의 시스템과 전쟁지도능력이 전쟁결과에 영향을 미칠 제도적 결함이 있었는지에 대해서 검토하게 될 것이다.

또한 한반도를 둘러싼 미국의 봉쇄정책의 본질과 전쟁계획과의 상관관계, 그리고 이 과정 속에서 이루어진 전쟁 이전 미국의 대한 정책의 실체를 확인하여, 전쟁 이전 미국의 대한 정책, 극동방위전략, 그리고 주한미군의 철수와 어떠한 관계가 있었는지를 검토하게 될 것이다.

최종적으로 전쟁 이전 미국의 군사력을 통해 한국에서의 국지전 형태의 전쟁을 수행할 수 없을 정도였는지, 또 미국의 전쟁수행체계와 능력이 전쟁결과에 영향을 미칠 정도로 문제가 있었는가에 대해 평가하게 될 것이다.

제2절 미국의 국가안전보장법 제정과 전쟁지도체제 개편

1. 미국의 국가안전보장법 제정 배경

　미국은 제2차 세계대전 이후 대대적인 국가안보체제에 대한 개편을 단행하였다. 미국은 제2차 세계대전을 수행하면서 각 군을 비롯한 주요 군사령부를 국가수준의 단일 통제 군사기구로 통합시킬 필요성을 실감하였다. 이에 미국은 군 통수권자인 대통령 직속하에 육·해·공군을 영구적으로 통합하여 국방에 관한 일체의 계획과 정책을 추진해 나갈 합법적 국방기구의 설치를 추진하게 되었다. 또한 미국은 전후 소련의 위협을 받고 있는 자유민주주의 국가를 옹호하는 정책만이 미국의 국가이익을 지킬 수 있을 것이라는 결론을 내리고 국가안보조직을 대대적으로 개편하게 되었다.[1]

　미국은 1947년 7월 26일 제80차 의회에서 「1947년 국가안전보장법(National Security Act)」을 제정하여 법률 제253호로 공포하였다.[2] 이는 미국의 국가안보를 책임지게 될 국가안보회의를 설치할 수 있는 법적 근거를 마련해 주었다. 또 이를 통해 미국은 1789년 최고국방기구인 전쟁부(Department of War)를 창설한 이래 국방조

---

1) Doris M. Condit, *History of the Office of the Secretary of Defense*, Vol. Ⅱ, *The Test of War, 1950 - 1953*(Washington, D.C: Government Printing Office, 1988), p.1.

2) "The National Security Act of 1947", Public Law 253, 80th Congress. 이 법은 총 3개 장(title)으로 구성되었다. 제1장은 "국가안보를 위한 협조"로서 여기에는 국가안보회의(NSC), 중앙정보국(CIA), 국가안보자원위원회의(NSRB)에 관해 규정하고 있다. 제2장은 "국방군사기구(NME)"로서 여기에는 국방군사기구(국방부), 국방장관, 육군부, 해군부, 공군부, 전쟁위원회(War Council), 합동참모본부, 군수위원회(Munition Board)에 대해 규정하고 있다. 제3장은 "기타"로서 보수, 차관·차관보, 자문위원 등에 관해 규정하고 있다.

직에 대한 일대 개편을 단행하게 되었다. 그러나 미국은 1947년 국가안전보장법에 의해 신설되었거나 개편되었던 국가안보기구들이 제도적 미비로 인해 운용상의 문제점을 노출하자 이를 보완할 목적으로 수정법을 마련하게 되었다. 이는 1949년 8월 10일 제81차 미 의회에서 제정된 「1949년 국가안전보장 수정법(National Security Amendments Acts of 1949)」으로 법률 제216호로 공포되었다.[3] 미국은 두 번에 거쳐 단행된 국가안전보장법에 의해 국가안보체제를 정비하게 되었다.

2. 미국의 1947년 국가안전보장법 제정과 국가안보체제 개편

미국은 1947년 7월 26일 국가안전보장법에 따라 국가안보회의(NSC), 중앙정보국(CIA: Central Intelligence Agency), 국방군사기구(NME: National Military Establishment), 합동참모본부(JCS: Joint Chiefs of Staff), 공군부를 신설하였다.

국가안보회의(NSC)는 미국의 안보에 관련된 국내외 정책과 국방정책 전반에 관해 대통령에게 조언을 하고, 국가 안보문제와 관련한 주요 정책을 상호 협의를 통해 조정할 목적으로 설치되었다.

중앙정보국(CIA)은 국가안보회의에서 정책을 수립하고 결정하는 데 필요한 고급 정보를 제공할 목적으로 설치되었다.

---

3) "The National Security Act of 1947 as amended by Public Law 216, 81st Congress approved August 10, 1949." 주요 수정 내용은 제2장의 제목이 국방군사기구에서 국방부로 변경되었고, 내용 면에서 국방부 차관과 차관보에 관한 규정이 추가되었다. 또 전쟁위원회의 명칭이 군 정책위원회로 바뀌었다. 그리고 합동참모본부에 의장직이 신설되었다.

국방군사기구(NME: 국방부의 전신)는 제2차 세계대전 때까지 미국의 군사력을 관장하는 양대 산맥인 전쟁부와 해군부의 상급부서로 발족된 것으로 오늘날 미 국방부의 전신이 되었다.[4)]

미국은 제2차 세계대전 이후에야 국방을 총괄하는 단일기관인 국방군사기구를 설치하고, 이를 위해 국방장관 직도 새로 설치하였다.

특히, 1947년 국가안전보장법에 따라 미국이 설치했던 국방군사기구는 국방조직의 최상위 부서로서 역할을 하게 되었다. 미국은 제2차 세계대전 이후 세계최강의 군사대국으로 부상하였으면서도 육군·해군·공군·해병대를 총괄하여 국가안보를 군사력으로 뒷받침해 줄 국방부를 설치하지 않았다.

즉, 이때까지 미국에는 군 통수권자인 대통령 밑에 국방에 관한 사항을 총괄하는 국방부가 없었고, 대신 전쟁부와 해군부가 미국의 육군과 해군을 통제하는 이원적인 체제로 운용되고 있었다.

미국의 전쟁부(Department of War)는 연방정부의 중앙부서로서 육군과 육군에 소속된 항공대[5)]에 대한 예산권과 인사권 등 해당 군을 통제할 수 있는 권한을 가지고 있었다.

미국의 해군부(Department of Navy)도 연방정부의 중앙부서로서 해군과 해병대에 대한 예산권과 인사권 등 해당 군을 통제할 수 있는 권한을 가지고 있었다.

한편 1947년 국가안전보장법에 따라 육군에 소속되었던 육군항공대가 육군에서 독립하면서 공군부(Department of Air Force)가 신

---

4) Amos A. Jordan and William J. Taylor, Jr., *American National Security: Policy and Process*(Baltimore: Johns Hopkins University Press, 1981), p.89.

5) 1947년 국가안전보장법에 의해 육군에서 독립할 때가지 미국의 공군은 독립된 군종(軍種)이 아니라 육군에 소속된 항공대였다.

설됨으로써 미국은 육·해·공군의 3군 체제를 갖추게 되었다.[6]

국방군사기구의 창설과 함께 국방장관 직도 새롭게 설치되었다. 미국의 초대 국방장관에는 해군장관인 제임스 포레스탈(James V. Forrestal) 제독이 임명되어 1947년 9월 17일부터 그 직무를 수행하였다.

이때 합동참모본부도 새로 설치되었다. 최고 군령기관인 합동참모본부는 제2차 세계대전 시 영국과 연합작전을 실시할 목적으로 임시기구로 설치되어 운용되었고, 이 기능은 1947년까지 계속 유지되었다. 합동참모본부의 합의체인 합동참모회의 구성원은 육군참모총장, 해군참모총장, 공군참모총장으로 이루어졌다.

그러나 그 당시 합동참모의장 직책은 별도로 설치되었던 것이 아니라 육·해·공군 참모총장이 차례로 돌아가면서 의장 역할을 수행하였다. 이때 합동참모회의를 구성하고 있던 육·해·공군의 참모총장들은 제2차 세계대전의 전쟁 영웅들이었다.

즉, 육군참모총장에는 드와이트 아이젠하워(Dwight D. Eisenhower) 육군 원수, 해군참모총장에는 체스터 니미츠(Chester W. Nimitz) 해군 원수, 공군참모총장에는 칼 스파츠(Carl Spaatz) 공군 대장이었다.[7]

3. 미국의 1949년 국가안전보장법 제정 배경과 국가안보체제 개편

1947년 국가안전보장법은 제도적으로 몇 가지 문제점을 안고 있었다. 먼저 육·해·공군을 통제하게 된 국방군사기구의 수장인 국방

---

6) 육군 항공대의 육군 분리는 이루어졌으나, 해군에서 해병대는 분리되지 않았다. Harry S. Summers, *Korean War Almanac*(New York: Facts on Files, 1990), p.101.

7) Condit, *The Joint Chiefs of Staff and National Policy 1947 - 1949*, vol. Ⅱ, p.5.

장관에게 각 군 장관을 통제할 수 있는 실질적인 권한이 부여되지 않았고, 그를 보좌할 참모기능도 유명무실하였다.

1947년 국가안전보장법에 의하면 국방군사기구가 각 군을 통제하는 상급기관이긴 했지만, 국방장관과 각 군 장관은 모두 연방정부의 각료로서 내각(Cabinet)의 일원이었다.

또한 각 군은 자체 예산 편성권과 인사권을 그대로 보유하고 있었기 때문에 국방장관이 이들에 대한 권한을 행사할 수 있는 것이 하나도 없었다.

국방장관은 각 군 장관과 국방 업무를 협조하고 조정하는 군사협의체의 장(長)에 불과하였다.

미국은 이러한 문제점이 노정되자 1947년 국가안전보장법을 개정하여 이를 보완하게 되었다. 이러한 배경에 따라 1949년 국가안전보장수정법이 제정되게 되었다.

1949년 8월 10일 미국 의회는 이러한 국방조직상의 제반 문제점을 보완하기 위해 1947년 국가안전보장법을 수정하게 되었다.

1949년 수정법에서는 유명무실한 국방군사기구의 명칭을 국방부(DOD: Department of Defense)로 바꾸고, 국방장관의 권한을 대폭 강화하였다.

반면 각 군 장관의 권한은 축소하여 국방장관의 지휘감독을 받도록 하였다. 이에 따라 각 군 장관은 비록 장관(secretary)이라는 직책상의 명칭은 그대로 유지하기는 하였으나, 연방정부의 각료에서 제외됨에 따라 국방부 내에서 서열은 국방차관과 차관보 사이로 하향 조정되기에 이르렀다.

또한 각 군 장군이 행사해 왔던 각 군에 대한 예산편성권도 국방장관에게 넘어갔다.

이에 따라 각 군은 국방부의 지휘감독을 받지 않을 수 없게 되었다.[8] 이로써 국방장관은 각 군에 대한 군정권을 실질적으로 행사하는 헌법상의 문민우위체제를 확립하게 되었다.

또한 미국 국방부는 군정권의 확립과 함께 군령최고기관인 합동참모본부에 의장직을 새로 설치하고, 그 기능을 강화함으로써 실질적인 군령권을 행사할 수 있게 되었다.

미국 최초의 합동참모의장에는 당시 육군 참모총장의 임기가 만료된 오마르 브래들리(Omar N. Bradley) 대장이 임명되었다.

이들 국가안보기구들은 두 차례에 걸친 제도적 개편을 통해 현대전을 수행할 수 있는 체제로 거듭 태어났을 뿐만 아니라 한국전쟁 기간 동안 전쟁지도부로서의 역할을 수행하였다. 또한 이들 국가안보기구의 책임자로 임명된 사람들은 과거 미국의 안보 및 국방 분야에서 경험을 했던 유능한 인사들로 구성되었다.

4. 전쟁지도부로서 새롭게 발족한 국가안보기구의 임무와 권한

미국의 개편된 국가안보기구의 핵심은 대통령, 국가안보회의(NSC), 국무부, 국방부 및 합동참모본부, 중앙정보국이었다.

NSC에는 행정부의 고위 관료 및 군의 고급 간부가 참석하여 국가안보에 관련된 미국의 정책을 결정하는 핵심기구였다.[9]

---

8) Allice G. Cole, Alfred Goldberg, Samuel A. Tucker, and Rudolph A. Winnacker, *The Department of Defense: Documents on Establishment and Organization 1944-1978*(Washington, D.C.: Office of the Secretary of Defense, 1978), pp.87-90.

9) *Ibid.*, pp.108-109.

또 중앙정보국(CIA)은 NSC가 국가안보정책을 수립하는 데 필요한 정보를 제공하는 보좌기관 역할을 하였다.

미국 국무부와 국방부 및 합동참모본부의 최고 책임자들은 NSC의 핵심 멤버로서 한국전쟁 동안 중요한 역할을 하였다.

이들의 역할과 상호 관계는 한국전쟁 동안 미국 전쟁지도체제를 검증할 수 있다는 점에서 중요한 의미를 담고 있다. 이들 기구를 좀 더 세부적으로 살펴보면 다음과 같다.

(1) 미국 대통령의 통수권자로서의 권한

미국 대통령은 헌법상 통수계통상의 최고 정점 위치에 있다.

미국 대통령의 권한은 헌법 제2조에 규정되어 있는데 국가안보와 관련된 내용은 다음과 같다.[10]

① 미국 군대의 총사령관으로서의 권한(제2조 제2절 제1항)

② 행정부의 수장으로서의 권한(제2절 제1절 제1항)

③ 조약체결권(제2조 제2절 제2항의 1)

④ 관리임명권(제2조 제2절 제2항의 2)을 들 수 있다.

이들 그 가운데 미국 대통령의 총사령관으로서의 권한은 "육·해군 및 각 주 민병(Militia)의 총사령관"으로 규정되어 있다.[11]

오늘날 미국 대통령은 새로운 국가안전보장법에 의해 창설된 공군을 포함하여 3군 총사령관으로서 전시 미국 군대를 통합 지휘할 권한을 가지고 있다.

---

10) The Constitution of the United States, Article Ⅱ, Section 1, Section 2.

11) The Constitution of the United States, Article Ⅱ, Section 2.

또한 미국 대통령은 국익을 옹호하고, 국민의 생명과 재산을 보호해야 될 위급한 상황에서 군대를 투입할 권한도 가지고 있다. 이는 긴급 사태에 따른 대통령의 군사행동으로 '긴급시의 권한(emergency power)'에 해당한다.[12]

미국 헌법에서는 대통령이 외국과의 전쟁을 하는 데 필요한 절차를 규정하고 있다. 미국은 한국전쟁 이전까지 헌법에 명시된 이러한 절차를 준수하였다.

즉, 미국 대통령은 외국과의 전쟁을 할 때에는 반드시 의회의 동의를 얻은 다음 군대를 파견하였다. 미국 대통령이 전쟁을 하려면 의회에 대통령의 선전포고 교서를 제출하고, 의회에서는 상하 양원이 합동으로 이를 가결하여 대통령에게 송부하면 대통령은 이에 서명한 후 전쟁을 선포하였다. 이처럼 미국에서 선전포고권은 헌법에 명시된 의회의 고유권한(제1조 제8절 제11항)이었다.[13]

그러나 미국 헌법에서는 대통령이 이러한 절차를 거치지 않고 전쟁을 할 목적으로 외국에 군대를 파견하더라도 이를 규제할 규정이 없었다.

즉, 미국 대통령은 선전포고가 없어도 총사령관의 권한만으로 군사행동을 취할 수가 있었다. 이러한 대통령의 행위는 긴급사태에 해당하는 것으로서 대통령은 상황이 긴박하여 즉각적인 군사행동을 취해야 할 경우에는 먼저 조치를 취하고 난 후 그 결과를 의회에 통보해도 문제가 되지 않았다.[14]

---

12) Louis Fisher, *Constitutional Conflicts between Congress and the President*(Princeton, NJ: Princeton University Press, 1985), p.299.

13) The Constitution of the United States, Article Ⅰ, Section 8.

14) 국방대학원, 「미국의 국가안전보장정책 결정과정」(서울: 국방대학원, 1990), pp.28 - 29.

미국 200년 역사에서 의회의 선전포고가 불과 5번밖에 실시되지 않았던 것도 이런 연유에서이다.[15]

특히 한국전쟁과 그 이후 미국 의회는 그들의 고유권한인 선전포고를 거의 실시하지 않은 채 외국에 군대를 파견하였고 전쟁에 개입하였다. 한국전쟁이 발발했을 때 해리 트루먼(Harry S. Truman) 대통령이 의회의 동의를 거치지 않고 대통령의 권한으로 한국에 미군을 파견했던 것은 미국 대통령의 긴급조치권에 따른 행동으로 보아야 할 것이다.

(2) 미국 국가안보회의(NSC)의 전쟁지도부로서의 역할과 기능

미국 국가안보회의(NSC)는 한국전쟁 이전에 설치되어 전쟁 동안 전쟁지도부 역할을 충실히 하였다.

미국 국가안보회의의 전신은 제2차 세계대전 시 외교 및 국방문제를 논의하기 위해 국무부·전쟁부·해군부의 대표들이 정책을 조정하고 논의하기 위해 설치되었던 3부합동정책조정위원회(SWNCC: State – War – Navy Coordinating Committee) 및 제2차 세계대전 이후 공군의 창설로 설치된 국무부·육군부·해군부·공군부의 대표들로 구성된 4부합동정책조정위원회(SANACC: State – Army – Navy – Air Force Coordinating Committee)이다.

SWNCC는 1944년 12월 1일 창설되었다가 1947년 국가안전보장법에 따라 공군부가 창설되면서 SWNCC가 SANACC로 그 명칭만 변경되었고 그 임무와 기능은 그대로 유지되었다.

---

15) Richard E. Neustadt, *Presidential Power: The Politics of Leadership*(New York: John Wiley & Sons, 1960), p.179.

이때 NSC도 별도로 창설되었기 때문에 미국에는 동일한 임무를 수행하는 기구가 정부조직상에 2개나 존재하게 됨으로써 국가안보 업무가 중첩되는 현상이 일어났다.

이에 미국 정부에서는 이러한 조직상의 폐단을 없애기 위해 1949년 6월 30일 SANACC을 해체하고, 대신 SANACC가 가지고 있던 기능을 NSC가 인수하여 국가안보에 관한 업무를 총괄하도록 하였다.[16]

NSC에는 국가안보와 관련된 문서를 작성하고 이를 지원하기 위해 국무부·국방부·중앙정보국에서 파견된 관리들로 구성된 사무국이 있었다.

미국 국가안보회의는 제2차 세계대전 이후 미·소 관계가 극도로 냉각되자 이에 대응하기 위해 대통령의 국가안보에 대한 의사결정을 보좌할 목적으로 설치되었다. 그런 까닭으로 국가안보회의는 새로운 국가안보체제의 중심 역할을 수행하게 되었다.[17]

또한 미국의 국가안보회의는 미국의 군사조직이 방대해지고 무기체계가 고도로 발전됨에 따라 국가안보기구에서 이를 조정하고 운용하기 위해 제도화한 것이다.

미국 대통령이 주재하는 국가안보회의는 국가안보에 관한 최고의 정책자문 및 보좌기관으로서 국가안보와 관련하여 각 부처의 의견을 협조하고 통합하였다.

미국 국가안보회의 구성원의 경우 국가안전보장법 개정과 구성요건의 필요성에 따라 변화가 있었다.

---

16) Cole, Goldberg, Tucker, and Winnacker, *The Department of Defense*, pp.52－53.
17) Keith C. Clark & Laurence J. Legere, *The President and the Management of National Security*(New York: Frederick A. Praeger Publisher, 1969), pp.257－258.

1947년 국가안전보장법에서는 법정 멤버로 대통령, 국무장관, 국방장관, 육·해·공군장관, 국가안보자원위원회(National Security Resource Board) 위원장, 그리고 대통령이 지명하는 관리를 두도록 하였다.[18]

그러나 대통령이 필요하다고 인정할 경우 다른 부서의 장관, 군수위원회(Munition Board) 위원장, 연구개발위원회(Research and Development Board) 위원장 등을 포함시키되, 이러할 경우에는 상원의 승인을 받도록 하였다.[19] 1949년 개정된 국가안전보장법에서는 정식 멤버 중에서 육·해·공군장관을 제외시켰다. 1950년에는 미국 부통령과 재무장관이 추가로 임명되었고, 부통령은 대통령 부재 시 NSC의 회의 주재를 대행하였다. 합참의장과 중앙정보국장은 NSC의 고문 겸 옵서버로 참석하였다.

따라서 한국전쟁 당시 미국의 국가안보회의는 대통령, 부통령, 국무장관, 국방장관, 재무장관, 국가안보자원위원회 위원장 등 법정 멤버와 고문인 중앙정보국장과 합참의장으로 구성되어 있었다. 그 외에 대통령은 의회의 동의를 얻어 중앙부서의 장관 등 필요한 인원들을 고문 자격으로 참여시켰다.[20]

트루먼 대통령은 1947년 9월 26일 최초 국가안보회의를 주재한 이후 한국전쟁이 발발할 때까지 56회의 회의 중 불과 11회만 참석하였고, 나머지 회의는 국무장관에게 주재를 위임하였다.[21]

---

18) "Title Ⅰ－Coordination for National Security, National Security Council, Section 101, 103", Public Law 216(August 10, 1949).

19) C. W. Borklund, *The Department Defense*(New York: Frederick A. Praeger, 1968), p.39.

20) Public Law 216, "National Security Amendments Acts of 1949", Section 3, October 10. 1949.

21) Borklund, *The Department Defense*, p.83.

하지만 한국전쟁 동안 트루먼 대통령은 국가안보회의의 중요성을 크게 인식하고 이를 적극 활용하였다. 트루먼 대통령은 미국의 동원계획과 전략적 이해관계에 대한 평가 등 국가안보에 관련된 정책에 대해서는 반드시 국가안보회의의 심의를 거치도록 하였다.

이에 따라 국가안보회의에서 결정된 사항은 바로 국가정책으로 연결되는 경우가 많았다. 그 결과 국가안보회의는 한국전쟁 기간 동안 유엔안전보장이사회의 결의를 뒷받침하는 결정 등 71회의 회의를 개최하였고, 300회 이상의 안건을 승인하고 건의사항에 대해 조치를 취하였다.[22]

미국 트루먼 대통령은 한국전쟁 동안 매주 목요일에 국가안보회의를 개최하여 국가안보와 관련된 주요 의제를 심의하였다. 그는 한국전쟁이 진행되면서 국가안보회의가 중요하다는 것을 인식하고, 1950년 7월에는 특별보좌관 3명을 위원으로 위촉한 데 이어 그해 말에는 방위동원국장(Director of Defense Mobilization)과 상호안보국장(Director of Mutual Security)을 추가로 위촉하였다.[23]

또한 트루먼 대통령은 국가안보회의 내에 심리전략위원회(Psychological Strategy Board)를 설치하여 국무차관, 국방차관, 중앙정보국장을 상임위원으로 위촉하여 심리전략을 발전시키도록 하였다.

이러한 국가안보회의의 운용은 1953년 1월 정권교체로 대통령에 취임한 아이젠하워 대통령에게 그대로 계승되어 유지되었다.

---

22) Condit, *History of the Office of the Secretary of Defense*, Vol. II, p.30.
23) Harry B. Yoshpe & Stanley L. Falk, *Organization for National Security*(Industrial College of the Armed Forces, 1963), p.5.

(3) 미국 최고 정보기관으로서 중앙정보국(CIA)의 임무

미국 중앙정보국(CIA)은 국가안보회의의 지시를 받아 국가정보활동을 수행하는 대통령 직속기관으로 미국의 대외정책에 필요한 정보를 종합하여 분석·평가하는 미국 최고의 정보기관으로서의 역할을 수행하였다.

1947년 9월 18일 창설된 CIA는 국가안보에 관련된 정보수집과 특수 활동을 통해 대통령과 국가안보회의, 그리고 국가안보정책을 수립·집행하는 연방정부를 지원하는 임무를 수행하였다.

미국 중앙정보국의 임무는 다음과 같다.

첫째, 국가안보에 관한 사항에 대해 NSC에 정책정보를 제공한다.

둘째, 국가안보와 관련한 정부 담당기관의 정보 활동조정을 NSC에 건의한다.

셋째, 국가안보에 관련된 정보를 검토 평가하여 해당 기관에 배포한다.

넷째, NSC가 명하는 국가안보에 영향을 주는 정보와 관련된 기능과 임무를 수행한다.

다섯째, NSC가 결정한 공동관심사가 효과적으로 성취되도록 특수정보 수집과 특수공작 수행 등의 추가 직무를 수행한다.[24]

미국 CIA의 모든 직무와 임무는 국가안전보장법, CIA법, 그리고 대통령의 행정명령에 근거하고 있었다.[25]

---

24) Cole, Goldberg, Tucker, and Winnacker, *The Department of Defense*, pp.37 - 38; Jeffrey T. Richelson, *The U. S. Intelligence*(Cambridge, Mass.: Ballinger Publishing Company, 1989), p.12.

25) 崔明浩, 「세계의 정보기관들」(서울: 대왕사, 1989), pp.111 - 114.

미국의 중앙정보국장에는 전후 미·소관계의 악화에 따른 국제정세를 고려하여 주로 장성(將星) 출신들이 임명되었다.

여기에는 공군 출신의 호이트 반덴버그(Hoyt S. Vandenberg) 장군을 시작으로 해군 출신의 로우스코우 힐렌쾨터(Roscoe H. Hillenkoetter) 제독, 육군 출신의 월터 스미스(Walter B. Smith) 장군이 국장직을 역임하였다.

한국전쟁 당시 CIA 국장은 힐렌쾨터 제독으로, 그는 CIA가 북한의 기습남침을 예측하지 못한 책임을 지고 물러났다.

그 후임 국장에는 제2차 세계대전 시 아이젠하워 장군의 참모장을 역임했던 스미스 육군 중장이 1950년 9월에 임명되었다. 스미스 장군의 임명에는 인천상륙작전 성공 이후 국방장관에 임명되었던 조지 마셜(George C. Marshall) 장군의 추천이 있었다.[26]

스미스 국장은 재임기간 동안 더글러스 맥아더(Douglas MacArthur) 장군을 설득하여 한반도에서 CIA가 활동할 수 있도록 허가를 받아냈고, 또 극동군사령부의 정보를 CIA가 이용할 수 있도록 협조하였다.[27] 이에 따라 한국에 CIA 지부(Korea Field Station)가 설치되어 운용되었다.[28]

---

26) Tucker, *Encyclopedia of the Korean War*, p.104.

27) 맥아더 장군은 제2차 세계대전 시부터 자신의 작전책임구역에서 OSS활동도 허용하지 않았다. 이러한 행동은 그가 미 극동군 사령관으로 있을 때도 마찬가지였다. 따라서 일본 동경에 CIA 지부가 설치된 것도 한국전쟁 발발 1개월 전인 1950년 5월에야 비로소 설치되었고, 그 규모도 매우 작았다(남정옥, 「한미군사관계사」, p.512).

28) 한국전쟁 동안 중앙정보국의 정보는 모두 국가안보회의에 제공되어 활용되었기 때문에 본고에서는 CIA 자료를 별도로 인용하지 않았다. 한국전쟁 동안 미 중앙정보국의 보고 자료는 Dairy Report, *Intelligence Reports of Central Intelligence Agency*, vol.15, 16, 17(서울: 국방부군사편찬연구소, 1997)을 참조할 것.

(4) 미국 국방부(DOD)의 임무와 책임

미국 국방부는 1947년 국가안전보장법에 의해 창설된 최고의 국방기구였다. 이는 미국이 제2차 세계대전을 통해 이룩하고자 했던 3군 통합의 결과였다.

미국에서 각 군을 통합하라는 요구는 제2차 세계대전 말부터 있어 왔다. 그 배경에는 제2차 세계대전 시 육군과 해군의 합동작전 성공과 이에 따른 군사목표의 기여, 전략폭격기와 원자폭탄으로 상징되는 군사기술의 혁신, 전후 국방비의 삭감이 주요 요인으로 작용하였다.

또한 전후 미국이 자유민주주의 체제의 지도자로 부상하면서 공산세력과의 대결이 불가피했던 것도 통합실현의 배경으로 작용하였다. 이때 전후처리로 분주했던 트루먼 대통령이 국방문제를 조정하고 각 군을 통제할 수 있는 국방담당 각료 자리를 신설하고자 하였다.[29]

이에 따라 신설되었던 국방군사기구 내에는 국방장관을 보좌하는 국방장관실, 합동참모본부(JCS), 군사최고회의(War Council), 군수위원회(Munitions Board)를 두었고, 그 예하로 소속된 육·해·공군의 3군을 통제하게 하였다.[30]

1947년 국가안전보장법에 따라 국방군사기구의 수장으로 설치된 미국의 국방장관은 상원의 승인을 받아 대통령이 임명하였다. 그러나 국방군사기구 시절 국방장관은 각 군 장관과 똑같은 각료였기 때문에 각 군을 지휘 감독하는 데 문제점이 있었다.

---

29) Borklund, *The Department of Defense*, pp.6 - 7.

30) Cole, Goldberg, Tucker, and Winnacker, *The Department of Defense*, pp.94 - 97.

이에 미국 정부에서는 국가안전보장법을 수정하여 국방장관의 권한을 확대하여 주었고, 명칭도 국방부로 개칭하였다.

새로 수정된 국가안전보장법에서 국방장관에 대한 권한과 책임이 명문화되었다. 미국 국방장관은 통수권자인 대통령에게 국방에 관한 사항에 대해 조언하고, 각 군 장군을 실질적으로 지휘 감독할 수 있게 되었다.

또한 미국 국방장관은 예산 편성권을 통해 각 군에 대한 통제를 강화함으로써 국방의 최고책임자로서의 지위를 확보하게 되었다. 국방장관의 권한 강화에 따라 장관을 보좌할 국방장관실(Office of the Secretary of Defense)의 기능이 확대되었다.

1947년만 해도 미국 국방장관의 보좌관이 6명(군인 3명과 민간인 3명) 이내였으나, 1949년 국가안전보장법 개정에 따라 차관 1명과 차관보 3명을 증원한 데 이어 1953년에는 차관보의 수를 9명으로 늘렸다.[31]

또한 미국 국방장관은 국가안보정책을 결정함에 있어서 대통령의 최측근으로서 국무장관과 함께 핵심적인 역할을 하였다. 국방장관은 국가안보회의의 법정 멤버로서 국방문제에 대한 최종 결정권자 역할을 하였다.

미국 국방장관은 순수한 군사사항에 대해서 합동참모들의 보좌를 받아 군사업무를 처리하였다. 국방장관은 합동참모본부와 비교적 접촉이 많았기 때문에 군에서 실시한 분석과 평가에 대해 그 신뢰도를 판단하는 데 유리한 입장에 있었다.

미국 국방장관은 합참의 견해에 대해 필요할 경우 자신의 의견

---

31) 국방대학원, 「미국의 국가안전보장정책 결정과정」, pp.120 - 121.

을 첨부하여 대통령에게 보고하였고, 이 과정에서 대통령이 다른 의견을 표명할 경우 국방장관은 이를 다시 검토하여 건의하였다.

또 국방장관은 군부가 군사적 관점에 얽매여 무리한 결정을 하게 되면 그러한 결정이 국가안보에 미치는 영향을 고려하여 이를 조정하는 역할도 하였다.[32]

(5) 미국 합동참모본부(JCS)의 임무와 기능

미국 합동참모본부는 제2차 세계대전 시 영국과의 연합작전을 할 목적으로 임시로 운용된 군령기구였다.

즉, 합동참모본부는 미국이 제2차 세계대전에 참전하면서부터 영국과의 연합작전을 위해 임시로 설치되어 국가안전보장법이 제정될 때까지 임무를 수행하였다.

제2차 세계대전 시 미국은 영국과 군사문제를 협의하기 위해 각 군 참모총장을 대표로 하는 연합참모총장회의를 설치하였는데, 이때 미국의 군사대표 역할을 수행하였던 기관이 육군과 해군 참모총장으로 구성된 합동참모본부였다.[33]

제2차 세계대전이 끝난 후 합동참모본부는 1947년 국가안전보장법에 따라 비로소 미국 국방편제상의 상설기구로 설치되었다.

1947년 합동참모본부의 정원은 각 군에서 차출된 장교 100명이었다. 이때 합동참모회의는 각 군 참모총장이 교대로 번갈아 가며 의장직을 수행하였으나, 1949년 국가안전보장법 개정에 따라 합동

---

32) *Ibid.*, pp.123 - 124.

33) Condit, *The Joint Chiefs of Staff and National Policy 1947 - 1949*, vol. II, pp.1 - 2.

참모의장직이 신설되었다.[34]

최초 합동참모회의는 각 군 참모총장으로 구성되었으나, 1952년 6월 28일 해병대사령관이 추가되었다.[35]

미국 합동참모본부는 군사업무에 대해 대통령·국가안보회의·국방장관을 보좌하는 군사자문기구로 다음과 같은 임무를 수행하였다.

① 합동전략기획 작성과 전략지시를 준비한다.

② 합동군수기획과 군수근무책임을 할당한다.

③ 국가안보상의 요구에 따라 통합군(unified army)을 전략적으로 중요한 지역에 배치한다.

④ 합동훈련교범을 작성한다.

⑤ 합동교육지침을 작성한다.

⑥ 주요 물자 및 인력소요를 검토한다.

⑦ 유엔 헌장에 따라 미국의 군사참모대표단을 제공한다.[36]

미국 합동참모본부는 군 통수권자인 대통령·국가안보회의·국방장관이 내린 전략지침과 명령을 해당 전구의 통합사령관에게 하달하였다.

미국 합동참모본부는 국가안전보장법 수정에 따라 합동참모의장(Chairman of the Joint Chiefs of Staff)직이 신설됨으로써 그 위상이 높아졌고, 그 기능도 충실해졌다.[37] 합동참모의장은 미군 현역 장

---

34) Historical Division, Joint Secretariat, Joint Staff, *Organizational Development of the Joint Chiefs of Staff*(Washington, D.C.: 1989), pp.16-19, 25-27.

35) Public Law 416, 82nd Congress(June 28, 1952).

36) Condit, *The Joint Chiefs of Staff and National Policy 1947-1949*, vol. II, p.2; Paul Y. Hammond, *Organization for Defense: The American Military Establishment in the 20th Century*(Princeton: Princeton University Press, 1961), p.205.

37) 韓鎔源, 「軍事發展論」(서울: 박영사, 1980), p.282.

교 가운데에서 임명되었고, 임기는 4년이었다.[38]

한국전쟁 당시 미국 합동참모회의의 구성원인 의장과 각 군 참모총장들은 모두 육군사관학교와 해군사관학교 출신들로 제2차 세계대전에 참전했던 장성들이었다.

미국 초대 합참의장인 브래들리 장군[39]은 1949년 1월 16일 임명되어 한국전쟁 전 기간을 수행하였다. 합동참모인 콜린스 육군 참모총장도 한국전쟁 동안 그 직책을 수행하였다. 공군참모총장은 반덴버그 장군이 1953년 7월 1일까지 복무하였고, 그 후임에 나단 트윈잉(Nathan F. Twining) 장군이 복무하였다. 해군참모총장은 포레스탈 셔먼(Forrest F. Sherman) 제독이 1951년 7월 22일 사망하자, 그 후임으로 윌리엄 페치텔러(William M. Fechteler) 제독이 휴전 때까지 복무하였다.[40] 해병대사령관은 클리프턴 케이츠(Clifton B. Cates) 대장이 1951년 12월 임기가 만료되자, 그 뒤를 레마누엘 셰퍼드(Lemanuel C. Shepherd Jr.) 대장이 이어받았다. 그는 재임 중 합동참모회의의 정식 구성원이 되어 해병대에 관한 자문을 하게 되었다.

1947년 창설 당시 미국 합동참모본부의 정원은 장교 100명이었으나, 1949년에 210명으로 증원되었다. 합동참모본부는 합동정보 · 합동전략기획 · 합동군수기획에 관한 업무를 수행하였다.

---

38) Public Law 216, "National Security Council Amendments Acts of 1949", Section 211, October 10, 1949.

39) 브래들리 장군은 인천상륙작전 이후인 1950년 9월 대장에서 육군 원수(元帥)로 진급하였다. James I. Matray, *Historical Dictionary of the Korean War*, pp.62 − 63. 브래들리에 대해서는 다음 문헌을 참고할 것. Omar N. Bradley, A General's Life(New York; Simon & Schuster, 1983); J. Lawton Collins, *War in Peacetime*(Boston: The Eastern Press, 1969); James F. Schnabel and Robert J. Watson, *History of the Joint Chiefs of Staff*, vol.3: *The Korean War*(Washington, D.C.: Office of Joint History, Office of the Chairman of the JCS, 1998).

40) Summers, *Korean War Almanac*, pp.80, 249.

미국 합동참모본부는 합동전략기획단(JSPG: Joint Strategic Plans Group), 합동정보단(JIG: Joint Intelligence Group), 합동군수기획단(JLPG: Joint Logistics Plans Group)의 단(Group)으로 편성되었다.

이들 합동참모단 위에는 각 군 대표로 구성된 각각의 합동위원회가 편성되어 운용되었다. 예를 들면, 합동전략기획단 위에는 이를 통제하는 합동전략기획위원회(JSPC: Joint Strategic Plans Committee)가 있었다.[41]

합동참모본부가 해당 위원회에 임무를 부여하면, 해당위원회는 이를 해당 합동참모단에 지시하고 이를 수행하여 보고하도록 하였다. 합동참모단의 결과 보고서는 합동위원회의 검토를 거쳐 합동참모본부에 제출되었다. 이는 1958년 미국의 국방부 조직법이 개정될 때까지 유지되었다.

한국전쟁 동안 미국 합동참모본부는 전구 사령관(Theater Commander)인 극동군사령부에 전쟁을 지도하고 통제하는 과정에서 육군본부의 기능을 활용하였다. 이는 합동참모본부가 합동전략·합동정보·합동군수에 관한 업무를 수행하는 전략부서였기 때문에 전구사령부인 통합군사령부를 통제하기에는 인원이 부족했기 때문이다.[42]

한국전쟁 동안 미국 합동참모본부는 미 극동군사령부에 대한 작전지시를 육군본부를 통해 하달하였다.

미국 합동참모본부와 미 극동군사령부 간의 지시와 보고는 주로 전문을 통해 이루어졌다. 한국전쟁 기간 동안 극동군사령부의 보고

---

41) Kenneth W. Condit, *History of the Joint Chiefs of Staff: The Joint Chiefs of Staff and National Policy 1947-1949*, vol. Ⅱ (Washington, D.C.: Office of the Chairman of the Joint Chiefs of Staff, 1996), p. vi.

42) Historical Division, Joint Secretariat, Joint Staff, *Organizational Development of the Joint Chiefs of Staff*, pp. 16-19, 25-27.

전문은 국방부 내에 설치된 육군통신소에서 접수하여 육군작전참모부로 보내면, 육군본부에서는 합동참모본부의 지시를 받아 이를 다시 극동군사령부에 하달하였다.

또한 육군본부와 극동군사령부 간에 설치되었던 전문회의실(tele-type conferencing facility)은 극동군사령부와 합동참모본부 및 육군본부의 고위 간부들이 주요 현안 문제를 실시간으로 대화할 수 있도록 해 주었다.

미국 합동참모본부는 전문회의(telecon)를 통해 중요 정보를 교환하였다. 한국전쟁기간 동안 이를 가장 유용하게 활용하였던 장군은 극동군사령부의 정보참모부장이었던 찰스 윌로비(Charles A. Willou-ghby) 장군과 육군본부 정보참모부장이었다. 이들은 매일 텔레콘을 통해 필요한 군사정보를 실시간에 교환함으로써 군사지도자들이 의사결정을 하는 데 중요한 역할을 하게 하였다.[43]

미국의 육군본부가 전쟁 동안 이러한 임무를 수행할 수 있었던 것은 합동참모본부보다 그 조직이 방대하고 잘 정비되어 있었기 때문이다. 육군본부는 한국전쟁 초기 군인 2,998명과 민간인 9,992명으로 조직되어 있었으나, 1951년에는 그 수가 군인 4,178명과 민간인 15,528명으로 늘어났다.[44]

이러한 면에서 미국 육군본부는 한국전쟁 동안 합동참모본부의 작전참모부 역할을 수행하였고, 합동참모본부는 보다 중요한 국가전략 문제에 전념할 수 있게 되었다.

---

43) Collins, *War in Peacetime*, pp.9, 173.

44) David A. Armstrong, "Executive Agency – The Joint Chiefs of Staff and Operational Control of the Korean War", 「한국전쟁시 한·미 군사적 역할과 주변국 대응」(국방부군사편찬연구소, 2003), p.53.

5. 새로 개편된 미국 국가안보체제에 대한 평가

한국전쟁 이전 개편된 미국의 국가안보체제는 새로 기구를 설치하거나 기존 안보조직의 기능을 확대 또는 분리하는 것으로 나타났다.

두 차례의 국가안전보장법에 따라 새로 설치된 미국의 국가안보기구인 국가안보회의(NSC), 중앙정보국(CIA), 국방부(DOD), 합동참모본부(JCS), 공군부는 현대전을 수행할 수 있는 시스템을 갖추고 있었다.

또한 이들 조직의 기능을 효율적으로 수행할 수 있도록 중앙정보국장, 국방장관, 합동참모의장, 그리고 공군장관직이 새롭게 설치되었다.[45]

이 중 NSC는 기존의 국무부·육군부·해군부·공군부의 대외정책결정 합의체인 4부정책조정위원회(SANACC)의 기능을 흡수하였고, 기존의 육군과 항공대를 관장했던 전쟁부가 육군부와 공군부로 분리되어 현대전 수행에 적절한 구조로 편성되었다.[46]

미국 국방부도 최초 국방군사기구에서 국방장관의 권한이 대폭 강화되면서 그 명칭이 국방부로 개칭되었다.

미국 합동참모본부도 최초 합동참모의장직이 없이 운영되었으나, 후에 육·해·공군 참모총장의 합의기구의 수장인 합동참모의장직을 설치하여 작전의 통합성을 가능하게 하였다.[47]

미 극동군사령부와 육군본부에 설치된 텔레콘 시설은 긴박한 한국 상황을 실시간으로 접하게 하였고, 또 워싱턴의 전쟁지도부에서

---

45) Cole, Goldberg, Tucker, and Winnacker, *The Department of Defense*, pp.36 – 39, 40 – 44, 45 – 46.

46) Cole, Goldberg, Tucker, and Winnacker, *The Department of Defense*, pp.40, 52 – 59.

47) "Title Ⅱ – The Department of Defense, Section 205, 206, 207, 211", Public Law 216(August 10, 1949).

내린 전략지침을 즉시 전달할 수 있도록 함으로써 전쟁지도의 효율성을 극대화시켰다. 텔레콘은 전쟁 초기뿐만 아니라 전쟁 기간 내내 매우 유용하게 운용되었다.

특히 육군본부가 합동참모본부의 작전참모부 역할을 함으로써 합동참모본부는 고유의 임무인 국가전략에 전념할 수 있게 되었고, 육군본부는 한국에서의 전반적인 작전을 지도함으로써 시간과 노력의 낭비를 최소화하였다.

이처럼 미국은 한국전쟁 이전 국가안보조직의 개편과 미비점을 보완함으로써 한국전쟁에서 전쟁지도부가 그 능력을 충분히 발휘할 수 있는 계기를 만들었다.[48]

제3절 미국의 대소(對蘇) 봉쇄정책 수립과 조치

1. 미국의 대소 봉쇄정책 수립 배경

제2차 세계대전은 전쟁 이전 세계 강대국이었던 독일·이탈리아·일본은 물론이고, 전승국이었던 영국과 프랑스를 '2등 국가'로 전락시키는 등 새로운 국제질서의 재편을 가져왔다.

제2차 세계대전으로 국제사회는 일찍이 겪어 보지 못했던 수천

---

48) 이후 미국의 국가안보기구에 대한 개편은 1958년 아이젠하워 행정부 때 미국의 대외정책과 전략이 새롭게 발전됨에 따라 이루어졌다. Congressional Action on the Defense Reorganization Legislation, 16 April - 24 July 1958; The Defense Reorganization Act of 1958, 6 August 1958 in Cole, Goldberg, Tucker, and Winnacker, *The Department of Defense*, pp.161 - 236.

만 명에 달하는 인구의 대량살상, 천문학적인 경제적 손실, 그리고 자포자기와 같은 전쟁 후유증에 시달렸다.[49]

인류역사상 최대의 참화를 체험한 세계는 전쟁재발 방지를 통한 항구적인 평화 유지에 필요한 국제평화기구 구성에 노력한 결과 1945년 10월 24일 국제연합(UN: United Nations)을 창설하였다.

국제연합은 국제평화와 안전을 유지하고, 평화에 대한 위협을 방지하며, 국제 분쟁이나 사태를 평화적으로 해결하기 위해, 그리고 또 한편으로는 침략행위나 평화 파괴 행위에 대해 효과적인 집단 조치를 취하기 위해 설립되었다.[50]

그러나 전후 국제사회는 사실상 이러한 국제협력이나 평화유지보다 오히려 미국과 소련을 중심으로 하는 민주진영과 공산진영 체제로 분열되어 갔다. 전후 소련은 제2차 세계대전에서의 군사적 공헌도를 앞세워 국제사회에서의 지위 및 입지를 강화해 나가는 대외 팽창정책을 추진하였다.

특히 소련은 국경을 맞대고 있는 동독, 폴란드, 헝가리, 루마니아, 불가리아, 유고슬라비아, 체코슬로바키아, 알바니아 등 동유럽 국가와 만주 및 북한에 군대를 주둔시키면서 이들 지역에서 친공산정권 수립을 적극 지원하였다.

소련의 이러한 팽창 위협에 대해 전(前) 영국 수상 윈스턴 처칠(Winston S. Churchill)은 1946년 3월 5일 미국의 미주리(Missouri) 주 풀턴(Fulton)의 웨스트민스터(Westminster) 대학에서 명예박사 학위를

---

49) Report of the Special "Ad Hoc" Committee of the State-War-Navy Coordinating Committee, April 21, 1947, *Foreign Relations of United States*(이하 *FRUS*로 칭함), *1947, 3*, p.212.

50) 「국제연합헌장」, 제1장(목적과 원칙) 제1조 1항.

받은 자리에서 「철의 장막(Iron Curtain)」 연설을 하였다. 그는 이 연설에서 소련의 침략행위의 위험성에 대해 경고하였다.

> 소련은 팽창주의 국가이다. 발틱(Baltic) 해의 스테틴(Stettin)에서부터 아드리아(Adriatic) 해(海)의 트리에스테(Trieste)까지 철의 장막이 대륙을 가로질러 내려 있다. 이 장막의 뒤에 고대 중부 유럽 및 동부 유럽의 수도가 모두 들어 있다. 바르샤바, 베를린, 프라하, 비엔나, 부다페스트, 베오그라드, 부카레스트, 소피아 등 역사적으로 유명한 모든 도시와 시민이 소련의 영향력 안에 있으며, 모두가 어떤 형태로든지 소련의 영향력을 받고 있을 뿐만 아니라 모스크바로부터 고도의 정치적 통제 및 조정을 받고 있다. 그들이 원하는 것은 전쟁의 성과와 그들 세력 및 [공산주의] 이론의 무한한 확장뿐이다.[51]

이에 대해 소련 수상 조셉 스탈린(Joseph Stalin)은 처칠을 '전쟁의 선동가(firebrand of war)'로 매도하는 한편, 철의 장막 연설에 대해서는 '소련과의 전쟁을 요구하는 행위'라고 격렬하게 비난하였다.[52]

처칠의 연설은 미국에 직접적인 영향을 미쳤다. 처칠의 연설은 미국으로 하여금 1946년부터 소련의 스탈린이 세계적화를 노리고 있다고 믿게 만들었다.

미국의 고위 정책 수립가들은 전후 미국의 막강한 경제력과 군사력, 그리고 책임감만이 소련의 팽창을 막고 제3차 세계대전을 방지할 수 있다고 확신하게 하였다.[53]

---

51) Winston S. Churchill, "The Sinews of Peace", March 5, 1946, *Vital Speeches of the Day*, vol.12(March 15, 1946), p.332; James A. Nathan and James K. Oliver, *United States Foreign Policy and World Order*, 3rd ed.(Boston: Little, Brown and Company, 1985), pp.53-54.

52) Schnabel, *History of the Joint Chiefs of Staff: The Joint Chiefs of Staff and National Policy 1945-1947*, p.44.

53) James L. Gormly, *From Potsdam to the Cold War: Big Three Diplomacy, 1945-1947*(Wilmington: A Scholarly resources Inc., 1990), p.221.

미국은 전후 전시 연합국이었던 소련과의 관계가 악화되어 가자 국제사회에서 자국의 위치를 굳건히 하면서 소련에 대해서는 보다 강경한 정책을 수립하고자 하였다.

1946년 처칠의 「철의 장막」 연설은 미국 내에서 소련의 위협에 대한 위기의식을 공공연히 확산시켰고, 전후 경제 상황의 악화와 소련의 위협으로 인한 서유럽의 위기적 상황은 미국으로 하여금 대소 봉쇄정책의 수립을 서두르게 하였다. 그 당시 미국의 고위 정책 결정자들은 소련의 팽창을 저지할 수 있는 봉쇄정책만이 소련 공산주의자들의 도전을 효과적으로 저지할 수 있는 최상의 조치라고 생각하였다.

2. 미국 봉쇄정책의 개념과 적용 범위

미국의 봉쇄정책(containment policy)은 소련 공산주의 세력이 자유민주주의 지역으로 더 이상 팽창하지 못하도록 소련 주변부를 막아야 한다는 개념에서 출발하였다.

대소 봉쇄정책은 소련 전문가인 조지 케난(George F. Kennan)에 의해 그 이론적 토대가 마련되었다. 그는 1946년 2월 소련의 외교정책에 대한 의도와 방책을 담고 있는 전문보고서(long telegram)를 수정하여 1947년 「외교평론(*Foreign Affairs*)」 7월호에 기고한 「소련 행동의 원천(The Sources of Soviet Conduct)」이라는 논문에서 봉쇄정책의 개념을 제시하였다.[54]

---

54) Mr. X[George F. Kennan], "The Sources of Soviet Conduct", *Foreign Affairs*, X X

케난은 이 논문에서 소련의 팽창주의 정책을 막을 방도는 봉쇄 정책이라고 주장하였다. 그는 소련의 행동은 전통적인 팽창주의와 공산주의 이데올로기에서 비롯된 것이라 단정하고, 소련의 침투 징후가 보이는 모든 곳에서 그것에 맞서도록 설계된 봉쇄정책을 채택할 것을 주장하였다.

> 소련의 외교정책은 태엽을 감고 작동을 시키면 어떤 막는 힘에 의하여 멈출 때까지 오직 한 방향으로만 계속 달리는 자동차와 같은 것이다. ……[따라서] 미국의 소련에 대한 정책은 소련이 세계의 평화와 안정을 해치려는 표시를 보이는 모든 곳에서 변함없는 저항력을 갖고 소련에 대결하도록 의도된 강력한 봉쇄정책이어야 한다.
> ……또한 미국의 대소 정책은 소련의 팽창주의적 경향에 대하여 장기적이고 인내심 있으면서 한편으로는 강력하고 결코 방심하지 않는 봉쇄정책이어야 한다.[55]

한국전쟁 이전 미국의 봉쇄정책은 소련의 주요 위협대상지역으로 분류된 서유럽 지역부터 적용되기 시작하였다. 제2차 세계대전 이후 서유럽은 미국의 가장 강력한 우방국이자 소련의 위협에 가장 취약한 곳이었다.

제2차 세계대전 동안 자유민주주의를 수호하며 전체주의 독일에 맞서 싸웠던 유럽 국가들에서는 전쟁 동안 전체 인구의 10%에 달하는 3,000만 명의 인명손실에 따른 노동력 부족, 산업시설의 파괴, 그리고 석탄 등 원자재의 부족으로 제한생산이 불가피하였다.[56]

Ⅴ, July 1947, pp.556 – 582.

55) George F. Kennan, *Memoirs, 1925 – 1950* (New York: Panthon Books, 1967), pp.354 – 367.

56) Thomas G. Paterson, *Meeting the Communist Threat: Truman to Reagan* (New

그 결과 기아와 빈곤, 달러의 부족으로 인한 생필품의 수입제한, 경제회복의 둔화 등으로 인해 국민들의 생활은 더욱 어려워졌다. 더욱이 전시 연합국의 분열, 독일 문제의 미해결, 소련 공산주의 세력의 위협 및 확산으로 서유럽은 정치·경제·사회 등 전반에 걸쳐 총체적 위기 국면을 맞게 되었다.[57]

전후 소련 공산주의 세력의 팽창은 미국을 중심으로 하는 서유럽과 소련을 주축으로 하는 동유럽과의 대결양상으로 전개되었다. 이때 미국이 전후 유럽의 총체적 위기 상황과 소련의 팽창주의에 적극 대처하기 위해 채택한 것이 바로 1947년의 트루먼 독트린 (Truman Doctrine)과 마셜 플랜(Marshall Plan)이었다.[58]

3. 대소 봉쇄정책의 일환인 트루먼 독트린과 마셜 플랜

트루먼 독트린의 직접적인 배경은 터키와 그리스에 대한 소련의 위협이었다. 터키 문제는 인접국가인 이란으로부터 시작되었다. 전후 산유국이었던 이란을 영국과 소련이 각각 점령하고 있었다. 영국과 소련은 1945년 9월 런던에서 외무장관 회담을 열고 1946년 3월까지 모든 군 병력을 이란에서 철수하기로 결정하였다.

그러나 소련은 이란의 점령지역에서 철수하지 않은 채, 오히려 병력을 증강하였을 뿐만 아니라 이란 국경지역인 터키로의 진출을

York: Oxford University Press, 1988), pp.39 - 40; Paterson, Clifford and Hagan, *American Foreign Policy*, p.435.

57) *FRUS, 1947*, vol.Ⅲ : *The British Commonwealth; Europe*, p.230.

58) John Lewis Gaddis, *Russia, the Soviet Union, and the United States: An Interpretive History*, 2nd ed.(New York: McGraw - Hill, 1990), p.186.

도모하였다. 소련은 흑해에서 지중해를 연결하는 전략적 요충지인 다르다넬스 해협(Dardanelles Strait)을 터키에서 분할하여 이곳에 소련군을 주둔시키고자 하였다.

그리스는 전후 영국의 점령지역으로 영국의 지원을 받고 있었다. 그러나 제2차 세계대전 중 독일에 대항했던 그리스 공산당이 그리스 국경지대에 위치한 동유럽 공산국가의 무장지원을 받아 민족해방전선을 결성하여 게릴라전을 전개함으로써 그리스를 내전상태로 몰고 갔다.

이런 상황에서 그리스를 지원해 왔던 영국이 경제사정의 악화와 1946∼1947년 유럽에 몰아닥친 혹한으로 대외원조능력을 상실하면서 더 이상 그리스를 지원할 수 없게 되자 이 사실을 미국에 통보하게 되었다.[59]

그리스는 미국의 즉각적인 지원이 없으면 소련의 위성국가로 전락하게 될 운명에 처하게 되었다. 이에 미국이 고도의 정치적·전략적 차원에서 해결책으로 내 놓은 것이 트루먼 독트린이었다.

트루먼 독트린은 1947년 3월 12일 트루먼 대통령에 의해 미국 상하 양원 합동회의에서 발표되었다. 그는 이 양원합동회의에서 소련의 위협을 받고 있는 그리스와 터키에 대한 미국의 원조를 요청하였다.

트루먼 대통령은 그리스에서 철수할 수밖에 없는 영국의 입장과 터키의 상황을 열거하면서 그 어느 때보다 미국의 신속한 지원이 필요하다는 점을 밝혔다. 트루먼 대통령은 "소련의 팽창주의 위협에 대한 향후 미국이 지향해야 될 정책은 소수의 무장 세력이나 외

---

59) *FRUS, 1947*, vol.V, pp.32−37.

부의 압력에 굴복하지 않으려고 투쟁하는 자유민들의 노력을 지원하고, 자유민들이 그들 자신의 운명을 결정할 수 있도록 도와주는 것이어야 할 것이다."라고 말하였다.

트루먼 대통령은 계속해서 "미국의 원조는 경제적 안정과 평화적인 정치적 발전에 필수적인 경제적·재정적 측면에서 이루어질 것이며, 미국이 이러한 긴박한 사태를 맞아 세계 강대국으로서 지도력을 발휘하지 못하면, 세계 평화를 위태롭게 할 뿐만 아니라 미국의 복지도 위태롭게 될 것이다."[60]라고 경고하였다.

> 지금까지 그리스를 지원해 왔던 영국정부도 [1947년] 3월 31일 이후부터는 더 이상의 재정적·경제적 원조를 제공할 수가 없다. (중략) [제2차 세계대전] 이래 터키는 민족적 통일을 유지하는 데 필요한 근대화를 성취하기 위하여 영국과 미국에 더 많은 재정적인 지원을 요청해 왔다.
> 나의 미국 외교정책의 가장 중요한 목표 중의 하나는 우리와 다른 국가들이 압제로부터 자유로운 삶을 계속 성취해 나갈 수 있는 여건들을 만들어 내는 데 있다.
> (중략) 또한 미국의 정책이 소수의 무장된 세력이나 외부의 압력으로부터 굴복하지 않으려고 투쟁하는 자유민들의 노력을 지원해 주는 것이어야 한다고 믿는다. (중략) 나는 1948년 6월 30일까지 그리스와 터키에 대해 4억 달러에 달하는 원조를 제공할 수 있도록 의회가 승인해 주기를 요청한다.[61]

트루먼 독트린은 민주당과 공화당 양당으로부터 초당적인 지지를 받았다. 그리스·터키 법안은 미국 상원에서 1947년 4월 22일에, 하원에서 5월 15일에 통과되었고, 트루먼 대통령이 그해 5월 22일 이 법안에 서명함으로써 두 국가에 원조를 할 수 있게 되었다.

---

60) "Truman Doctrine", *Public Papers of the Presidents, Harry S. Truman*, 1947(Washington, D.C.: U. S. Government Printing Office, 1963), pp.176 - 180.

61) "Truman Doctrine", *Public Papers of the Presidents, Harry S. Truman*, pp.176 - 180.

이에 터키는 미국으로부터 1억 달러의 군사원조를 받게 되었고, 그리스는 미국으로부터 3억 달러의 경제 및 군사원조와 함께 군사와 민간 전문가들의 지원을 받게 되었다. 이러한 미국의 원조는 지중해 해역에서뿐만 아니라 전 세계적으로 소련의 팽창을 막는 가장 효과적인 수단이 되었다.[62]

그러나 1947년 미국의 지도자들은 트루먼 독트린의 한계를 느꼈다. 그들은 트루먼 독트린이 지닌 정치적·군사적 성격만으로는, 즉, 유럽을 혼란에 빠뜨리고 있는 경제문제를 치유하지 않고는 유럽에 대한 근본적인 치료가 어렵다고 판단하였다. 왜냐하면 1947년까지 미국은 유럽 국가들에 약 90억 달러의 원조를 제공하였지만 유럽 경제는 회복되지 않았고, 소련의 위협은 계속되고 있었다.[63]

마셜 계획(Marshall Plan)은 이러한 배경에서 수립되었다. 마셜 국무장관은 1947년 4월 29일 모스크바 외무장관 회담을 마치고 워싱턴으로 돌아온 뒤 소련 문제 전문가인 조지 케난(George F. Kennan)에게 유럽의 위기 상황을 해결하고 소련의 침략을 저지하기 위한 대책을 마련할 것을 지시하였다.[64]

케난은 1947년 5월 5일 국무부의 정책기획부서로 새로 설치된 정책기획실(PPS: Policy Planning Staff)의 실장으로 취임하여 마셜 계획을 수립하게 되었다.[65]

마셜 계획은 1947년 6월 5일 마셜 국무장관에 의해 하버드(Harvard)

---

62) Richard J. Barnet, "The Misconceptions of the Truman Doctrine", in Thomas G. Paterson, 2nd ed, *The Origins of the Cold War*(Lexington: D.C. Heath and Company, 1974), pp.156 – 157.

63) *FRUS, 1947*, vol.Ⅲ, pp.209 – 210.

64) Kennan, *Memoirs*, pp.325 – 326; Woods and Jones, *Dawning oh the Cold War*, p.154.

65) Kennan, *Memoirs*, pp.325 – 328.

대학교 졸업식 연설에서 공포되었다. 마셜 국무장관은 유럽의 경제구
조를 재건시키는 일이 애당초 예상했던 것보다는 훨씬 더 오랜 시간이
걸리고 있다며 말하고, 세계 경제가 안정되지 않고서는 정치적 안정도
확실한 평화도 있을 수 없다고 말하였다.

> (중략) 앞으로 3년 내지 4년 동안 외국으로부터, 주로 미국으로부터지만, 식
> 량과 다른 필수품들을 유럽이 공급받아야 한다는 필요성은 현재 유럽의 지
> 불능력문제보다는 훨씬 더 중요한 문제이기 때문에 유럽은 상당한 규모의
> 추가원조를 받아야만 하는 것이 사실이다. 만약 그렇지 못할 경우 유럽은 대
> 단히 심각할 정도로 경제적, 사회적, 그리고 정치적 혼란에 직면할 것이다.
> (중략) 미국정책의 목적은 자유주의적인 제도들을 존재할 수 있게 하는 정
> 치적, 사회적 여건의 출현을 가능케 하기 위하여 세계경제가 원활하게 작
> 동할 수 있게끔 다시 소생시키는 데에 있어야 한다. 그러한 지원은 여러
> 위기들이 단편적으로 지원하는 방식으로 되어서는 안 된다고 나는 믿는다.
> 장차 미국정부가 제공하게 되는 어떠한 원조도 단순한 일시적인 완화책이
> 아니라 완전한 치료책의 성격이 되어야 한다.
> 이러한 [유럽경제의] 재건 과업에 동참할 의지가 있는 어떠한 국가도 미국
> 정부로부터 충분한 협조를 받게 될 것으로 나는 확신한다. (중략) 미국의
> 역할은 유럽재건계획을 기초하는 데에 우호적으로 도와주고 미국에게 실
> 질적으로 가치가 있다고 판단하는 한 나중에 그러한 계획을 지원하는 것
> 으로 되어야 한다. 이 계획은 공동의 계획안으로 되어야 하며 유럽 국가의
> 전부는 아닐지라도 많은 국가에 의해서 동의되어야 한다.66)

그렇기 때문에 미국의 정책은 "세계 경제가 원활하게 작동될 수
있도록 다시 소생시켜야 하며, 이에 필요한 미국의 지원은 여러 위기
들이 조성될 때마다 조금씩 단편적으로 지원하는 일시적인 완화책이
아니라 완전한 치료책의 성격이 되어야 할 것이다."라고 말하였다.67)

---

66) United States Department of State, *FRUS, 1947*, Vol.3, 1972, pp.237–239; 남정옥, 「마셜
계획(Marshall Plan)과 미국의 유럽통합정책」, 충남대학교 석사학위논문, 1993, pp.63–64.

마셜 계획은 제2차 세계대전으로 피폐해진 유럽의 경제적 위기를 해결하고 소련 공산주의의 확산을 저지하는 데 성공하였다. 유럽은 마셜 계획으로 놀라운 경제성장을 이룩했고, 무역에서도 놀라운 신장세를 보이며 전쟁 이전의 상태를 회복함으로써 전후 만성적인 달러 부족에서 허덕이던 유럽 국가들을 구제하였다.[68]

그 결과 전후 유럽 내 강대국의 쇠퇴로 생긴 힘의 공백 상태에서 소련 공산주의 세력이 서유럽에 침투할 수 없게 했고, 한국전쟁이 발발하자 유럽 대륙에서는 영국·프랑스·베네룩스 3국 등 가장 많은 국가들이 한국에 군대를 파견하게 되었다. 만일 그 당시 미국이 트루먼 독트린과 마셜 플랜을 통해 그리스·터키를 비롯하여 서유럽에 막대한 원조를 실시하지 않았다면, 그 영향은 한국전쟁에까지 미쳤을 수도 있었을 것이다.[69]

4. 미국의 대소 봉쇄정책 확대 조치: NATO 결성과 NSC-68 작성

미국의 봉쇄정책은 트루먼 독트린과 마셜 계획처럼 주로 경제원조와 군사고문단을 지원하는 방식으로 수행되었으나, 점차 소련의 위협이 가중됨에 따라 군사적인 지원 성격으로 발전하게 되었다.[70]

한국전쟁 이전까지 봉쇄정책을 위한 미국의 주요 조치로는 국가

---

67) *FRUS, 1947*, vol. Ⅲ : *The British Commonwealth; Europe*, pp.237 – 239.

68) Thomas G. Paterson, "The Marshall Plan Revised", in Paterson, *The Origins of the Cold War*, pp.171 – 172.

69) *FRUS, 1947*, vol.Ⅴ, pp.45 – 47, 56 – 57, 60 – 62.

70) Arthur Krock, "A Guide to Official Thinking About Russia", *New York Times*, July 8, 1947.

안보회의 문서 NSC - 20/4와 NSC - 68, 그리고 군사동맹체인 북대
서양조약기구(NATO) 등에 반영되었다.

미국의 NSC - 20/4는 1948년 11월 24일 트루먼 대통령의 승인을
받은 것으로, 이 문서에서 "미국은 장차 소련만이 미국의 위협대상
이며, 소련은 전제적·전체주의 국가로서 궁극적으로는 세계지배를
획책하고 있다."고 보았다.

또한 "소련은 평시에도 전쟁이 아닌 다른 모든 수단을 동원하여
서방 측에 도전할 것"이라고 분석하였다.[71] 이에 대한 대책으로 미
국은 "봉쇄정책의 원리를 적용하여 전후에 허용되었던 소련과 국
경을 맞대고 있지 않는 다른 지역에서 소련의 지배를 차단하게 될
것"이라는 결론을 내렸다.[72]

1949년 4월 4일 미국은 1778년 이래 처음으로 평화 시 동맹기구
인 미국과 서유럽 간의 군사동맹체인 북대서양조약기구를 수립함
으로써 미국의 사활적 이익지대인 서유럽의 방위에 더욱 깊숙이
개입하게 되었다.

이는 아시아의 반공지도자로서 태평양동맹(太平洋同盟)을 구상
했던 이승만 대통령·중국의 장개석(蔣介石) 국민당 총재·필리핀
의 엘피디오 키리노(Elpidio Quirino) 대통령을 자극하여 유럽지역에
서의 집단안보체제인 북대서양조약기구와 유사한 군사동맹기구를
태평양에서도 결성해야 한다고 주장하게 하였다.[73] 그러나 전쟁 이
전 이승만과 장개석이 주도한 태평양동맹안은 미국의 반대로 실현

---

71) NSC - 20/4, "U. S. Objectives with Respect to the USSR to Counter Soviet Threat to
the U. S. Security", November 23, 1948, *FRUS 1948*, Vol.1, Part 2, p.663.

72) NSC - 20/4, *FRUS*, 1948, vol.1, part 2, pp.662 - 669.

73) *FRUS*, 1949, vol.9, *The Far East: China*, pp.51, 70, 197.

되지 못하였다.[74)]

미국의 NSC-68은 한국전쟁 이전에 이미 준비되었으나 트루먼 대통령의 승인을 받지 못하였다. 이 문서의 작성배경은 1949년 10월 1일 중국 공산당의 정부수립과 1949년 8월 29일 소련의 원자폭탄 실험 성공이었다.

이 두 사건이 의미하는 것은 그때까지 유럽에서 진행되었던 냉전이 아시아로 전환되었다는 것과 전후 재래식 전력에서 미국에 비해 우위를 차지하고 있던 소련이 원자폭탄 실험 성공으로 미국이 충격을 받았다는 것이다.

미국은 공산권에서 발생한 이 두 사건을 계기로 1950년 4월 국가안보회의 문서 NSC-68을 작성하게 되었다. NSC-68은 전후 미국의 외교 및 국방정책을 전면 재검토하는 과정에서 마련되었다. 미국은 소련이 1952년까지는 원폭을 보유하지 못할 것으로 판단하고 있었다.[75)]

그러나 미국은 소련의 핵무기 개발로 원폭 보유가 가능해지고, 상대적으로 미국의 핵 독점이 상실하게 되자, 미국 내에서 수폭(水爆) 개발에 대한 논란이 있게 되고, 이에 대해 트루먼 대통령이 1950년 1월 30일 수폭 개발 계획을 승인하면서 국무부와 국방부에 중국 공산화·소련의 핵무기 개발·수폭 개발 계획과 관련하여 외교와 국방정책에 대해 재검토를 지시하였다.[76)]

---

74) 李昊宰, 「韓國外交政策의 理想과 現實」(서울: 法文社, 1988), pp.304-311.

75) Truman, *Years of the Trial and Hope*, vol. Ⅱ, p.288.

76) NSC-68은 1950년 1월 31일 대통령 지시로 수폭개발과 함께 준비되기 시작하여, 4월 7일 초안이 작성 보고되었으며, 계속적인 시행준비 끝에 9월 30일 제2수정안이 채택되고, 12월 14일 제4수정안이 채택되는 등 1950년 초반 미국의 기본전략을 규정한 문서이다. NSC-68(4.14), *FRUS 1950,* Ⅰ, pp.234-292.

이에 미국 국무부의 정책기획실장 폴 니츠(Paul Nitze)를 중심으로 하는 '국무·국방 특별연구단'이 구성되어 1950년 2월 중순부터 3월까지 6주 동안 NSC-68을 작성하여 1950년 4월 7일 대통령에게 보고하였다.

트루먼 대통령은 1950년 4월 12일 이를 NSC로 회부하여 이의 실행에 필요한 세부계획과 비용을 평가하라고 지시하였을 뿐, 이를 승인하지 않았다.[77] NSC-68은 1950년 9월 29일 제68차 국가안보회의에서 결론부분이 채택되었고, 그 다음 날인 9월 30일에 이르러서야 NSC-68/2로 대통령의 승인을 얻었다. 이후 NSC-68/4가 1950년 12월 14일 대통령의 승인을 받아 전후 미국의 대소 정책으로 확정되었다.

NSC-68은 어느 특정지역을 대상으로 한 것이 아니라 전 세계에 걸친 미국의 안보문제를 포괄적으로 다루고 있는 문서였다. NSC-68은 미국 안보에 가하고 있는 소련의 위협을 담고 있는 NSC-20/4[78]의 조항을 그대로 채택하고 있었다.[79]

NSC-68은 미국의 안보에 가장 큰 위협은 소련의 호전적 전략과 가공할 만한 힘, 그리고 소비에트 체제의 본질에서 기인한 것으로 보았다. 이에 따라 NSC-68에서는 냉전적 정책목표를 달성하는 데 적합한 냉전적 정책수단을 강구할 것이 강조되었고, 그러한 정책수단은 평화를 위한 적극적인 프로그램이어야 하고 미국과 자유세계의 현재적 능력을 보다 급속히 증대시키는 프로그램이 되어야

---

77) Etzold and Gaddis, *Containment*, p.383.

78) 1948년 11월 24일 대통령의 승인을 받은 NSC문서로 미국의 소련정책을 담고 있다.

79) NSC-68, April 14, 1950, in *Containment*, ed. Etzold and Gaddis, pp.438-439.

한다고 하였다.

이처럼 NSC-68에서는 주변지역까지 봉쇄 내지 롤백 정책을 확대시켰을 뿐 아니라 그러한 정책을 수행하는 데에 필요한 수단을 강화시킬 것을 결정하였다. 미국은 NSC-68에서 자국 경제의 군사화와 이에 따른 획기적 군비증강이 필요함을 지적하였고, 군비지출 증가, 대외군사 및 경제원조의 증가, 소련에 대한 정치 및 심리전 강화, 정보활동이 강화되어야 한다고 결론 내렸다.

이를 위해 미국은 의회 지도자와 협의 후 국민에게 설명하는 등의 시행 방법까지 규정하였다. 그러나 NSC-68은 당초 시행 비용과 의회 승인 등의 문제로 계속 검토되기만 하다가 한국전쟁의 발발로 그 주요 내용이 실행되기에 이르렀다.

그러나 이 문서는 연간 200억 달러 이상의 예산상의 추가요인 발생으로 인해 한국전쟁 이전에는 실현을 보지 못하였다.[80] 한국전쟁 이후 NSC-68은 미국의 대소안보 및 군비증강 정책을 규정한 문서가 되었다.[81]

이에 따라 미국은 NSC-68 문서를 급히 개정하여 1952년 6월 말까지 일차적으로 군비증강이 끝나도록 계획을 조정함은 물론, 1950년 12월 16일에는 한국에서 유엔군의 38선으로의 후퇴 상황에 직면하게 되자 트루먼 대통령에게 국가비상사태를 선포하게 하는 등 군비증강 노력을 위해 더욱 박차를 가하게 되었다.

---

80) National Security Affairs: Foreign Economic Policy, *FRUS, 1950*, vol. Ⅶ, Part Ⅰ, p.240. NSC-68의 내용은 NSC-68, *FRUS 1950*, vol. Ⅰ, pp.234-299에 실려 있다.

81) NSC-68, *FRUS 1950*, Ⅰ, pp.234-292.

제4절 미국 합참과 극동군사령부의 대소 전쟁계획

1. 미국의 대소 전쟁계획 수립 배경

미국은 제2차 세계대전 이후 소련 공산주의의 팽창에 맞서 자유민주주의 체제를 보호하기 위해 대소 봉쇄정책을 택하였다.

또한 공산주의의 확장을 막기 위한 봉쇄정책은 트루먼 독트린과 마셜 플랜의 채택, 그리고 북대서양조약기구의 결성 등으로 실현되었다.

그러나 이러한 정책과 전략의 배경에는 태평양전쟁에서 진가를 발휘한 원자폭탄이 있었다.[82]

미국은 1945년 신무기인 원자폭탄의 가공할 만한 파괴력에 힘입어 제2차 세계대전을 훨씬 빨리 종결시킴으로써 수백만 명에 달하는 인명 피해를 막을 수 있었다.[83]

미국은 1945년 7월 생산된 원자폭탄을 일본의 히로시마와 나가사키에 각각 투하하였고, 이는 일본을 항복시키는 데 결정적인 역할을 하였다.

전후 미국 합동참모본부는 대규모 전쟁에서 핵무기는 방어 작전과 공격 작전 시 매우 유용하게 사용될 것이라는 신념을 갖고 있었다.[84]

---

82) Summers, *Korean War Almanac*, p.261.

83) Thomas G. Paterson, J. Garry Clifford, and Kenneth J. Hogan, *American Foreign Policy: A History*, 3rd ed.(Lexington, MA: D.C. Heath, 1988), pp.429 – 431.

84) Schnabel, *History of the Joint Chiefs of Staff: The Joint Chiefs of Staff and National Policy 1945 – 1947*, p.69.

그 결과 미국의 봉쇄정책은 핵무기를 군사적 수단으로 채택하는 전략적 개념을 기반으로 하고 있었다. 트루먼 행정부가 군사전략으로 수립했던 주변기지전략도 대소 우위를 차지하고 있던 미국의 공군력과 핵무기를 결합시켜 소련 주변지역에 전략공군기지를 설치하고, 이곳에서 전략폭격기에 탑재한 핵무기를 이용하여 소련의 세력 확대를 봉쇄한다는 것이다.[85]

미국이 제2차 세계대전 시 대규모로 동원했던 막대한 병력에 대한 동원해제를 단행하고 군비를 감축할 수 있었던 것도 이러한 전략적 배경에 따라 취해진 조치였다.

전후 미국은 일본을 조기에 패전으로 이끈 핵무기가 미래의 전장을 지배하게 될 것이라고 판단하였다. 미국은 비용이 적게 들면서 살상 효과가 큰 핵무기 개발과 함께 핵무기의 투발수단인 전략공군에 기초한 군사전략을 수립하게 되었다. 미국의 이러한 전략적 변화는 제2차 세계대전 이후 미국이 채택한 국방비의 대폭 감축과 함께 국가동원체제의 해체과정에서 수립된 것이다.

그러나 소련은 전후 재래식 군비를 계속 유지하면서 핵 개발에 박차를 가하고 있었다. 소련은 1949년 8월 핵무기 실험에 성공하였다. 따라서 국방비 삭감과 병력을 감축해야 하는 현실적 안보상황하에서 장차 대소 전쟁을 수행해야 할 미국의 정책 및 군사 전략가들의 입장에서는 핵무기에 의존하는 정책과 전략을 고려할 수밖에 없었다. 이러한 군사적 환경 속에서 미국의 군부는 핵무기와 핵무기 운반수단인 전략공군에 의존하는 전쟁계획을 수립하게 되었다.[86]

---

85) Schnabel, *The Joint Chiefs of Staff and National Policy 1945 - 1947*, p.69.

86) Kenneth W. Condit, *History of the Joint Chiefs of Staff: The Joint Chiefs of Staff*

2. 미국 합참의 세계적 차원의 대소 전쟁계획

(1) 핀처(PINCHER) 전쟁계획

미국 합동참모본부는 1946년 여름 미·소 간의 관계가 점차 악화되어 가자 핀처(PINCHER)라는 암호명의 대소 전쟁계획을 수립하였다.[87]

미국의 전쟁계획인 핀처 계획에 의하면, 장차 전쟁이 일어날 경우 소련은 압도적으로 우세한 지상병력으로(유럽정면에서 100개 사단) 공격할 것으로 분석하였다. 미국은 소련의 우세한 지상군 전력에 대한 대비책을 강구하였다.

즉, 소련이 서유럽을 공격할 경우 미국과 영국은 라인(Rhine) 강에서 대적하기보다는 소규모 병력으로 소련의 대병력을 저지할 수 있는 유리한 지역인 이베리아 반도나 이탈리아 반도까지 후퇴한 후 전략폭격으로 소련의 전쟁수행능력의 핵심인 우크라이나 등의 공업중심지를 격파한다는 계획을 세웠다.

미국은 전력을 보강한 후 소련이 지상군 우위능력을 발휘할 수 없도록 반격작전을 실시하되, 반격 작전의 기동로는 지중해에서 발칸반도, 아니면 지중해나 페르시아 만으로, 이 중에서 한 방향 내지는 양 방향에서 중동지역으로 기동하여 소련의 공업 중심지역을 공격한다는 것이었다.[88]

---

and National Policy 1947 - 1949, vol. II (Washington, D.C.: Office of the Chairman of the Joint Chiefs of Staff, 1996), p.153.

87) Condit, *History of the Joint Chiefs of Staff: The Joint Chiefs of Staff and National Policy 1947 - 1949*, vol. II, p.153.

88) JWPC 416/1, 8 January 1946.

미국은 클레우제비츠(Karl von Clausewitz)가 전쟁론에서 강조한 '군사력 중심(重心: center of gravity)'을 우세한 전략폭격기를 이용하여 조기에 파괴함으로써 소련의 전투의지를 말살시킨다는 개념이었다.

미국은 핀처 계획에서도 서유럽과 중동지역을 중요시하였다. 핀처 계획에서는 장차 미·소 간의 직접대결상황을 고려하여 영국의 중요성을 부각시켰다. 즉, 미국은 장차 소련과의 전면전을 고려할 때 영국을 강대국으로 유지하는 것이 절대적으로 필요하다고 판단했다.[89]

또한 핀처 계획에서는 소련과의 전쟁 시 미국이 판단한 지역 우선순위는 서유럽, 중동, 극동지역 순이었다. 미·소 간의 전면전쟁이 발발할 경우, 극동지역은 세계적 전략적 관점에서 볼 때 미·소 양국 모두 부담이 되는 지역이었다. 미국은 소련과의 전면전쟁 시 핵무기를 사용해 소련에 결정적인 승리를 얻고자 하는데 미국이 보유한 핵무기로 극동지역까지 적용하기에는 부족하였다.

따라서 미국은 서유럽지역에서는 적극적 전략인 '전략적 공세(strategic offense)'를 취하고 극동지역에서는 소극적 전략인 '전략적 방어(strategic defense)를 채택할 수밖에 없었다.[90]

한편 핀처의 전쟁계획 수립과정에 참여했던 핵전문가들은 핵무기의 운용에 대해 비관적인 의견을 내놓았다. 그 당시 미국의 핵무기는 전략무기로 사용할 수 없으며, 재래무기와 재래전쟁을 수행하

---

89) Robert Dallek, *Franklin D. Roosevelt and American Foreign Policy, 1932-1945*(New York: Oxford University pRESS, 1979), p.417.

90) David Rosenberg, "American Atomic Strategy and the Hydrogen Bomb Decision", *Journal of American History* LXⅥ(I), 1979, p.64.

는 보조적인 역할밖에 기대할 수 없다고 평가했다.[91] 미국의 원폭
보유량도 동원해제로 줄어들어 1947년에서 1948년에는 30~40발
정도에 불과하다고 말했다.[92]

또한 1946년 3월 육군항공은 방공, 전술공군, 전략공군으로 재편
되어, 이 시점에서 전략공군이 보유한 B-29폭격기는 13개 비행단
가운데 가용한 부대는 6개 비행단뿐이었다. 핵전문가들의 견해에
의하면 "그중에서도 핵무기 공격능력을 갖춘 부대는 일본 히로시
마와 나가사키에 출격했던 제509비행단뿐"이라고 지적했다.

그런데 이 부대마저도 동원해제에 따른 전문 인력의 사회복원으
로 인하여 훈련수준이 낮아졌다고 말했다.[93] 그럼에도 미국의 핵
독점은 그대로 유지되고 있었다. 하지만 미국의 군부에서는 여전히
핵무기를 높이 평가하고, 이를 대소전쟁계획에 반영하였다. 미국
군부가 이렇게 판단한 것은 공군의 핵 공격을 대체할 대안이 없었
기 때문이었다.[94]

결론적으로 핀처 계획은 소련이 세계전쟁을 일으킬 경우, 소련군
은 유럽과 중동의 대부분을 점령하게 될 것이라고 가정하고, 미국
은 이에 대응하여 재래전과 함께 20개 도시에 50개의 핵무기를 투
하하여 소련의 산업시설을 50% 파괴한다는 것이었다.[95] 하지만 그

---

91) Schnabel, op. cit., p.139.

92) Rosenberg, op. cit., pp.62 - 87.

93) Harry R. Borowski, "Air Force Atomic Capability from V - J Day to the Berlin Blockade
   - Potential or Real?" *Military affairs* ⅩⅬⅨ(3), 1980, pp.105 - 110; Idem, A *Hollow
   Threat: Strategic Air Power and Containment Before Korea*(Westport, Conn.: 1982);
   Rosenberg, op.cit., p.68.

94) Schnabel, op. cit., pp.283 - 290; Rosenberg, op. cit., pp.66 - 67; Gregg Herken, *The
   Winning Weapon: The Atomic Bomb in the Cold War, 1945*(New York: Alfred A.
   Knopf, 1980), pp.195 - 196.

당시 미국은 이 계획을 수행할 수 있을 만큼 많은 양의 핵무기를 보유하고 있지 못했으며, 핵무기 운반 수단도 준비되지 않았고 공격목표에 대한 구체적인 분석도 이루어지지 않은 상태였다.

미국 합동참모본부는 1948년 2월 미국 최초의 전쟁계획인 핀처 계획을 트루먼 대통령에게 보고했다. 이는 1947년 7월 26일 국가안전보장법이 제정되고 이에 따라 국가안보체제가 그 모습을 갖추는 시기와 일치하고 있음을 알 수 있다.

(2) 하프문(HALFMOON) 전쟁계획

1947년 7월부터 핀처 계획을 기초로 미 합동참모본부의 합동전쟁계획위원회(JWPC: Joint War Plan Committee)는 3년 이내 소련과의 전면전이 벌어졌을 경우에 대비한 전쟁 초기 대응계획을 수립하기 시작했다. JWPC는 합동전략계획단(JSPG: Joint Strategic Plan Group)으로 개편되어 계속해서 전쟁계획을 수립하였다.

이렇게 해서 1948년 5월 작성된 하프문(HALFMOON) 전쟁계획은 그해 7월 21일 합동참모회의에서 승인되었고, 그해 9월 1일에는 각 군 및 통합군사령부에 하달됨으로써 전후 미국은 처음으로 정식적인 전쟁계획을 갖게 되었다.[96]

하프문 전쟁계획의 주요 내용은 다음과 같다. 첫째, 소련의 서유

---

95) Trofimenko, *The U. S. Military Doctrine*, p.59; Gregg-Herken, *The Winning Weapon: The Atomic Bomb in the Cold War, 1945-1950*(New York: Alfred A. Knopf, 1980), pp.219-224.

96) JCS 1844/13, 21 July 1948; Kenneth W. Condit, *The History of the Joint Chiefs of Staff: The Joint Chiefs of Staff and National Policy*, vol. II, *1947-1949*(Washington, D.C.: GPO, 1979), pp.288-293.

럽 등에 대한 선제공격. 둘째, 미군과 동맹군의 반격. 셋째, 반격 시 전략공군에 의한 핵 공격으로 이루어졌다. 이 계획은 1949년 말 개정된 전쟁계획에서도 이러한 원칙은 그대로 유지되었다.

하프문 전쟁계획은 소련이 유라시아(Eurasia) 전역으로 공격하여 중동지역과 서유자원을 확보한 후 유라시아의 서측 병력과 전략공군기지를 공격하여 영국을 무력화시키거나 점령을 시도하면서, 동아시아와 동북아시아 지역으로 공격하는 것으로 가정하고 있다.

이에 미국을 비롯한 서방 측은 서반구(西半球)의 전쟁수행능력을 유지, 강화함과 동시에 유럽에서 군대를 철수하되, 영국 본토는 계속 확보한다는 것이었다. 그러면서 극동지역에서는 베링 해-동해-황해로 연하는 선을 확보한다는 것이었다. 특히 이때 소련의 전쟁수행능력을 파괴하기 위해 즉각적으로 전략폭격을 전개한다는 것이었다.

하프문 계획에서 전략폭격에 의한 항공반격작전은 D+15일이었다.[97] 미국의 핵 공격에도 소련이 항복하지 않을 경우, 미국은 D+10개월 이내에 중동의 석유자원을 탈환하고, 지중해 지역에 전략폭격기지를 확보한다는 계획을 수립했다.

또한 미국은 중동의 석유자원을 전쟁 발발 2년 이내에 탈환한다는 계획도 수립하였고,[98] 최초 계획단계에서 포기했던 수에즈-카이로-지중해를 연결하는 선을 다시 포함시켰다.

이렇게 볼 때 하프문 계획에서 미국은 핵 독점과 전략폭격에 크

---

97) 미국이 항공반격작전을 준비하는 동안 소련이 서유럽·중동·극동에 대한 주요지역을 점령하여도 미국은 이를 저지할 수 없는 상황이었다.
98) JCS 1844/1, 17 March 1948.

게 의존하고 있음을 알 수 있다. 미국은 핵무기에 의한 전략폭격을 실시하면 소련이 쉽게 굴복할 것이라고 판단했다. 미국이 이러한 구상을 하게 된 배경에는 1947년부터 핵무기 생산체제 확립으로 핵무기의 보유량의 확대에 기인한 것 같다. 비록 1948년 초 미국이 약 50개의 핵무기를 보유하게 되었으나, 전략공군의 능력은 여전히 불안했다. 여기에는 다음과 같은 이유가 있다.

첫째, 영국 본토에서 출격하는 B-29의 항속거리는 소련 내의 주요목표를 공격하고 복귀할 능력이 못 되었다.[99]

둘째, 전략폭격기를 엄호할 전투기가 동행할 수 없어 소련의 전투기와 대공포에 취약하였다.

셋째, 제2차 세계대전 중에 독일이 점령했던 지역을 제외하고는 소련 내의 군사목표에 대한 정보가 부족하였다.

넷째, 행동반경이 300마일인 항공모함 탑재기는 항속거리가 짧아 소련 내 목표에 도달할 수 없었다.

다섯째, 원자폭탄 탑재용으로 개조한 B-29 전략폭격기는 1948년 현재 27대밖에 없었다. 전략목표에 대한 공격에서 효과를 거두기 위해서는 200여 회 이상의 원폭 공격이 필요한데, 이에 비해 현재 가용한 27대의 전략폭격기는 절대 부족한 것이었다.[100] 이러한 수적 열세를 만회하려면 주간 폭격을 실시해야 되는데, 여기에는 많은 희생을 각오하지 않으면 안 되었다.

이렇듯 하프문 전쟁계획은 제2차 세계대전 이후 미국 최초의 긴급전

---

134) 미국은 B-29 전략폭격기의 항속거리에 대한 문제점을 해결하기 위해 1948년 후반부터 공중급유기 개발을 시작하였다. B-29의 최대항속거리는 1,717마일이다.

100) Borowski, op. cit., pp.105-110.

쟁계획이 되었고, 이는 미국의 전쟁수행 개념으로 정착되어 갔다.[101]

이 당시 미국 군부는 소련에 비해 열등한 지상군 병력의 부족을 보완할 대체전력은 전략공군과 핵무기뿐이라고 판단했다. 베를린(Berlin) 위기가 고조된 1948년 7월경 서유럽에 주둔한 미국·영국·프랑스의 군대는 5개 사단에 25만 명 정도인 데 비해, 동유럽에 주둔한 소련군은 20개 사단에 31만 명이었고, 전쟁이 발발하면 100개 사단이 공격할 것으로 판단했다. 미국은 이러한 전력을 보완하기 위해 1949년 북대서양조약기구(NATO)를 체결하였으나 병력 불균형 상태는 계속되었다.

이와 같은 유럽의 안보 환경에서 미국은 핵무기와 전략폭격기에 의존하는 전쟁계획을 계속 유지하거나 발전시키지 않으면 안 되었다.

(3) 오프태클(OFFTACKLE) 전쟁계획

북대서양조약기구(NATO)가 1949년 4월 4일에 정식으로 체결되었다. NATO는 소련에 대한 미국의 정책을 담고 있는 국가안보회의문서인 NSC-20/4[102]가 수립되고 있을 당시 교섭이 진행되고 있다가 체결되었다. NATO의 체결로 미국은 건국 이후 처음으로 평시동맹체제를 갖추게 되었고, 서유럽국가들은 유럽문제에 미국을 끌어들이려던 노력이 성공하게 되었다.

NATO의 결성으로 미국 합동참모본부의 대소전쟁계획에도 변화가 생기게 되었다. 이전 미국의 전쟁계획에서는 전쟁 초기 서유럽

---

101) 하프문 전쟁계획은 지나치게 핵무기에 의존하고 있다고 대통령의 승인을 받지 못했다. 그러나 군에서는 그 근본개념을 계속 발전 유지하였다.

102) NSC-20/4는 1948년 11월 23일 대통령의 승인을 받았다.

을 포기하고 대신 지리적으로 유리한 지역에서 반격을 실시한다는 개념이었는데, NATO 결성 이후에는 이러한 전제조건이 필요 없게 되었다.

이에 따라 미국은 전쟁 초기 소련의 공산세력을 라인 강 선에서 저지하지 못하더라도 서유럽을 교두보로 확보해야 되고, 이것도 불가하면 조기에 서유럽을 해방할 수 있는 계획을 수립하게 되었다.[103]

이와 같은 배경하에 수립된 것이 오프태클(OFFTACKLE) 전쟁계획이었다. 이 전쟁계획은 1949년 11월 8일에 합동참모회의에 제출되었다가 그해 12월 8일 정식으로 승인받았다. 오프태클 전쟁계획의 주요 내용은 다음과 같다.[104]

소련은 전면전을 감행할 경우, 유라시아(Eurasia) 전역, 특히 서유럽과 중동으로 공격할 것이다. 또한 소련은 영국에 대한 공중공격, 서방 측의 해상교통로에 대한 공격, 미 본토 및 캐나다에 대한 제한된 공격, 전 세계에 대한 파괴활동 실시, 그리고 중공도 소련을 지원할 것으로 판단했다.

이에 대해 미국은 '서유럽에서의 전략적 공세와 극동에서의 전략적 방어'에 중점을 두고, D+15일에 전략폭격으로 소련의 전쟁수행능력을 파괴하면서, 소련군의 전진을 지연시키는 한편, 가능한 한 영국-라인 강-카이로-수에즈를 연하는 선을 확보한다는 전략구상을 세웠다.[105]

하지만 미국은 이것이 어려울 경우, 영국을 확보하고, 북서 아프

---

103) JCS 1844/37, 27 April 1949.
104) JCS 1844/46, 8 November 1949.
105) JCS 1844/46, 8 November 1949.

리카 섬 - 서지중해를 확보한다는 계획이었다. 이를 위해 미국은 소련의 공격을 지연시킬 여러 단계의 저지선을 구상하였다.

먼저, 제1단계의 저지선은 피레네(Pyrenees) 산맥으로 하고, 이것이 어려울 경우 제2단계는 남부 스페인의 시에라 네바다(Sierra Nevada)와 지브롤터(Gibraltar)에서 소련군의 진출을 저지한다는 것이었다.

그렇지만 이것도 어려울 경우, 영국 본토와 북서 아프리카를 확보하여 반격거점으로 한다는 계획을 수립했다. 미국의 이러한 개념은 소련의 공격을 저지하면서 전력을 보강한 후 대규모 반격을 개시하여 서유럽을 해방한다는 것이었다.

오프태클 전쟁계획에서는 반격개시를 하프문계획의 D + 12개월에서 D + 24개월로 12개월이나 연장하였다. 오플태클 전쟁계획에 따른 반격작전에 사용될 가용병력은 미국 지상군만도 41개 사단에, 공군 63개 비행단이었다.

또한 유럽의 일시적인 포기를 전제로 한 하프문 전쟁계획에는 영국, 카이로 - 수에즈지역, 오키나와가 반격을 위한 항공기지였는데, 오프태클 전쟁계획에서는 카이로 대신에 북서 아프리카가 포함되었다.[106] 이렇듯 오프태클 전쟁계획의 특징은 NATO 체결에 따라 소련의 서유럽 점령을 허용하지 않겠다는 미국의 의지가 반영

---

106) JCS 1844/46, 8 November 1949. 이에 대해서는 다음의 문헌을 참조할 것. David A. Rosenberg, "The Origins of Overkill: Nuclear Weapon and American Strategy, 1945 - 1960", International Security 7(4):3 - 71, 1983; Anthony C. Brown, ed., *Operation: World War Ⅲ*(London: 1978), pp.25 - 29; John Prados, The Soviet Estimate: U. S. Intelligence Analysis and Russian Military Strength,(New York.: William Morrow, 1982); James M. Erdmann, "The WRINGER in Postwar Germany", in Clifford L. Egan and Alexander W. Knott, eds., Essays in Twentieth Century Diplomatic History Dedicated to Professor Daniel M. Smith(Washington, D.C., 1982), pp.159 - 191.

되어 있었다.[107]

특히 오프태클 전쟁계획에서는 만일 미·소 간에 전면전이 발발했을 경우, 미국은 극동지역에서 일본－오키나와－대만－필리핀을 연하는 선을 확보하되, 한반도는 미국이 반격할 때에도 우회하는 것으로 계획하였다.[108] 그렇지만 일본에 대해서는 보다 적극적인 입장을 취했다. 이를 살펴보면 다음과 같다.

첫째, 오키나와를 군사작전기지로 계속 이용할 수 있도록 확보한다.

둘째, 전쟁이 발발할 경우, 현존 주일 미군과 최초 수개월 동안에 도착하는 소규모 증원 병력으로 일본을 방위한다.

이를 위해 미국은, 소련이 대만을 공세작전기지로 사용을 못 하도록 저지하고, 일본－유구열도－필리핀을 방위하고, 미국은 해·공군전력으로 소련의 항만, 항공기지, 공업시설, 비축물자, 병력을 파괴한다는 것이었다.[109] 이것이 대소 전쟁계획에 포함된 극동에서의 작전지침이었다.[110]

한편 미국 군부는 오프태클 전쟁계획이 수립되는 가운데 발생한 소련의 원폭보유에 대해서 크게 동요하지는 않았다. 미국은 소련의 핵무기 개발이 질적이나 양적인 면에서 미국 본토 공격에 충분하지 않을 것으로 판단했다.

하지만 1948년처럼 소련이 미국의 핵 공격에 쉽게 항복할 것이라는 기대는 사라졌다. 그렇지만 미국의 정치권에서는 소련의 핵

---

107) *FRUS, 1949*, Vol.Ⅳ, Western Europe, 306－309.

108) Condit, op. cit., pp.315－320.

109) JCS 1844/46, 8 November 1949.

110) General Headquarters, Far East Command, Staff Study OPERATION "GUNPOWDER" Edition 2, 12 April 1949.

보유를 커다란 충격으로 받아들이고, 이에 대한 대안으로 수소폭탄
(水素爆彈) 개발을 서두르게 되었다.[111]

3. 극동지역에서 미국 합참과 극동군사령부의 전쟁계획

(1) 합동참모본부의 문라이즈(MOONRISE) 전쟁계획

제2차 세계대전 이후 미국은 세계적 규모의 대소전쟁계획인 핀처
전쟁계획을 수립하기 위해 연구하였다. 핀처 계획의 일부로서 극동에
서의 대소 작전계획은 1947년 8월 29일 수립된 문라이즈(MOONRISE)
계획이다.[112]

극동지역에서 "소련위협과 이에 대항하기 위한 수단"이란 제목
의 미 합동참모본부의 JWPG계획은 1950년 말까지를 유효기간으
로 하는 단기계획이었다.[113]

문라이즈 작전계획에 의하면 극동지역에서 소련의 공격방향은
만주, 화북(華北·중국 북부지역), 한반도의 남부, 일본 홋카이도
(北海島)였다.

미국은 소련이 D＋20일까지 한반도를 점령하고, D＋40～50일
까지 만주와 화북을 점령하고, D＋150일까지 황하 이북의 중국을
점령할 것으로 판단했다. 이때 미국은 주한미군을 신속히 일본으로
철수한다는 계획이었다.

---

111) *FRUS, 1949*, Vol. I, 610－611; *FRUS, 1950*, Vol. I, 503－512.
112) JWPC 476/2, 29 August 1947.
113) JWPC 476/2, 29 August 1947.

이에 미국은 중국대륙에 지상병력을 투입하지 않고, 홋카이도를 제외한 일본 본토와 유구열도, 대만을 확보할 계획이었다.

또한 미국은 일본 본토－유구열도－대만을 기점으로 하여 알래스카와 알류산 열도에서 우세한 해·공군력을 이용하여 한반도와 화북에 이르는 소련의 연결선을 저지하고, 여순(旅順)과 대련(大連)을 무력화할 계획이었다.

한편 문라이즈 계획에서는 전략폭격기인 B－29, B－50, B－36으로 소련의 극동지역에 원폭을 투하할 계획이었다. 미국의 소련에 대한 핵 공격목표는 8개로 여기에는 광산, 발전소, 정유시설, 교량, 주요 항구였다.

문라이즈 계획의 특징은 다음과 같다.

첫째, 중국대륙에 대한 지상군 개입은 현실적으로 불가능하고 타당하지 않다고 판단하였다는 것이다.

둘째, 미국이 극동에서도 적을 대륙에서 봉쇄하고 적의 병력소모를 강요하기 위해 적극적인 항공공격을 계획했다는 것이다.

미국의 이러한 작전구상에는 유라시아 대륙 동쪽해안을 연하는 도서선(島嶼線)을 해·공군기지로 활용하여 소련 내의 주요 군사목표물을 공격함으로써 일본을 포함한 서태평양지역을 방위하겠다는 의지가 담겨 있는 것을 알 수 있다.

또한 이를 전역 차원에서 분석해 보면, 미국은 극동지역에서 해·공군전력을 적극적 수단으로 활용하는 전략적 방어 개념을 적용하고자 노력하고 있음을 알 수 있다.

(2) 미 극동군사령부의 건 파우더(GUNPOWDER) 작전계획

미국 극동군사령부(Far East Command)는 1946년 12월 11일 합동참모본부의 지시에 따라 극동지역에서의 대소 전쟁계획을 연구하기 시작하였다. 건파우더(GUNPOWDER)라는 전쟁계획은 1948년 3월 말에 작성되었다. 건파우더 전쟁계획은 문라이즈 계획을 기초로 수립되었다.[114)

건파우더 계획은 일반정세, 적 병력, 아군 병력 가정, 임무, 주요 부대별 활동, 보급, 지휘 및 통신으로 구성되었다.

건파우더 계획은 일반정세에서, 전쟁은 공산주의 팽창정책과 오판으로 언제라도 발발가능성이 있다고 판단했다. 여기에서 특징적인 것은 "소련이 아시아대륙을 하나의 공산주의 전선으로 통합하고 있다."고 하면서, "중국국민당의 내부혼란 및 부패로 인해 미국은 아시아대륙으로부터 지원을 기대할 수 없게 되었다."라고 분석하였다.

따라서 미국은 아시아 전선에 대한 위협에 대해 일본 – 필리핀을 연하는 도서선(島嶼線)에서 소련의 침략을 저지한다는 계획이었다. 미국은 이를 위해 해·공군력에 의해서 이 지역을 방위한다는 계획을 수립하였다.[115)

미국의 소련군에 대한 평가에서, 해군을 제외하면 모두 소련이 우세한 것으로 판단하였다. 따라서 소련은 극동지역에서 D+20일부터 D+30일까지 북위 30도 이북의 중국대륙을 점령하고, D+50일에서 D+60일까지 중국남부 연안의 항구를 점령하고, 한반도는

---

114) JCS 1644/1, 27 March 1948.

115) *Ibid.*

D+20일 이내에 점령이 가능하며, 일본의 홋카이도는 개전과 동시에 소련군이 상륙할 것으로 판단하였다.

이를 위해 소련군이 공격준비를 위한 동원을 D-90일 전에 개시하여 D+30일까지 극동지역에서 총 55개 사단을 동원할 것으로 미국은 판단하였다. 소련의 항공 전력은 D+30일간, 미 극동군 정면에 전투기 출격 32,600회, 근접지원 출격 14,600회, 폭격기에 출격 17,000회에 달할 것으로 판단하였다.[116]

미국 극동군의 전력은 육군 4개 사단에 84,000명, 4개 비행단, 항공모함 2척, 경순양함 2척, 구축함 12척으로 해군을 제외하면 모두 소련에 비해 열세인 것으로 판단하였다.

미국은 다른 지역의 지상군 23만 명을 증원하여 반격작전을 준비하는 데 약 3개월이 걸릴 것으로 판단하였다. 그때까지 미국은 지원이 가능한 공군력을 이용하여 소련의 극동지역에 있는 주요 지역을 봉쇄한다는 계획을 수립하였다. 그렇지만 한반도 주둔미군은 전쟁이 발발하면 즉시 일본으로 철수시킬 계획이었다.[117]

미국은 전략공군에 의한 반격작전은 극동군 총사령관에 의해 수행되는 것이 아니라 합동참모본부의 직접 지휘하에 실시하도록 했으며, 소련의 항공기지, 철도, 해군시설, 도시 등 주요 군사목표에 대해서는 철저하게 폭격하도록 계획했다.[118]

이렇듯 극동군의 건파우더 작전계획은 종전 미국의 세계적 전략구상에서 수세를 취했던 극동에서도 전략공군에 의한 반격작전을

---

116) *Ibid.*
117) *Ibid.*
118) *Ibid.*

계획하고 있었다. 또한 미국은 일본을 아시아에서 유일한 산업중심 국가로서 높이 평가하고 있음에도 불구하고 홋카이도를 전략적으로 포기하였다.

결국 미국은 극동지역에서 소련과의 전면전을 위해서 알류산 열도-일본 본토-오키나와-필리핀을 연결하는 도서방위선에서 적의 침략을 저지하고 반격을 위한 공세이전 선으로 계획하였음을 알 수 있다.

4. 미국의 대소 봉쇄정책과 전쟁계획에 대한 평가

미국은 제2차 세계대전 이후 소련과의 관계가 악화되면서 이에 대한 대책을 마련하게 되었다. 미국 국무부는 소련의 팽창 위협에 맞서 봉쇄정책을 수립하였고, 합동참모본부는 소련과의 전쟁을 상정한 전쟁계획을 수립하였다.[119]

미국 국무부가 마련한 봉쇄정책은 소련의 위협 및 침략에 대비한 소련 주변부에 대소 봉쇄선을 설정하여 소련이 이 선 밖으로 침범하지 못하도록 하는 것이었다.

제2차 세계대전 이후 일본군의 무장해제를 위해 미·소 간에 설정된 한반도의 38도 선은 미국의 봉쇄정책 관점에서 보면 소련의 침략을 저지하고 막아내야 할 대소 봉쇄선이었다.

이에 반해 합동참모본부가 마련한 전쟁계획에 나타난 전략개념은 미국의 사활적(vital) 이익지대인 서유럽에서는 전략적 공세를 취하고, 전략적 가치가 서유럽보다 떨어지는 극동에서는 전략적 방어

---

119) NSC-68, 12 April, 1950.

를 실시한다는 것이었다.

한반도가 포함된 극동에서 미국의 전쟁계획은 일본 방위에 중점을 두고 이를 위해서 태평양상의 도서를 연결하는 도서방위선 또는 극동방위선을 설정하여 방어개념으로 삼았다.

미국의 극동방위선은 미국이 소련과의 전면전 시 극동에서 소련의 공격을 막아내는 최후 방어선이었다. 봉쇄정책에 나타난 봉쇄선인 38도 선과 미 합참의 전쟁계획상에 나타난 극동방위선 간에는 상당한 개념 차이가 있었음을 알 수 있다. 미국의 대소 봉쇄선은 소련과의 전면전이 아닌 상태에서 소련의 세력 팽창을 저지하는 선인 반면, 극동방위선은 소련과의 전면전 시 미국이 극동에서 반드시 사수해야 할 최후의 방어선이자 공세이전(攻勢移轉) 시 대륙으로의 반격을 위한 최초 공격선이었다.

미국이 한국전쟁 발발 후 한국에 참전을 결정한 것은 전쟁계획에 의해서가 아니라 미국의 봉쇄선을 침범한 북한의 불법 침략을 응징하기 위함이었다.

제5절 미국의 극동방위전략과 군사력

1. 미국의 극동방위전략으로서 도서방위전략

미국이 전후 수립한 전쟁계획은 소련과의 핵무기 사용을 전제로 한 전면전이다. 그 가운데 미국이 극동방위를 채택한 전략이 극동방위전략인 도서방위전략(off-shore defensive perimeter strategy)이다.

미국이 전시 극동에서 적용하게 될 도서방위전략은 알류산 열도에서 일본·필리핀을 연결하는 도서방위선(島嶼防衛線)상의 도서들이 제공하는 해·공군기지를 활용하여 전략공군과 핵무기로 전쟁을 수행해 나간다는 개념에 기반을 두고 있다.

미국의 극동군은 소련과 전면전 발생 시 최초에는 수세적인 방어 자세를 취하다가, 태평양지역의 일본 및 필리핀에 산재해 있는 미국의 해·공군 기지를 이용하여 적의 공격을 이 선에서 격퇴한 후, 공세이전으로 전환하여 아시아 대륙으로 공격을 실시해 나간다는 것이다.

미국의 군부가 극동에서 도서(島嶼)를 연결하여 방위선을 구축한다는 개념은 1947년 중반 대소 전쟁계획에 반영되었다. 맥아더는 1948년 3월 일본 동경을 방문한 소련전문가 케난에게 극동의 안전보장 개념을 설명하는 자리에서, "미국의 방위전(防衛戰)은 남북아메리카 서해안에서 싸우는 것이 아니라, 아시아대륙의 동해안에서 싸우는 것이며, 필리핀에 있는 방위거점을 북쪽으로 더 추진해야 할 것이다. 이것은 U자형(U-shaped Area)으로 알류산 열도-미드웨이-마리아나 군도-필리핀의 클라크 기지로 연결되는 선이다. 이 방위선에서는 오키나와의 미 공군 비행장이 그 전진기지로서 가장 중요한 위치를 차지하게 될 것"120)이라고 말하였다. 또한 맥아더는 1949년 3월 1일 도쿄(東京)에서 가졌던 뉴욕타임스 「*New York Times*」 기자와의 대담에서 위와 같은 내용의 극동방위선에 대

---

120) Conversation Between General of the Army MacArthur and Mr. George Kennan, March 5, 1948, *FRUS, 1948*, vol.Ⅵ : *The Far East and Australia*, pp.699-702.

한 구상을 피력한 바가 있었다.

지난날 아시아의 침략국가에 대한 우리[미국]의 방어 배치는 미 대륙의 서
해안[태평양 연안]에 그 기초를 두고 있었다. 그러던 것이 시간이 지나자
이제 태평양은 미 대륙에 대한 적국의 침략이 가능한 경로로 여겨지게 되
었다. 따라서 오늘날 태평양은 앵글로 – 색슨호(Anglo – Saxon Lake)가
되었으며, 우리의 방어선은 아시아 대륙의 해안을 둘러싼 섬들의 연결선을
지나가고 있다. 그것은 필리핀에서 시작하여 우리의 주요한 요새인 오키나
와를 포함하여 류큐 열도를 지나간다. 그 다음에는 일본과 알류산 열도로
휘어지고 알래스카로 이어진다.121)

맥아더 장군은 일본 본토에는 미군 기지를 설치할 필요가 없고,
북위 29도 이남의 류큐 열도에 대해 미국이 영유권을 행사해야 한
다고 말하였다.122) 맥아더가 도서방위선을 강조한 것은, 그곳이 미
국 국방의 제1선이라는 신념을 가지고 있었고, 또 아시아대륙을 방
어할 때의 거점으로 활용할 수 있다는 전략상의 이점 때문이었다.
맥아더 장군은 1949년 1월 19일 주한미군 철수 연기를 담고 있
는 회신에서, "최근 중국정세와 관련하여 해군력과 공군력에 의한
해양수송선(sea lane)의 완전한 지배야말로 미국이 일본을 장기적으
로 통제할 수 있는 장치"가 될 것이다. 그러므로 일본에 대해서는
"도서방위선을 중심으로 해·공군력을 이용하여 그 방위를 보장해
야 될 것"이라고 말하였다.123)

---

121) *New York Times*, 2 March, 1949; Dean G. Acheson, *Present at Creation: My Years
in the State Department*(New York: W. W. Norton, 1969), p.357.
122) *FRUS, 1948*, vol.6, pp.706, 708 – 709.
123) Schnabel, *Policy and Direction: The First Year*, p.30; James F. Schnabel and Robert J.
Watson, *The History of the Joint Chiefs and National Policy*, vol.Ⅲ: *Korean* Part 1, p.23.

미국 합동참모본부도 이 도서 방위개념에 동의하였다. 합동참모본부는 서태평양지역의 방위를 최소비용으로 달성할 수 있을 뿐만 아니라 일본 본토 이외의 기지를 사용하여 전략적 항공작전을 실시할 수 있다고 지지하였다.[124]

미국 국무부도 도서방위선 구상을 지지하였지만, 맥아더나 합동참모본부의 주장과는 다소 차이가 있었다. 미국 국무부는 중국대륙에 대한 미국의 개입이 청산된 후, 도서방위선은 아시아 대륙의 민족주의가 소련의 팽창주의에 대항할 받침대 역할을 할 것으로 예측하였다.[125]

미국 국무부·맥아더·합동참모본부는 아시아대륙에서 소련의 확장에 대처해야 할 지상 전력이 부족하기 때문에 극동방위는 일련의 도서방위선상에서 해·공군의 우위 군사력을 활용한다는 개념을 갖고 있었다.

미국의 도서방위전략이 대외적으로 공포된 것은 1950년 1월 12일 딘 애치슨(Dean G. Acheson) 국무장관이 전국기자클럽(National Press Club)에서 행한 '아시아의 위기(Crisis in Asia)'라는 연설에서였다. 그는 이 연설에서 미국의 방위선(defensive perimeter)은 알류산 열도－일본 본토－오키나와－필리핀을 연결하는 선이라고 밝히면서 한국과 대만(Taiwan)을 이 방위선에 포함시키지 않았다.[126]

---

124) "Strategic Evaluation of United States Needs in Japan", Washington, 9 June 1949(Report by the Joint Chiefs of Staff), *FRUS 1949*, vol.Ⅶ, Part 2, pp.774－777.

125) John L. Gaddis, "The Strategic Perspective: The Rise and Fall of the Defensive Perimeter Concept, 1947－1951", in Dorothy Borg and Waldo Heinrichs, eds., *Uncertain Years: Chinese－American Relations 1947－1950*, pp.62－64, 74－77.

126) 1949년 12월 30일 NSC－48/2에 나타난 미국의 일반적인 도서방위선은 일본－대만－필리핀－인도네시아－실론을 연결하는 선이었다. 그런데 애치슨의 연설에서는 대만이 제외되었다(NSC－48/2, Note by the Executive Secretary on the Position of the United States

애치슨 연설에서 한국과 대만이 미국의 방위선 밖에 놓여 있는 것이 문제가 되었다. 대안으로 그는 이 지역이 공격을 받을 경우, 최초의 저항은 당사국 국민이 부담하고, 차후에는 유엔헌장에 의거하여 전 세계가 개입할 것이라고 밝혔다. 애치슨 선언 이전부터 미국은 장차 한국이 전쟁위기에 처할 경우 유엔을 통해 해결하려고 하는 노력이 있었다.

한국전쟁 이전 육군참모총장이던 브래들리 장군은 주한미군이 철수하기 10일전인 1949년 6월 20일 합동참모회의에 보낸 비망록에서 주한미군의 철수가 북한의 침략을 초래할 수 있다는 우려를 나타냈다.

그는 "만약 북한이 침공하면 미국은 우선 미국인을 먼저 철수시키고 난 후, 북한의 침략행위를 국제평화에 대한 위협으로 간주하고 유엔안보리를 통해 유엔군을 결성하고 침략행위를 저지해야 할 것"이라고 건의했다.[128]

브래들리의 이러한 제안은 애치슨 선언에서 한국에서 전쟁 발생

---

with respect to Asia, December 30, 1949, p.1).

127) The Department of State, "Crisis in Asia: An Examination of U. S. Policy", *Bulletin*, vol. X XII No.551(Jan. 23, 1950), p.116.

128) *FRUS, 1949*, vol.Ⅶ, *Korea*, Part Ⅱ, 1974, pp.1046 - 1057.

시 유엔을 통해 해결한다는 방침과 밀접한 관련이 있음에 주목할 필요가 있다.[129]

또한 미국 육군본부도 1949년 6월 27일 한국에서의 작전에 관한 극비계획에서 한반도에서 전쟁이 발생하면 미군은 신속하게 한국에서 군사행동을 실시하기로 하였다. 이 계획에 따른 행동방안은 다음과 같다.

A안: 한국 내의 미국인에 대한 긴급 철수.

B안: 침략문제를 유엔에 회부하여 토론.

C안: 유엔의 결의를 통해 미국을 비롯한 유엔회원국의 군대로 특별파견연합부대를 결성하여 한국에 파병하여 그 지역에서의 법과 질서를 회복하고 38도 선을 회복한다.

---

129) 미국은 제2차 세계대전 이후 항구적인 국제평화와 안전을 위해 유엔을 창설하였다. 미국은 유엔헌장을 통해 국제평화와 질서를 유지하고자 노력하였다. 이를 위해 미국은 유엔헌장에 국제평화와 안전의 유지에 대한 책임을 안전보장이사회에 부여하였고(유엔헌장 제5조), 국제평화에 대한 위협, 평화의 파괴 및 침략행위에 대한 조치를 취할 수 있도록 하였다(유엔헌장 제7조). 이를 위해 유엔안보리는 유엔회원국의 육군·해군·공군을 사용하여 무력제재까지도 할 수 있도록 규정하였다(유엔헌장 제42조). 미국은 이러한 유엔헌장에 따라 '평화에 대한 위협, 파괴, 침략행위'를 하는 국가에 대해서 유엔안보리의 결의를 통해 해결한다는 원칙을 지니고 있었다. 미국의 이러한 생각은 한국전쟁 이전 정치 및 군부지도자들의 연설이나 비망록에 잘 나타나 있다. 따라서 한국전쟁 발발 이후 미국은 유엔을 통한 해결이라는 원칙과 신념에 따라 행동하였다. 한편 미국은 일제 패망 이후 미·소공동위원회를 통해 한국의 통일문제를 위해 노력하였으나 실패하자, 한국문제를 유엔으로 이관하였다. 1947년 11월 14일 유엔총회에서 유엔은 '한국의 통일정부 수립'을 한국에서의 유엔의 기본 목표로 결정한 이래 한국의 완전한 통일과 독립을 위해 후견인 역할을 하였다. 여기에는 미국의 강력한 뒷받침이 따랐다. 이에 따라 유엔에서는 한국에서의 총선거를 통해 한국문제를 해결하려고 하였으나 소련의 사주를 받은 북한 당국의 방해로 유엔감시하의 선거는 남한에서만 실시되었고, 1948년 8월 15일 대한민국 정부가 수립되었다. 유엔에서는 대한민국을 한국에서의 유일한 합법정부로 승인하게 되었다. 이러한 연유로 미국은 한국문제를 유엔을 통해 해결하고자 노력하였다. 국방군사연구소 편, 「Documents of the National Security Council: 미 국가안전보장회의문서」, 한국전쟁 자료총서 1(서울: 국방군사연구소, 1996), p.2; 국방군사연구소 편 「Records of the Policy Planning Staff of the Department of State: 미국무부 정책기획실문서」, 한국전쟁 자료총서 13(서울: 국방군사연구소, 1997), p.7; 박홍규, 「UN」(서울: 형성사, 1991), pp.215-285; 강성학 편, 「유엔과 한국전쟁」(서울: 리북, 2004), pp.13-54, 95-144.

미 육군본부는 A와 B방안을 한국에 대한 미국의 기본 방침으로 건의하고, C방안은 신뢰할 수 없는 군사행동으로 보고 단지 다른 모든 방법이 실패할 경우에만 고려하기로 하였다. 합동참모본부는 육군본부의 이 판단에 동의하였다.[130]

이처럼 브래들리 장군의 건의와 육군본부 긴급계획에서 볼 수 있듯이 미국은 한국에서 국지전과 같은 상황이 발생할 경우 유엔을 통해 해결한다는 원칙을 세워 놓고 있었다.

실제로 미국은 한국전쟁 초기 북한의 침략을 유엔안보리에 회부하였고, 안보리에서는 대북 제재 및 한국지원 결의, 그리고 유엔군사령부 설치 결의안을 통과시켜 한국에서의 전쟁 상황을 풀어 나갔다.

한국전쟁 초기 미국의 전쟁지도부가 북한의 침략을 유엔의 기초를 뒤흔드는 것으로 보고, 유엔의 집단안전보장체제와 평화유지 기능이 상실될 위험성에 대해 논의했던 것도 바로 이런 연유에서이다.[131]

2. 제2차 세계대전 이후 미국 군사력 감축과 규모

(1) 제2차 세계대전 이후 미국 군사력 감축 배경

미국은 제2차 세계대전이 종결되자 전쟁 중 사상최대로 증원되었던 대규모의 전시 동원 체제를 급속히 해체해 나갔다. 미국의 이와 같은 동원해제는 전쟁이 끝나자, "병사들을 집으로 보내라(Bring Boys Home)"는 사회 각계 계층의 강압적인 요구에 의회와 여론이

---

130) *FRUS, 1949*, vol.Ⅶ, Korea, Part Ⅱ, pp.1046 - 1057.

131) Acheson's testimony, *MacArthut Hearings*, p.92.

합세함으로써 더욱 가중되어 재빠른 속도로 진행되었다.

제2차 세계대전 종전 당시 미국은 해외주둔군 750만 명을 포함하여 약 1,200만여 명의 병력을 보유하고 있었다.[132) 또한 제2차 세계대전 기간 동안 미국은 242개의 항공단과 100척의 항공모함을 보유하고자 하였다.[133)

제2차 세계대전이 끝나고 동원해제가 마무리될 무렵인 1947년 6월 말 미국은 육군 684,000명, 육군 항공대 306,000명, 해군 498,000명, 해병대 93,000명 등 158여만 명의 병력을 유지하고 있었다.[134)

그리고 한국전쟁 발발 당시 미군의 병력은 146만 명으로 소련군의 430만 명에 비해 1/3 수준이었다. 미국은 이를 유지하기 위해 155억 달러의 국방예산을 사용하고 있었다.

그 당시 소련은 175개 사단에 병력 430만 명을 유지하고 있었고,[135) 전쟁 잠재력 면에서도 1952년까지 475개 사단을 동원할 수 있었다.[136) 소련은 미국에 뒤진 핵무기와 해·공군전력을 병력에 의존하는 지상 전력으로 보완하고자 하였다.

이렇듯 미국의 군사력은 제2차 세계대전 말에 비해 1/10 수준으

---

132) Paul Kennedy, *The Rise and Fall of the Great Powers*(New York: Random House, 1987), p.358.

133) 국방군사연구소 편, 「Documents of the National Security Council: 미 국가안전보장회의 문서」, 한국전쟁 자료총서 2(서울: 국방군사연구소, 1996), p.10.

134) Maurice Matloff, ed., *American Military History*(Washington: D.C.: Government Printing Office, 1973), p.531.

135) 미국 합동전략분석위원회에 의하면, 소련은 독일과 오스트리아에 51개 사단, 폴란드에 50개 사단, 중동 및 근동지역에 50개 사단 등을 배치하고 있었고, 소련 본토에는 152개 사단의 예비전력을 보유하고 있었다(Schnabel, *The Joint Chiefs of Staff and National Policy 1945-1947*, p.71).

136) NSC-100, A Report to the NSC: The Chairman NSRB on Recommended Polices and Actions in light of the Crave World Situation, January 11, 1951, pp.9-10.

로 감축됨으로써, 미국이 비록 해·공군 및 핵무기에서는 우위를 차지하고 있었지만 지상 전력에서는 열세를 면치 못하고 있었다.

이에 미국 합동전략분석위원회(JSSC: Joint Strategic Survey Committee)는 "미국은 소련과 싸울 수도 없고, 소련과 직접적으로 대립하고 있는 발칸(Balkans) 지역·터키·남한, 그리고 미·소의 잠재적인 대립지역에서 승리할 수 없을 것이다."라고 합동참모본부에 경고하였다.[137]

미국의 이러한 대폭적인 동원해제는 국방비의 삭감과 연동되어 진행되었다. 미국 정부는 군사력 감축을 위한 국방예산 삭감을 1948년 회계연도 예산에 반영한 데 이어 계속해서 1949년, 1950년, 그리고 1951년 회계연도 예산에 그대로 반영하였다.

미국의 1948년도 국방예산은 109억 달러였다가 미·소의 대립이 격화되고 있는 데에도 불구하고 1949년도 국방예산은 135억 달러로 소폭 상승했다. 그리고 1950년도에 국방예산이 145억 달러로 약간 증액되었으나, 미국이 세계전략을 수행하기에 충분하지 않았다.

그 결과 전쟁 당시 미군은 국방예산의 삭감으로 제2차 세계대전에 비해 골격만 유지하고 있었다. 미국이 이러한 상황에 대처하기 위해서는 당시 미군이 보유하고 있는 것에 비해 5배 정도의 병력과 군수품이 확보되어야 될 상황이었다.[138]

미국의 재래식(conventional) 전력이 이렇게 된 데에는 일본의 조기 패망을 가져온 핵무기에 대한 신뢰가 크게 작용하였다. 원자폭탄은 일종의 '심리적 마지노선(psychological Maginot line)'이 되어 미국으로 하여금 전시체제를 풀게 하고, 칼을 칼집에 꽂게 하고, 육·

---

137) Schnabel, *The Joint Chiefs of Staff and National Policy 1945 - 1947*, p.98.
138) Ridgway, *The Korean War*, pp.23 - 24.

해·공군의 장병을 제대시키는 등의 전력 축소를 합리화시켰다.[139]

미국은 대소(對蘇) 우위의 해·공군 및 핵무기와 연계시킨 무기체계의 개발로 자국의 군사력을 특화시킬 수 있다고 생각했다. 미국은 육군을 대폭 감축하더라도 핵무기를 통해 소련을 강력히 견제할 수 있고, 핵무기의 투발수단인 전략공군을 활용하면 소련의 재래식 전력을 충분히 상쇄시킬 수 있을 것으로 생각했다.[140]

예를 들면, 1950년 핵무기에서 미국이 295개를 보유한 데 이어 소련은 5개를 보유하고 있었다.[141] 항공모함은 소련이 한 척도 보유하고 있지 않은 데 비해 미국은 15척을 보유하고 있었다.[142] 핵무기 투발수단인 전략폭격기(B-36)도 미국이 114대를 보유한 데 이어 소련은 단 한 대도 보유하고 있지 않았다.[143]

또한 병력도 제2차 세계대전 시 1,236만 명까지 동원했던 경험에 비추어 소련과의 전면전 시 병력동원에도 별다른 문제가 없었다.[144] 따라서 미국은 현존 전력이 소련에 비해 다소 떨어진다고 해도 전쟁잠재력과 해·공군 및 핵무기 우위를 통해 이를 만회하고자 했다.

또한 미국은 그들의 경제력과 산업 생산능력을 믿었다. 미국의 경제력 및 산업능력을 고려할 때 유사시 소련의 위협에 대처할 수

---

139) *Ibid.*, p.11.

140) NSC-7(1948. 3); NSC-30(1948.9).

141) Robert S. Norris and William M. Arkin of the Natural Resources Defense Council, "NRDC Nuclear Notebook: Global Nuclear Stockpiles, 1945-2000", in *The Bulletin of the Atomic Scientists*, Vol.56, No.2, March/April 2000, p.79.

142) Summers, Korean War Almanac, p.42.

143) 국방군사연구소 편, 「Documents of the National Security Council: 미 국가안전보장회의 문서」, 한국전쟁 자료총서 2, p.11.

144) *Ibid.*, p.10.

있는 국가적 능력을 갖추고 있었다. 1949년 국민총생산(GNP)에서 미국이 2,500억 달러인 데 비해 소련은 그 4분의 1에 해당하는 650억 달러에 불과했다. 전쟁수행능력을 결정짓는 산업능력에서도 소련은 미국의 상대가 되지 않았다.

예를 들면, 철강생산에서 미국이 8천만 톤인 데 비해 소련은 21만 톤이었고, 알루미늄생산도 미국이 61.7만 톤인 데 비해 소련은 13만 톤이었고, 경유생산에서도 미국이 27.6만 톤인 데 비해 소련은 3.3만 톤에 불과했다.[145] 미국의 경제력과 산업 생산능력은 잠재적인 군사력으로 소련에 비해 열세인 병력을 충분히 상쇄시킬 수 있었다.

(2) 한국전쟁 당시 미국 군사력 규모

미국 전쟁지도부의 이러한 판단에 따라 한국전쟁 당시 미군은 전반적으로 감소 편성되어 있었다.

1950년 6월 30일 현재 미국 육군은 인가병력 837,000명에 실제병력은 약 70%에 해당하는 593,167명이었다. 미국 해군·해병은 인가병력 666,882명에 실제병력은 70%에도 못 미치는 456,908명이었다.

미국 공군도 인가병력 502,000명에 실제병력은 82% 수준인 411,227명이었다. 따라서 전체 미군의 인가병력은 2,005,882명에 실제병력은 70% 수준인 1,461,352명으로 544,530명이 부족하였다.[146]

---

145) 국방군사연구소 편, 「Documents of the National Security Council: 미 국가안전보장회의 문서」, 한국전쟁 자료총서 1(서울: 국방군사연구소, 1996), p.16.

146) James A. Schnabel and Robert J. Watson, *History of the Joint Chiefs of Staff: The*

그중 육군은 병력 59만 명(10개 사단) 중 36만 명이 미 본토에 있었고, 나머지 23만 명은 해외에서 주로 점령군 임무를 수행하고 있었다. 미국은 핵무기 및 해·공군에 의존하는 전쟁계획과 전략을 수립하고 있었기 때문에 비용이 많이 드는 병력을 감축하여 운용하고 있었다.

또한 해외에 주둔하고 있는 미군을 보면, 독일에 80,000명, 오스트리아에 9,500명, 트리에스테에 4,800명, 태평양지역에 7,000명, 카리브지역에 12,200명이 있었다. 그 가운데 일본에 주둔하고 있는 극동군은 108,500명(1950년 6월)으로 해외 주둔군 중 가장 많았다.[147]

미국 육군사단 가운데 본토에는 제2기갑사단, 제2보병사단, 제3보병사단, 제2공수사단, 제11공수사단 등 5개 사단과 제3기갑연대, 그리고 하와이에는 제5연대 전투단이 주둔하고 있었다.[148] 미군의 주둔 현황을 지역별로 보면, 유럽에 1개 사단·1개 연대전투단·3개 기갑연대·1개 독립보병연대가 있었고, 알래스카에 1개 보병연대가 있었고, 카리브지역에 2개 독립보병연대가 있었다.[149]

그중 한국과 지리적으로 가장 가까운 일본에는 4개 보병사단과 1개 연대전투단이 있었다. 해군은 병력 337,000명에 함정 670척과 항공기 4,300대를 보유하고 있었고, 공군은 병력 411,000명에 48개 전투비행단을 보유하고 있었다. 그리고 해병대는 병력 74,000명을 보유하고 있었다.[150]

Joint Chiefs of Staff and National Policy 1950-1951, The Korean War, vol. Ⅲ, part Ⅰ (Washington, D.C.: Office of the Chairman of the Joint Chiefs of Staff, 1998), p.21.

147) Schnabel, *Policy and Direction*, p.43.

148) *Ibid.*, p.44.

149) *Ibid.*, pp.44-45.

3. 미국 극동지역의 군사력 규모

미국 극동군으로는 미 제8군을 비롯하여 미 극동해군과 미 극동 공군이 각각 일본 및 인근 도서지역에 주둔하고 있었다.

이 중 일본 요코하마에 사령부를 두고 있던 미 제8군은 1944년 9월 제2차 세계대전 시 뉴기니(New Guinea)와 레이테(Leyte) 전투에서 육군 전투부대를 통합 지휘하기 위하여 창설된 부대이다.

미 제8군에는 혼슈(本州) 중부에 주둔하고 있던 제1기병사단, 홋카이도(北海島)에 주둔하고 있던 미 제7보병사단, 큐슈(九州)에 주둔하고 있는 미 제24보병사단, 혼슈의 남부에 주둔하고 있던 미 제25보병사단, 그리고 오키나와에 주둔하고 있던 미 제9방공포병단(Antiaircraft Artillery Group), 그리고 오키나와에 주둔하고 있던 독립 류큐사령부(RYCOM) 소속의 미 제29연대였다.[151]

미 제8군은 1950년 6월 25일 당시 인가된 병력의 93% 정도를 유지하고 있었다. 예하의 각 사단은 전시편성 18,900명에 평시 12,500명이 인가되었으나, 사단 중 완전히 편성된 사단은 하나도 없었다.

육군의 각 사단은 병력이 약 7,000명이나 부족했고, 편제상으로는 3개의 소총대대, 6개의 중전차중대, 3개의 105밀리 야전포병 포대, 3개의 대공포대가 부족하였다.[152] 제8군은 병력부족과 빈번한

---

150) Matloff, *American Military History*, pp.539 – 540.

151) Roy E. Appleman, *South to the Naktong, North to the Yalu*(Washington, D.C.: Center of Military History United States Army, 1992), p.50; Schnabel, *Policy and Direction*, pp.52 – 54.

152) Schnabel, *Policy and Direction*, p.54.

병력교체로 인해 전투훈련을 제대로 실시하지 못하고 있었다.[153]

하지만 극동지역의 미군 장교와 하사관들은 제2차 세계대전을 경험한 유능한 간부들이었다. 이에 비해 북한군의 지상군은 보병 10개 사단 및 전차 1개 여단으로 구성된 총 196,680명이었고, 이 가운데 전투병력은 181,280명이었다.[154]

미국 극동공군은 1944년 6월 15일 오스트레일리아의 브리스밴(Brisbane)에서 창설되어 극동군 총사령부의 일부로서 태평양지역에서 전투를 수행하였으며, 한국전쟁이 발발할 당시 점령군의 일부로 동경에 사령부를 두고 있었다.

미 극동공군의 전력은 18개 전투 및 전투폭격비행단, B-26 경폭격기로 편성된 1개 경폭격기 비행단, B-29 중폭격기로 편성된 1개 중폭격기 비행단, 그리고 몇 개의 병력 수송부대로 편성되었다.[155] 극동공군의 주요부대로는 일본 나고야에 주둔한 제5공군(Fifth Air Force), 필리핀 클라크 공군기지에 주둔한 제13공군(13th Air Force), 오키나와 카데나 공군기지에 주둔한 제20공군(20th Air Force)이 있었다.

이들 극동공군은 수적으로나 질적인 면에서 북한공군을 압도하는 전력이었다. 더욱이 북한에 한 대도 없는 B-26 및 B-29의 전략전폭기는 적에게 가장 위협적인 존재였다.[156]

---

153) *Ibid.*, p.55.

154) 合同參謀本部, 「韓國戰史」(서울: 교학사, 1984), p.324.

155) Appleman, *South to the Naktong, North to the Yalu*, pp.49-50; Robert F. Futrell, *The United States Air Force in Korea, 1950~1953*, 1961, pp.5-6.

156) 6·25 당시 북한의 공군은 전투기와 연습기를 포함하여 총 211대의 항공기를 보유하고 있었다(合同參謀本部, 「韓國戰史」, p.326). 미 극동공군은 657대의 각종 항공기를 보유하고 있었다(Summers, *Korean War Almanac*, p.110).

미국 극동해군은 해군 중장 찰스 조이(Charles Turner Joy) 제독이 지휘하고 있었다. 미 극동해군에는 상륙부대의 핵심인 제90기동부대와 소수의 전투함정을 보유하고 있는 제96기동함대가 있었다.

이들 극동해군의 전력으로는 1척의 경순양함, 4척의 구축함, 그리고 6척의 어뢰정, 보조함 및 상륙용 주정을 보유하고 있었다. 필리핀 해역에는 해군 중장 아더 스트러블(Arthur D. Struble) 제독이 지휘하는 미 제7함대가 있었다.

미 제7함대는 1척의 항공모함, 1척의 중순양함, 8척의 구축함, 그리고 3척의 잠수함을 보유하고 있었다. 이 외에도 극동해역에는 영국과 오스트레일리아의 함정들이 활동하고 있었다.[157] 그러나 북한 해군은 소형 어뢰정 30척을 비롯한 수십 척의 함정만을 보유하고 있었다.[158]

이렇듯 태평양지역 및 극동지역의 작전을 책임지고 있는 극동군에는 지상군이 1개 야전군에 4개 사단을 보유하고 있었고, 해군은 항공모함 1척, 구축함 12척, 중순양함 1척, 경순양함 1척, 잠수함 3척, 어뢰정 6척을 보유하고 있었다. 미 극동공군은 18개 전투 및 전투폭격비행단, B-26 경폭격기로 편성된 1개 경폭격기 비행단, B-29 중폭격기로 편성된 1개 중폭격기 비행단, 그리고 몇 개의 병력 수송부대를 보유하고 있었다. 전투예비량은 3개월분에 해당하는 90일분을 보유하고 있었다.

이에 극동군사령부 참모부에서는 "극동군사령부의 전시 전투능력은 정상적인 편제와 비교해 볼 때 그 절반에 해당하는 50%에도

---

157) Summers, *op. cit.*, p.197.
158) 合同參謀本部, *op. cit.*, p.326.

못 미치는 능력밖에 없다.”고 평가하였다.159)

하지만 미 극동군은 소련과의 전면전을 수행하기에는 부족한 면이 있었을지 몰라도, 북한을 상대로 한 한국전과 같은 국지전을 수행할 수 없을 정도로 군사력이 부족했던 것은 아니었다.

특히 미국은 한국과 지리적으로 가장 가까운 일본에 주일 미군 4개 사단과 절대 우위의 해·공군을 주둔시키고 있었던 관계로 참전결정과 동시에 한반도에 신속히 병력을 전개하여 전쟁목표에 기여할 수 있게 되었다.

제6절 미국의 한국에 대한 전략적 평가와 주한미군 철수 정책

1. 미국 합동참모본부의 한국에 대한 전략적 평가

1947년 4월 29일 미국 합동참모본부의 합동전략분석위원회(JSSC: Joint Strategic Survey Committee)는 '국가안보 면에서 본 미국의 대외원조'라는 보고서를 작성하여 합동참모본부에 보고하였다.

미 합동전략분석위원회는 보고서에서 “미국의 국가안보에 중요한 지역을 주변지역(peripheral)과 핵심지역(vital)으로 분류하고, 그 중요도에 따라 우선순위를 정한 후 여기에 맞춰 대외 원조를 실시할 것”을 건의하였다.160)

---

159) Schnabel, *The Joint Chiefs of Staff and National Policy 1945 - 1947*, p.99.
160) Report by the Joint Strategic Survey Committee, “U. S. Assistance on Other From the Standpoint of National Security”, *FRUS, 1947*, vol. VI, pp.736 - 738.

이러한 기준에 따라 한국은 미국 국가안보의 중요도에서 주변지역으로 분류되었고, 이에 따라 한국은 미국의 지원 우선순위에서는 18개국 가운데 5위를,[161] 안보 우선순위에서는 16개국 가운데 15위를, 이 두 가지 사항을 종합한 우선순위에서는 16개국 가운데 13위를 차지하였다.[162]

미국 합동참모본부가 한국을 이렇게 낮게 평가한 것은 전쟁이 일어날 경우 한국은 전략적 이해관계가 매우 작다고 판단하였기 때문이다.

미국 합동참모본부는 1947년 9월 15일 '한국의 군사 전략적 가치에 대한 평가'를 해 달라는 국무부의 요청에 대한 9월 26일 답신에서 "한국은 군사적으로 전략적 가치가 낮다."라고 통고해 주었다. 즉, 합동참모본부는 "군사적 관점에서 한국에 군대나 기지를 유지할 전략적 가치가 거의 없다."고 말하였다.[163]

또한 4부정책조정위원회의도 "만약 극동지역에서 적대행위가 발생할 경우 현재 한국에 주둔하고 있는 미군은 오히려 군사적 부담이 될 것이며, 적대행위가 발생하기 이전에도 주한미군의 전력을 실질적으로 보강하지 않고는 유사시 지탱하기가 어려울 것"이라고 판단하였다.

또한 4부정책조정위원회는 "장차 미국이 아시아 대륙에서 수행

---

161) Report by the Joint Strategic Survey Committee, "U. S. Assistance on Other From the Standpoint of National Security", *FRUS, 1947*, vol. Ⅵ, pp.736 – 750.

162) JCS 1769/1, "United States Assistance to Other Countries from the Standpoint of National Security", *FRUS 1947*, Vol.1: General; The United Nations, pp.738 – 750.

163) Memorandum by the State – War – Navy – Coordinating Committee to the Secretary, Joint Chiefs of Staff, September 15, 1947, *FRUS, 1947*, Vol. Ⅵ, p.789; SANACC 176/38; NSC/8; 국방군사연구소 편, 「Documents of the National Security Council」, 한국전쟁 자료총서 1, p.8.

하게 될 어떠한 지상작전(land operation)도 한반도를 우회(by pass)하게 될 것"이라고 판단하였다.[164]

미국 합동참모본부는 만일 소련이 한반도에 강력한 해·공군기지를 설치하여 동중국·만주·황해·동해, 그리고 연안 도서에서 미국의 작전을 방해할 경우, 이들 소련 기지는 미국의 공군작전에 의하여 무력화될 것이라고 말하였다.

그러므로 이러한 작전은 대규모 지상작전보다 그 효과가 크면서 비용도 훨씬 적게 들 것이라고 판단하였다.[165]

이에 대해 주일미국대사를 지낸 에드윈 라이샤워(Edwin O. Raischauer) 박사도 한국은 군사적인 견지에서 미국에 불필요한 국가라고 단정하면서, 한국의 공군기지는 소련지역과 가깝지도 않고 오키나와 기지처럼 안전하거나 편리하지도 않다고 하였다. 그는 어느 정도의 육군만 있으면 공군력과 절대적인 해군력으로 일본을 방위하는 것이 육군으로 한반도의 38선이나 두만강을 방위하는 것보다 훨씬 쉽고 비용이 적게 든다고 말하였다.[166]

미국 합동참모본부는 미국에 절대적으로 부족한 미군 지상군 병력과 대소 전쟁계획을 고려할 때, 한국에 주둔하고 있는 주한미군 2개 사단의 45,000명의 병력을 미국이 세계전략을 수행하는 데 보다 긴급한 지역으로 보낸다고 해도 소련은 한국과 일본 본토를 공격할 수 있는 대병력을 동원하지 않고는 미 극동군의 군사태세를

---

164) Report by the State－Army－Navy－Air Force Coordinating Subcommittee for the Far East, SANACC 176/39(1948.3), p.294; NSC－8.

165) Memorandum by the State－War－Navy－Coordinating Committee to the Secretary, Joint Chiefs of Staff, September 15, 1947, *FRUS, 1947*, Vol. Ⅵ, p.789.

166) Edwin O. Raischauer, *Wanted: An Asian Policy*(New York: Alfred A. Knopf Co., 1955), p.37.

손상시키지 못할 것이라고 판단하였다.

또한 미국은 치안유지 임무를 수행하고 있는 주한미군에 너무나 많은 병력을 투입하고 있으며, 이는 미국의 안보에 결코 도움을 주지 않을 뿐만 아니라 오히려 주한미군을 위험에 빠지게 할 수도 있다고 합동참모본부는 평가하였다.[167]

> 미군의 현 병력수준이 명백히 부족함을 감안할 때 현재 한국에 주둔 중인 미군 2개 사단 총 4만 5,000명의 군단병력은 다른 지역으로 전용될 수 있다. 한국에서 이만큼의 병력을 철수시켜도 그 결과는 소련이 남한과 일본 본토를 공격할 수 있는 대병력을 집결시키지 않는 한 미 극동군의 군사태세를 손상시킨다고 생각할 수는 없다. 현재 한국점령은 역병과 폭동을 방지한다는 주목적에 너무나 많은 경비를 사용하고 있다. 이러한 사실은 미국의 안전에 도움 되는 바는 적은 반면에 미국의 점령군을 위험 속에 몰아넣을 우려가 있다.[168]

미국 합동참모본부가 한국을 전략적으로 낮게 평가한 데에는 미국의 대소 전쟁계획에서 지적한 바와 같이 장차 한반도에서의 군사작전은 국지전이 아니라 소련과의 전면전이 될 것이라는 전략적 판단에 따른 것이었다. 미국은 소련과의 전면전에 돌입할 경우 한국을 비롯한 동아시아에서는 전략공군을 이용하여 전략적인 수세작전을 실시한다는 대소 전쟁계획에 의해 한반도에서 지상군을 이용한 작전은 필요 없을 것으로 판단하였다.

이러한 점에서 미국 합동참모본부가 한국을 전략적으로 낮게 평

---

167) Memorandum by the Secretary of Defense(Forrestal) to the Secretary of State, Subject: "The Interest of the United States in Military Occupation of South Korea From the Point of View the Military Security of the United States", September 26, 1947, *FRUS, 1947*, vol.6, pp.817−818.

168) *FRUS, 1947*, vol.6, pp.817−818.

가한 것을 종합해 보면 다음과 같다.

첫째, 극동에서 적대행위가 발생할 경우 주한미군은 군사적 부담이 될 것이다. 둘째, 미국의 극동지역에서의 지상작전은 어떠한 경우에도 한반도를 우회하게 될 것이다.

셋째, 공군작전에 의한 적 기지의 무력화는 한국에 주둔한 지상군에 의한 작전보다 비용이 적게 들것이다. 이는 미국의 핵무기 의존전략에 따른 것이었다.

2. 미국 SWNCC, SANACC, NSC의 한국에 대한 정책 평가

미국에서 주한미군 철수문제를 둘러싼 정책적 검토는 국무부, 전쟁부, 해군부의 대표로 구성된 3부정책조정위원회(SWNCC) 산하의 한국특별위원회(Ad Hoc Committee)에서 담당하였다.

그러나 1947년 국가안전보장법에 의거 공군부가 설치됨에 따라 기존의 3부정책조정위원회는 국무부, 육군부, 해군부, 공군부의 4부정책조정위원회(SANACC)로 확대되면서 이곳에서 주한미군 철수문제를 담당하게 되었다.

이에 따라 주한미군 철수문제는 SANACC-176/35와 SANACC-176/39에 잘 나타나 있다.

이들 문서는 SANACC와 합동참모본부의 승인을 받은 뒤 1948년 4월 2일 국가안보회의에 제출되어 「한국에 관한 미국의 입장」이라는 NSC-8로 채택되어 1948년 4월 8일 트루먼 대통령의 최종 승인을 받았다.

NSC - 8에서 미국은 주한미군 철수에 따른 악영향을 최소화하기 위해 실질적으로 달성 가능한 범위 내에서 남한에 수립된 정부에 대한 지원을 하게 될 것이라고 밝혔다.

또 미국이 주한미군을 철수할 경우 북한군이나 외국군의 침략행위 이외의 다른 침략행위로부터도 한국의 안전을 수호할 능력을 갖출 수 있도록 미국은 철수에 앞서 한국 군대의 훈련 및 장비에 관한 필요한 조치를 취할 것을 권고하였다.

그리고 이 문서에서 미국은 한국 경제의 붕괴를 막기 위해 한국에 대한 경제 원조를 제공해야 된다고 규정하였다.[169] 그러면서 미국은 주한미군 철수 시한을 소련군이 주장한 바 있는 1948년 12월 31일로 결정하였다.[170]

이 외에도 이 문서에서는 주한미군의 철수에 따른 보완조치로 미국은 한국 국방경비대 50,000명에 대한 훈련과 장비 이양에 대해서도 언급하였다.[171]

NSC - 8/2는 1949년 3월 22일 제36차 국가안보회의에서 채택되어 다음 날인 3월 23일 트루먼 대통령의 승인을 받았다.[172] 그 당시 미국은 베를린 사태 등 유럽 상황의 악화로 인해 한국에서의 미군 철수에 박차를 가하고 있을 시기였다. 이때 미국이 새롭게 검토하여 1949년 3월 22일 내놓은 것이 NSC - 8/2이다. NSC - 8/2는 NSC - 8이 규정했던 주한미군 철수 완료 일자를 1948년 12월 31일에서 1949년 6월 30일로 수정하였다.

---

169) NSC - 8, *FRUS 1948*, vol. Ⅵ, p.1164.

170) *Ibid.*, p.1164.

171) *Ibid.*, pp.1164 - 1170.

172) NSC - 8/2, *FRUS 1949*, vol. Ⅶ, p.969.

그 이유는 1948년 10월 19일 한국정부 수립 이후 발생한 여순 10·19 사건 등 한국에서 발생한 좌익사건과 관련이 있었다.

당시 이승만 대통령은 트루먼 대통령에게 "[한]국군이 충성심으로 단결되고, 대내외적인 어떠한 위협에 대처할 수 있을 때까지 미군 철수를 유보해 줄 것"을 요청하였다.[173]

이범석 국방장관도 1948년 11월 20일 국회에서 미군철수에 관한 정부의 입장과 전략적 문제점을 지적하고, 미군의 주둔 결의안을 채택해 줄 것을 국회에 요청하였고, 국회에서는 "현하(現下) 국내 정세에 비추어 대한민국의 방위태세가 정비될 때까지 미군의 남한 주둔이 필요함을 결정함"이라는 결의안을 채택하였다.[174]

또한 1948년 12월 12일 파리 유엔총회에서도 「대한민국의 수립과 점령군의 철수결의」에서 "점령국들은 가능한 한 조기에 한국으로부터 그들의 점령군을 철수시킬 것을 권고한다."고 결의하였다.[175]

이로써 미군은 유엔에 의해 철수 시한에 대한 융통성을 확보하게 되었고, 이에 영향을 받은 미국 국무부 차관인 로버트 러베트(Robert A. Lovett)는 1949년 1월 17일 국가안보회의에서 주한미군 철수에 대한 재검토를 제기하게 되었다.

미국 국무부는 한국 상황을 고려하여 1949년 1월 25일 주한미군의 철수완료 시한을 연기해 줄 것을 육군부에 정식으로 요청했고, 합동참모본부도 맥아더에게 철수 완료시기에 대한 의견을 구하게 되었다. 맥아더는 "미국은 한국군이 공산주의자들이 도발하는 국내

---

173) Schnabel, *Policy and Direction*, p.29.
174) 國防部, 「韓國戰爭史 : 解放과 建軍」(서울: 전사편찬위원회, 1967)① , p.223.
175) 外務部, 「韓國外交 20年 附錄」(서울: 외무부, 1966), pp.292 - 293.

소요와 전면적인 침략에 대처할 정도의 수준까지 장비 및 훈련 면에서 아직 능력을 갖추지 못했다고” 평가하고, “한국에 있는 잔류 미군을 1949년 5월 10일까지 완전히 철수할 것”을 합동참모본부에 건의하였다.[176]

이러한 과정을 거치면서 주한미군의 철수는 국무부의 요청에 따라 1948년 12월 31일에서 1949년 6월 30일로 연기되었다.[177]

NSC-8/2에서 미국은 “65,000명의 병력을 갖춘 한국정부가 내부질서 유지와 국경의 안전을 유지할 수 있도록 지속적인 군사 원조를 실시해야 될 것”이라고 강조하였다.[178]

또한 NSC-8/2에서는 경찰 35,000명, 해안경비대 4,000명에 대한 추가적인 군사원조에 대해서도 언급하였다.[179] 그러나 NSC-8/2에서는 한국으로 하여금 독자적인 공군과 해군을 보유하지 못하도록 하였다.[180]

주한미군은 NSC에서 결정한 철수정책에 따라 1948년 10월 19일부터 철수하기 시작하였다. 이에 1949년 1월 15일 미 제24군단이 정식으로 해체되고, 7,500명의 1개 연대전투단(RCT: Regiment Combat Team)과 임시군사고문단(PMAG)만 한국에 잔류하게 되었다.

하지만 한국에 주둔하고 있던 연대전투단도 1949년 6월 29일 완전히 철수하였고, 1949년 7월 1일에는 주한임시군사고문단이 주한

---

176) Robert Sawyer, *Military Advisors in Korea: KMAG in Peace and War*(Washington, D.C.: Office of the Chief Military History Department the Army, 1962), p.37.

177) NSC-8/2, *FRUS, 1949*, vol.Ⅶ, pp.969-978.

178) *Ibid.*, p.978.

179) *Ibid.*, pp.969-978.

180) *Ibid.*, pp.977-978.

미 군사고문단(KMAG)으로 발족되어 한국군에 대한 훈련을 책임지게 되었다.

따라서 한국전쟁 이전까지 한국에 주둔하고 있는 미군은 한국군의 편성과 훈련, 그리고 한국에 대한 미국 군사원조를 위해 활동하는 약 500명의 군사고문단뿐이었다.[181]

미국이 이러한 조치를 내릴 수 있었던 것은 한국의 안보 상황에 대한 인식의 차이에서 비롯되었다. 그 당시 미국 군부가 희망했던 한국군의 수준은 외부의 대규모 침공에 대비하는 것이 아니라 내부의 치안유지와 38도 선에서의 무력충돌 등과 같은 소규모 국경분쟁에 대처할 수 있을 정도면 되었다.

특히 미국의 고위 정책 및 전략가들은 한국 안보에 대한 위협을 외부에 의한 전면적인 군사적 침공이 아니라, 당시 태평양의 개발도상국가가 안고 있는 전복활동이나 침투로 보았고, 실제로 이를 더욱 우려하는 분위기였다.

이는 애치슨이 1950년 1월 12일 전국 기자클럽 연설에서, "태평양지역의 나라들이 직접적인 군사적 공격보다는 내부의 경제적 곤란과 사회적 혼란으로 인해 공산세력의 전복과 침투행위에 취약하다."고 말한 데에서 알 수 있다.[182]

즉, 애치슨은 태평양상에서 한국을 비롯한 대부분의 아시아 국가들은 외부의 침략위협보다는 내부의 경제적 혼란과 공산세력의 전복과 침투 등과 같은 국내의 내부혼란이 더 위험한 것으로 판단하였다.

---

181) Appleman, *South to the Naktong, North to the Yalu*, p.13.
182) Dean Acheson, "Crisis in Asia – An Examination of U. S. Policy", *Department State Bulletin*, vol.22, No.551, January 23, 1950, p.116.

그러나 미국의 예상과는 달리 전략적으로 낮게 평가된 한국에서 전쟁이 발발하자 미국은 다시 개입할 수밖에 없었다.

제7절 한국전쟁 이전 미국의 전쟁수행체제에 대한 평가

제2차 세계대전 이후 개편된 미국의 국가안보체제는 한국전쟁 동안 전쟁지도부로서 역할을 하게 되었다.

이때 신설되었거나 개편되었던 미국 국가안보회의(NSC), 중앙정보국(CIA), 국방부, 합동참모본부, 공군부는 현대전을 수행할 수 있는 체제를 갖추고 있었다.

미국은 이러한 국가안보기구를 조직적으로 원활하게 운용하기 위해 국방장관, 합동참모의장, 중앙정보국장 등을 두어 상호간의 유기적인 협조를 통해 국가안보에 필요한 정책을 수립할 수 있도록 하였다.

이러한 기능을 통합적으로 수행했던 것이 NSC였고 이는 한국전쟁 동안 전쟁정책과 전략지침을 수립하여 전쟁을 지도해 나갈 수 있게 하였다.

제2차 세계대전 이후 미국은 소련의 팽창 위협에 맞서 국무부로 하여금 봉쇄정책을 수립하게 하고, 미 합동참모본부로 하여금 소련과의 전쟁을 상정한 전쟁계획을 수립하도록 하였다.

미국 국무부가 마련한 봉쇄정책은 소련의 위협 및 침략에 대비코자 소련 주변부에 대소 봉쇄선을 설정하여 소련이 이 선 밖으로 침범하지 못하도록 하는 것이었다.

이러한 점에서 전후 미·소 간에 설정된 한반도의 38도 선은 소련의 침략을 저지할 봉쇄선이었다.

이에 반해 합동참모본부가 마련한 전쟁계획에 의하면 미국은 극동에서 일본을 방어하기 위해 극동방위전략을 채택하였다. 이 전략의 핵심은 알류산 열도-일본-오키나와-필리핀을 연결하는 도서방위선으로 일명 극동방위선으로도 지칭되었다.

미국 극동방위선은 미국이 소련과의 전면전 시 극동에서 소련의 공격을 막아내는 최후 방어선으로 이는 소련과의 전면전이 발생해야만 실행에 옮겨질 수 있는 것이었다.

따라서 미국 봉쇄정책에 나타난 봉쇄선인 38도 선과 미 합참의 전쟁계획상에 나타난 미국 극동방위선 간에는 상당한 개념 차이가 있다고 할 수 있다.

즉, 미국 봉쇄선은 소련과의 전면전이 아닌 상태에서도 터키나 그리스에서처럼 소련의 세력 팽창을 저지하는 선인 반면, 미국 극동방위선은 전쟁이 일어났을 때에만 효력이 발생되는 군사방어선이었던 것이다.

한국에서 주한미군이 철수한 것도 전쟁계획상에 소련과의 전면전쟁이 벌어지면 미국은 한반도의 봉쇄선인 38도 선을 점령하는 것이 아니라 미국 극동방위선을 점령하도록 되어 있었기 때문에 미국은 한국에 군대를 주둔할 필요가 없었던 것이다.

한국전쟁 이전 미국의 전쟁수행체제는 제2차 세계대전의 경험을 통해 그 미비점을 보완하고 발전적인 방향에서 새롭게 국가안보체제를 형성하여 전쟁지도부로서 역할에 충실하였다.

미국의 전쟁수행능력도 소련에 비해 재래식 군비에서는 수적인 면에서 절대 부족하였으나, 극동지역인 한반도에서 발생한 국지전 형태의 전쟁을 수행하기에는 부족하지 않았다.

미국의 정책과 전략도 서유럽을 중요시하여 이곳에서는 전략적 공세를 취하기보다 방어적인 정책과 전략을 추진하였다.

그러나 전면전이 아닌 평화 시 소련의 간접침략 및 팽창에 대해서 미국은 그리스와 터키의 예에서 보듯 단호하게 대처하였다.

전쟁수행방식도 미국은 유엔을 지원하고 유엔이 이를 해결하는 원칙을 정하였다. 이는 애치슨 선언에서도 입증되었다. 애치슨 선언에서 한국이 포함되지 않은 것은 미국의 전쟁계획에 나타난 극동방위전략개념에서 나온 것이고, 국지전과 같은 형태의 전쟁에서 미국은 유엔에 의한 집단안전보장에 의해 해결하고자 하였다.

결국 1950년 6월 한국전쟁이 발발하자 미국의 새로이 개편된 전쟁지도체제와 전쟁수행능력은 시험대 위에 놓이게 되었다.

제 3 장

한국전쟁 발발 이후
미국의 참전과 군사력 전개

미국 스미스 특수임무부대 내한(來韓) 장면(1950. 7. 2, 대전역)

제1절 개관

한국전쟁이 발발했을 때 미국은 소련과의 전면전쟁만을 계획하고 있었고, 봉쇄선 주변의 한국과 같은 지역에서 일어날 수 있는 국지전에 대한 '긴급대응계획'을 수립하지 않았다.

그 결과 미국은 역사상 처음으로 단 1주일의 예고도 없이 전쟁에 휩쓸렸고, 미국 국민도 이해하지 못한 지구 반대편의 싸움에 말려들게 되었다.[1]

이 점에서는 군부지도자도 마찬가지였다. 루이스 존슨(Louis A. Johnson) 국방장관은 1950년 6월 25일 한국 사태를 논의하는 자리에서 미국은 "한국중심의 전쟁계획을 가져 본 적도 없고, 또 지금까지 [전쟁에 대한] 구체적 결론을 내리지 못했다."고 맥아더 청문회에서 진술하였다.[2] 미 극동해군 사령관 조이 중장도 "남한이 침략당했다는 소식을 듣고……우리들은 이러한 형태의 전쟁에 필요한 계획을 가지고 있지 못했다."고 회고하였다.[3]

---

1) Matthew B. Ridgway, *The Korean War*(New York: A Da Capo Paperback, 1967), pp. v ‒ vi.

2) *MacArthur Hearings*, Part Ⅳ, pp.2580, 2671.

3) Malcom W. Cagle and Frank A. Manson, *The Sea War in Korea*(Annapolis, Maryland:

한국을 책임지역으로 하고 있던 미 극동군사령부도 주한 미 대사관 및 군사고문단에 대한 군수지원과 유사시 비전투원인 주한 미국인 철수계획(Chow Chow Plan)[4]만을 수립해 놓고 있었다.

맥아더 장군은 극동군 사령관으로서 이 지역에 대한 책임이 있었음에도 합동참모본부의 대소 전쟁계획이나 극동군의 작전계획에 한반도를 대상으로 한 전쟁계획이 없었기 때문에 워싱턴의 지시에 따라 움직일 수밖에 없었다.

그럼에도 미국 전쟁지도부는 1주일 만에 한국에 지상군 참전을 결정했고, 이에 따라 한국에서 제일 가까이 위치한 주일 미군을 한국전선에 투입시켰다. 미군 가운데 해군과 공군이 주한 외국인 철수와 한국군 지원을 위해 제일 먼저 전개되었고, 뒤이어 지상군이 축차적으로 전개되었다.

미국 지상군의 전개는 북한군의 남진속도를 고려하여 지리적으로 가까운 주일 미군을 시작으로 오키나와 및 하와이에 주둔하고 있는 미군, 그리고 본토의 증원병력 순으로 이루어졌다.

여기서는 미군의 참전 결정과정과 한반도 내 군사력 전개가 미국의 한국전쟁수행에 어느 정도 영향을 미쳤는가를 규명하고자 한다. 이를 위해 미국의 한국전쟁에 관한 최초 상황접수와 이에 따른 조치, 그리고 해·공군이 투입된 이후 지상군의 참전 결정과정을 분석하게 될 것이다.

또한 국가안보회의(NSC)에서 한국전쟁에 관한 대책을 논의하는

United States Naval Institute, 1957), p.31.

4) 한국에서 사태 발생 시 미군이 수립한 주한외국인 철수계획으로, 이 계획에 의하면 약 2,000명의 외국인을 미극동해군의 함정을 이용하여 한국에서 일본으로 대피시키는 계획이다(UNC/FEC, INTELLIGENCE DIGEST & COMMAND REPORT, SN. 1-3, pp.14-15).

과정에서 나타난 미국의 전쟁목표와 유엔을 통해 전쟁을 해결하려는 미국의 의도에 대해서도 살펴보고자 한다.

미군의 한반도 전개과정에 대해서는 해·공군으로부터 지상군 및 군수지원 부대 순으로 분석함으로써 한국전쟁 이후 미국의 참전 결정과 시기가 전쟁수행 및 결과에 어떠한 영향을 미쳤는가를 분석하게 될 것이다.

제2절 미국 전쟁지도부의 한국전 상황 접수와 조치

1. 미국 국무부의 최초 상황 접수와 조치

1950년 6월 25일 북한의 남침으로 이루어진 한국전쟁은 미국에는 기습이었다. 한국전쟁 당시 주한 미 대사관 및 주한 미 군사고문단에 대한 책임은 미 국무부에 있었다. 이에 따라 한국에서의 전쟁 소식은 주한 미 대사관을 통해 국무부로 보고되었다.

미국 고위관리들이 한국전쟁에 대해 공식적으로 들은 것은 주한미국대사 존 무초(John J. Muccio)가 보낸 전문이 국무부에 도착하면서부터였다. 무초대사는 북한의 남침 공격에 대해 "지금까지 그들이 취했던 공격의 성격과 수법으로 보아 그것이 대한민국에 대한 '전면적 공격행위(all-out offensive)'임이 분명하다."고 보고하였다.[5]

---

5) The Ambassador in Korea(Muccio) to the Secretary of State, 10a.m.-June 25 1950(Seoul), *FRUS, 1950*, vol.Ⅶ, pp.125-126; Department of State, *United States Policy in the Korean Crisis*, p.1.

미국 국무부는 한국에서 전쟁이 발발한 지 7시간 26분이 지난 뒤 전쟁 상황을 접수하였다. 이때부터 국무부에서는 비상연락계통을 이용하여 딘 러스크(Dean Rusk) 국무차관보를 비롯한 국무부의 주요 관계관들에게 한국 상황을 연락했고, 미국 국방부도 주한 미 대사관 무관을 통해 육군부에 보고된 내용을 기초로 국방부의 주요 관계관들에게 연락을 취하였다.6)

이처럼 전쟁 초기 한국전쟁에 대한 소식은 주로 주한 미 대사관을 통해 워싱턴에 보고되었다.

한국전쟁 당시 워싱턴에 남아 있던 국무부의 책임자는 러스크 차관보였다.7) 러스크 차관보는 콜롬비아의 조지타운(Georgetown)에 있는 언론인 조셉 알소프(Joseph Alsop)의 만찬 초청을 받고 저녁 식사를 하고 있던 중 국무부의 극동과 공보관인 브래들리 커너스(W. Bradley Connors)로부터 한국전쟁 소식을 들었다.

커너스 국무부 공보관은 무초 대사의 전문이 아직 접수되지 않은 상태에서 합동통신(UP)의 서울주재특파원 잭 제임스(Jack James) 기자로부터 한국에서의 전쟁 상황을 보고 받은 워싱턴 본사의 도날드 곤잘레스(Donald Gonzales)가 전쟁 사실 여부를 확인해 달라는 전화를 받고 이를 러스크 차관보에게 알렸던 것이다.8)

러스크 국무부 차관보는 보고를 받는 즉시 무초 대사에게 연락해 이 사실을 확인할 것을 지시하고는 국무부로 직행하였다. 국무부는 무초

---

6) 국무부에서는 러스크 차관보, 국방부에서는 프랭크 페이스(Frank Pace Jr.) 육군장관을 통해 한국 상황이 전달되었다. Editorial Note, *FRUS, 1950*, vol. Ⅶ, pp.126－127.

7) 한국전쟁 당일 애치슨 국무장관은 주말을 맞이하여 메릴랜드의 개인 농장에서 휴식을 취하고 있었다.

8) Paige, *The Korean Decision*, pp.88－90.

대사의 암호 전문을 해독하여 육군부와 백악관에 이를 전송하였다.9)

2. 미국 국방부의 상황 접수와 조치

전시 미국 국무부와 함께 핵심역할을 하게 될 국방부도 한국전 상황에 대한 조치를 취해 나갔다.

미 국방부에서 한국전 상황을 최초로 들은 사람은 러스크 차관보와 함께 알소프의 만찬에 초대받아 있다가 전쟁소식을 들은 페이스 육군장관이었다.

그가 전쟁 소식을 듣고 곧장 국방부로 가서 워싱턴에 부재중인 존슨 국방장관에게 전화로 보고하자, 존슨 장관은 페이스 장관에게 한국 사태에 관한 모든 정보를 검토하라고 지시하였다.10)

이 무렵 육군부도 주한 미 대사관의 무관으로부터 전쟁 상황에 대한 전문을 받았다. 주한미국대사관 무관의 전문은 22시 45분경에 워싱턴에 도착하였다.

전문을 접수받은 미 육군부의 당직 장교는 이 사실을 작전참모부장 찰스 볼테(Charles L. Bolte) 육군소장과 작전참모차장 토머스 팀버만(Thomas S. Timberman) 육군준장에게 보고하였다.

미 합동참모의장 브래들리 육군대장도 23시 30분이 지난 후에야 합참당직 장교로부터 이 사실을 보고받았다.11) 이처럼 한국전쟁에

---

9) *Ibid.*, p.90.

10) *Ibid.*

11) James F. Schnabel and Robert J. Watson, *The History of the Joint Chiefs of Staff: The Joint Chiefs of Staff and National Policy*, Vol.Ⅲ, Part 1 - *The Korean War*(Washington, D.C.: The Joint Chiefs of Staff, 1998), pp.26 - 27.

대한 상황은 미국의 주요 안보 및 국방기관, 그리고 책임자에게 신속하게 전파되어 나갔다.

3. 미국 국무부와 국방부의 합동 조치

한국에서 전쟁 상황이 주요 관계관에게 전파되고 있을 때 국무부에서는 워싱턴에 남아 있던 외교 및 국방관계관들이 모임을 갖고 대책을 논의하였다.

러스크 차관보와 페이스 육군 장관은 6월 24일 22시 30분(한국 시각 25일 12시 30분)에 국무부에서 회동하였다.

이때 러스크 차관보는 메릴랜드의 샌디스프링(Sandy Spring) 농장에서 휴식을 취하고 있는 애치슨 국무장관에게 "북한이 지금까지 취한 공격의 성격과 수법으로 볼 때 그것은 대한민국에 대한 전면적인 공격행위"임을 밝히는 무초 대사의 전문을 읽어 주었다.[12]

애치슨 국무장관과 러스크 차관보는 북한군의 공격이 만만치 않고 사태가 심각하다는 데에 인식을 같이하였다.

한국에서의 전쟁 발발 소식을 듣고 미 국무부에 당도한 유엔담당국무차관보 존 히커슨(John D. Hickerson)도 무초 대사의 전문을 읽고 난 후 애치슨 국무장관에게 미국의 기조정책(general policy)은 유엔을 통해 공격을 물리치는 것이라고 말하였다.

히커슨과 러스크 차관보는 애치슨 장관에게 유엔안전보장이사회의

---

12) Department of State, *United States Policy in the Korean Crisis*, Far Eastern Series, No.34(Washington, D.C.: Government Printing Office, 1950), p.1.

긴급회의를 소집해 이 문제를 상정하겠다고 말하고, 이를 위해 유엔 사무총장에게 안전보장이사회의 소집을 통보해 주겠다고 말했다.

애치슨 국무장관은 유엔사무국에 이러한 사실을 통보해 주고, 국방부와 긴밀한 연락체계를 유지하라고 지시하였다.[13]

미국은 태평양전쟁 종전 이후 미·소공동위원회에서 한국문제가 해결되지 않자 이를 유엔에 이관하고, 남북한 총선거를 실시하여 한반도에 자주적이고 민주적인 통일한국을 수립하고자 하였다. 하지만 소련의 사주를 받은 북한의 거절로 유엔감시하의 선거는 남한에서만 이루어지게 되었다. 이때부터 미국은 한국문제를 유엔을 통해 해결해 나갔다.

특히 미국은 전쟁 이전 수립했던 전쟁계획이나 국가안보회의(NSC)에서 장차 한국에서의 전쟁 상황이 일어날 경우 유엔의 집단안전보장에 의해 해결한다는 방침을 세워 두고 있었다.[14]

한국에서 유엔의 정치적 목표는 전쟁 이전 유엔총회 결의안(1947년 11월 14일, 1948년 12월 12일, 1949년 10월 21일)에 따라 '한국의 완전한 독립과 통일(the complete independence and unity of Korea)'이었다. 미국은 NSC에서 이러한 유엔의 정치적 목표를 강력히 지지하였을 뿐 아니라 이의 실천을 위해 노력하였다.[15]

---

13) Paige, *The Korean Decision*, pp.92 – 93.

14) *FRUS, 1949*, vol.Ⅶ, Korea, Part Ⅱ, pp.1046 – 1057; 국방군사연구소 편, 「Documents of the National Security Council: 미 국가안전보장회의문서」, 한국전쟁 자료총서 1, p.2; 국방군사연구소, 편 「Records of the Policy Planning Staff of the Department of State: 미국무부 정책기획실문서」, 한국전쟁 자료총서 13, p.7.

15) NSC – 81; 국방군사연구소 편, 「Documents of the National Security Council: 미 국가안전보장회의문서」, 한국전쟁 자료총서 1, p.718.

4. 미국 국무장관 애치슨의 조치

미국 국무부 참모들로부터 한국 상황에 대한 보고를 받고 이에 대한 대책까지 논의했던 애치슨 국무장관은 트루먼 대통령에게 보고하고 필요한 조치를 받고자 하였다.

이때 애치슨 국무장관은 주말 휴가차 미주리 주 인디펜던스(Independence)의 개인 저택에서 휴식을 취하고 있던 트루먼 대통령에게, "대통령 각하 중대한 뉴스입니다. 북한군이 남한을 침략하였습니다."라고 보고하였다.

또한 그는 참모들과 논의한 바 있던 유엔안전보장이사회의 긴급 소집에 대해서도 보고하였다.[16]

트루먼 대통령은 유엔안보리에 침략행위를 상정하자는 국무장관의 건의를 받아들였다.

애치슨 국무장관은 곧바로 히커슨 차관보에게 대통령이 유엔안전보장이사회의 소집에 필요한 조치를 승인했음을 알려 주었다.[17]

히커슨 차관보는 한국 사태를 논의하기 위해 유엔미국대표단의 대리대사인 어네스트 그로스(Ernest A. Gross)를 찾았으나 연락이 되지 않자, 대신 유엔사무총장인 트리그브 리(Trygve Lie)에게 한국에서의 전쟁소식을 알려 주었다.

한국전쟁 발발 소식을 들은 유엔사무총장 리(Lie)는, "그건 유엔헌장의 위반"이며, "국경충돌 이상의 것"을 의미한다고 말하였다.[18]

---

16) Harry S. Truman, *Memoirs*, vol.2: *Years of Trial and Hope*(Garden City, NY: Doubleday & Co., 1956), p.332.

17) Paige, *The Korean Decision*, pp.93 - 94.

18) Trygive Lie, *In the Cause of Peace*(New York: The Macmillan Company, 1954), p.327.

미국의 유엔담당국무차관보인 히커슨은 리 사무총장에게 유엔안
전보장이사회의 소집을 요구할 것이라는 것과 긴급회의를 개최할
유일한 권한을 가진 안전보장이사회의 의장인 인도의 베네갈 라우
(Sir Benegal N. Rau) 경에게 보낼 미국의 요청에 대해 설명하였다.

미국의 유엔대리대사인 그로스 대사도 유엔사무총장에게 유엔안
전보장이사회에서 취할 수 있는 여러 가지 대책을 논의하였다.[19]
미국은 한국에서의 전쟁 상황을 유엔에서 해결한다는 기본 방침
아래 이에 대한 조치를 신속히 취해 나가고 있었다.

이때까지도 워싱턴에는 대통령을 비롯한 NSC의 주요 멤버들이
도착하지 않고 있었다. 따라서 국무장관의 주도하에 국무 및 국방
의 실무진에서 주로 이루어졌다.

미국 국무부에서는 고위 관리들이 철야 근무를 하며 한국 사태
에 대한 근본적인 대책을 논의하고 있었다.[20] 국무부 관리들은 소
련이 북한을 지원만 하지 않는다면 한국군은 자체적으로 방위할
수 있을 것으로 생각하였다.[21]

그러나 이에 대한 소련의 태도는 모호하였다. 애치슨 국무장관은
"크레믈린의 지령 없이는 [이런 일이] 있을 수 없다는 것이 모두의
공통된 의견"이라고 말했다.[22]

---

19) Lie, *In the Cause of Peace*, p.328.

20) Dean G. Acheson, *The Pattern of Responsibility*(Boston: Houghton Mifflin, 1952),
p.246. 애치슨 장관이 대통령과 한국 사태를 논의할 무렵 국무부에는 국방부와 연락사무를
맡은 국무차관대리(Deputy Under Secretary of State) 매튜스(H. Freeman Matthews)와
무임소대사(Ambassador-at-Large) 제섭(Philip C. Jessup)을 비롯한 서유럽담당국장과
유엔정치안보담당국장 등이 들어왔다. 특히 날이 밝기 전에 한국문제를 담당하는 극동과의
모든 직원이 들어와 근무태세에 돌입하였다.

21) *New York Herald Tribune*, June 26, 1950, p.4.

22) *MacArthur Hearings*, Part Ⅲ, p.1991.

필립 제섭(Philip C. Jessup) 무임소 대사도 북한의 공격을 소련의 탐색행동(probing action)으로 보아야 한다고 말했다.23) 이때부터 미국 관리들은 북한의 배후에 소련이 있을 것으로 의심하였다.

미국 국무부 관리들은 이러한 한국 사태의 심각성을 느끼면서 지금이야말로 모종의 조치가 필요할 때라고 생각하였다.24) 그것은 유엔을 통한 해결이었다. 미국 국무부는 유엔 결의문 초안에서 북한의 공격을 '평화의 침해(breach of peace)와 침략행위(act of aggression)'로 규정하였다. 미국은 북한의 남침을 유엔헌장 제7장의 위반으로 보았던 것이다.

이때까지도 애치슨 국무장관은 그의 주말 농장에 머물면서 한국 상황에 대한 조치를 계속 취하고 있었다. 그는 참모들에게 필요한 조치를 내리면서 한편으로는 대통령에게 경과조치에 대해 보고하였다.

애치슨 국무장관은 유엔에서 취할 미국의 조치가 준비되자 이를 트루먼 대통령에게 보고하여 대통령이 궁금하지 않도록 하였다.

또한 그는 한국 사태에 대한 미국의 조치가 제대로 시행될 수 있도록 참모들에게 필요한 지시를 내렸고, 히커슨 차관보에게는 유엔안전보장이사회의 소집을 지시하면서 자신도 워싱턴에 곧 복귀하겠다고 말하였다.

---

23) Ambassador Jessup, Interview, July 28, 1955; Paige, *The Korean Decision*, p.99 에서 재인용.

24) *Ibid.*

5. 미국 히커슨 유엔담당 국무차관보와 그로스 유엔대리대사의 조치

히커슨 차관보는 애치슨 국무장관으로부터 지시를 받은 후 유엔대리대사에게 이에 대한 조치를 하였다. 히커슨 차관보는 유엔사무총장에게 보낼 미국 문서의 내용을 그로스 유엔대리대사에게 알려 주고 이를 리 사무총장에게 보내도록 하였다.

이때 그로스 유엔대리대사가 유엔사무총장에게 전화로 읽어 준 내용은 다음과 같다.

> 대한민국 주재 미국대사는 북한군이 6월 25일(한국시간) 새벽에 여러 지점에서 대한민국 영토를 침범했다고 국무부에 보고를 해 왔습니다. 알려진 바에 의하면 북한정권의 평양 방송이 미국 시각으로 6월 24일 21시에 대한민국에 대한 선전포고(declaration of war)를 방송하였다 합니다. 위에서 언급한 북한 군대의 공격은 이러한 상황에서는 평화에 대한 침해와 침략행위가 되는 것입니다. 우리 정부의 시급한 요청에 따라 본인은 귀하에게 유엔안전보장이사회의 즉각적인 소집을 요구하는 바입니다.[25]

미국은 북한의 침략을 유엔헌장의 위반으로 보고, 이 문제를 다룰 유엔안보리의 소집을 유엔사무총장에게 정식으로 요청하였다.

이에 따라 그로스 대리대사는 유엔안전보장이사회의 대사들과 유엔총회 의장인 카를로스 로물로(Carlos P. Romulo)에게 미국의 유엔안보리 소집 요청 사실을 알렸다.

이후 미국의 유엔대표단은 25일 14시에 예정된 유엔안전보장이사회 소집에 필요한 조치를 해 나갔다.

---

25) Department of State, *United States Policy in the Korean Crisis*, p.11.

그로스 대사는 소련의 거부권 행사에 대처하는 문제는 국무부의 유엔담당국에서 맡도록 하였다. 또한 그는 아침 늦게 도착한 유엔 한국위원단의 전문 보고서를 원문 그대로 첨부하여 미국 결의안의 신빙성을 높이고자 하였다.

유엔한국위원단은 유엔사무총장에게 "……본 위원단은 전면전 성격을 띠고 있으며, 국제평화와 안전의 유지를 위태롭게 할지도 모를 [한국에서의] 심각한 사태를 사무총장이 주시해 주기를 바란다. ……"라고 보고하였다.26)

유엔한국위원단의 보고서도 북한이 1948년 유엔총회에서 '한반도에서 유일한 합법정부'로 승인한 대한민국에 대한 남침공격을 '국제평화와 안전을 위협'하는 유엔헌장의 위반으로 보았다. 국무부에서 마련한 결의안 초안과 결의안을 제출할 때 사용할 연설문이 유엔주재대표단에 보내졌다.

6. 트루먼 대통령의 백악관 복귀와 유엔안보리 제1차 결의

미국 국무부 관리들이 유엔안보리 소집에 대비해 분주히 움직이고 있을 때 트루먼 대통령은 미주리 주의 개인 저택에 아직 머물고 있었고, 미 국방장관과 합참의장도 버지니아 주 노포크(Norfolk)에서 열린 민간 행사에 참석하고 있었다.

다만 이날 오전에 미국 국무부에서 열린 '국무·국방 합동회의'에 국방부에서는 토머스 핀레터(Thomas K. Finletter) 공군장관, 칼

---

26) United Nations Document S/1946, June 25, 1950.

벤데젠(Karl Bendetsen) 육군차관, 육군부 작전차장 팀버만 장군이 참석했고, 국무부에서는 제임스 웹(James E. Webb) 국무차관, 러스크 차관보, 히커슨 차관보, 제섭 무임소대사가 참석하였다. 콜린스 육군참모총장과 애치슨 국무장관은 회의가 시작된 후 참석하였다.

애치슨 국무장관은 회의 전에 국무부에 도착했으나 그동안의 사태 파악 때문에 늦었다. 그는 합동회의에 참석한 뒤 얼마 안 있어 이승만(李承晩)의 한국정부가 서울에서 수원으로 옮기기로 결정했다는 무초 대사의 전문을 받았다.

그는 한국 사태가 심각하다고 생각하고 트루먼 대통령에게 그동안의 상황을 보고한 후 유엔안전보장이사회에 제출할 결의문을 읽어 주었다. 대통령은 결의문 내용 중 "정전(cease fire)이라는 용어와 38도 선 이북으로의 철수"에 대해서는 부정적인 입장을 밝혔다.

이는 과거 북한과 소련 등 공산국가들이 '1948년 한국에서 유엔 감시하의 총선거' 등 한국문제에 대한 유엔의 조치를 무시한 데에 따른 것이었다.

트루먼 대통령은 "미국정부가 대한민국에 할 수 있는 원조에 대한 결정을 내려야 할 것이다."라고 생각하고 워싱턴에 돌아가기로 하였다.[27]

트루먼 대통령은 애치슨 국무장관에게 자신이 참고할 내용에 대해 각 군 장관 및 합동참모의장과 상의하여 마련해 둘 것을 지시하였다. 주말 휴가차 워싱턴을 떠나 교외에 머물고 있던 미국의 전쟁지도부는 한국문제가 유엔안보리에 상정된 시점에 복귀하기 시작하였다.

트루먼 대통령은 25일 16시 12분에 인디펜던스에서 워싱턴을 향해 이륙하였다. 그는 워싱턴으로 돌아가는 비행기 안에서 역사의

---

27) Truman, *Years of Trial and Hope*, p.332.

교훈을 생각하였다.

그는 북한의 공격을 "제2차 세계대전을 유발했던 독일·이탈리아·일본의 침략과 그 성격이 유사하다."고 보았다. 그래서 그는 "만일 한국을 공산주의 지도자의 손아귀에 들어가도록 내버려 두거나……공산주의자들이 자유세계의 반대에 부딪침이 없이 대한민국을 그들의 방식대로 강요하도록 용인해 준다면 그들은 계속 그 규모를 확대해 나갈 것이다. 그러면 공산주의 국가와 비공산주의 국가 간에 제3차 세계대전이 불가피하게 될 것이다. 따라서 미국은 신속하고 효과적으로 북한의 침략에 저항할 권리를 갖고 있다."고 생각하였다.

또한 트루먼 대통령은 이러한 침략행위에 대해서는 국제평화기구인 유엔의 집단안전보장에 의해 제재되어야 한다고 생각하였다.[28]

그러고서 대통령은 애치슨 국무장관에게 도착시간을 알려 주면서 블레어하우스에서 고문단(advisor group)과 회의를 할 수 있도록 준비하라고 지시하였다.[29]

트루먼 대통령이 워싱턴으로 복귀하고 있을 때 유엔안전보장이사회가 개최되고 있었다. 안보리 회의에는 소련을 제외한 10개국이 참석하였다. 개회 선언 후 리 사무총장은 유엔한국위원단의 보고와 다른 정보를 근거로 "북한이 유엔헌장을 위반했다."고 말하고, "이 지역에서의 평화와 안전을 재확립하는 데 필요한 조치를 취하는 것이 안전보장이사회의 임무"라고 말하였다.[30]

---

28) *Ibid.*

29) *Ibid.*, p.333.

30) U.N. Security Council, Fifth Year, *Official Records*, No.15, 473rd Meeting, June 25, 1950, p.3.

미국의 유엔주재대표 그로스 대리대사도 "한국에서 벌어지고 있는 공격사태를 매우 중시하고 있다."고 말하면서 한국 문제의 평화적 해결을 달성하기 위해 시도된 유엔의 지난 발자취를 회고하였다. 그리고서 결의안을 큰소리로 낭독하였다.

> ……대한민국 정부는……한국 영토에서 합법적으로 수립된 정부이며……유일한 정부이다. ……북한의 군대가 대한민국을 무력 침공한 사실에 대단한 관심을 가지고 주목해야 할 것이다. 북한의 이러한 행위가 평화를 침해하는 행위가 된다고 단정하여
> 안전보장이사회는, 북한정권에 (a) 즉각적으로 전투행위를 중지할 것, (b) 그리고 그들의 군대를 38도 선까지 철수할 것을 요구한다. 유엔한국임시위원단에 대해서는 (a) 북한군의 38도 선까지의 철수를 감시할 것, (b) 그리고 이 결의안의 집행에 관해서 안전보장이사회에 계속 보고할 것을 요청한다. 전 회원국은 이 결의안을 집행하는 데 있어서 유엔에 모든 원조를 제공하고 북한 정권에 원조하는 것을 삼가 주기를 요청하는 바이다.[31]

미국 그로스 유엔대리대사의 연설이나 결의안에는 북한의 공격을 소련이 책임져야 한다고 직접 비난하는 내용은 포함되지 않았다.

미국 그로스 유엔대리대사에 이어 주미한국대사이자 유엔주재 한국 옵서버인 장면(張勉)이 그로스 대사의 도움으로 연설하였다.

장면 대사는 유엔안전보장이사회가 "국제평화에 대한 위험을 일소하는 데 즉각적인 조치를 취해 줄 것과 침략한 자들에게 정전을 명령하고, 우리[대한민국]의 영역에서 철수하도록 도와줄 것"을 호소하였다.[32]

유엔안전보장이사회는 미국의 결의안에 대해 '무력침략(armed

---

31) Department of State, *United States Policy in the Korean Crisis*, p.15.

32) 韓豹頊, 「韓美外交 요람기」(서울: 중앙신서, 1984), pp.84-85; Paige, *The Korean Decision*, p.118.

invasion)을 무력공격(armed attack)'으로 수정한 다음 수정안을 찬성 9표, 기권 1표로 가결하였다.

미국은 북한이 유엔안보리 결의안을 따르지 않을 경우 북한에 추가적인 조치를 취할 수 있는 근거를 마련하였고, 안전보장이사회 의장인 인도의 라우는 6월 27일 15시에 다음 회의를 열기로 하고 18시경 폐회를 선포하였다.

이로써 북한의 남침은 유엔안보리에서 대한민국에 대한 불법적인 무력공격으로 결론이 났다. 미국은 유엔안보리의 결의에 따라 한국에 대한 군사적 지원을 할 수 있는 근거를 마련하게 되었다.

제3절 미국 전쟁지도부의 한국 사태 논의와 지상군 참전 결정

미국의 전쟁지도방식은 워싱턴의 정책결정을 도쿄(東京)의 극동군 사령관이 이를 수행하는 것이었다. 전쟁 기간 동안 미국의 전쟁지도부는 국가안보회의에서 결정된 내용을 대통령으로부터 재가를 받아 이를 합동참모본부에 지시하면, 합동참모본부는 극동군 사령관에게 지시를 내려 이를 수행하도록 하였다. 극동군 사령관은 워싱턴의 지침에 따라 한국에서의 군사작전을 수행해 나갔다.

한국전쟁 초기부터 미국의 국가안보회의는 전쟁지도부로서 한국전쟁과 관련한 모든 사항을 논의하고 결정하였다.

따라서 회의 참석자들은 국무부와 국방부의 고위급 인사들인 국무장관, 국방장관, 각 군 장관과 참모총장, 합동참모의장, 국무차관,

국무차관보 등이었다.

회의 장소는 영빈관인 블레어하우스와 백악관 국무회의실에서 열렸다. 한국에서의 전쟁 상황을 논의하기 위한 최초의 회의는 1950년 6월 24일(미국시각) 주말 휴가차 고향을 방문한 트루먼 대통령이 6월 25일 워싱턴에 복귀하면서부터였다.

1. 트루먼 대통령의 1차 블레어하우스회의와 조치

미국 트루먼 대통령은 1950년 6월 25일 19시 40분에 백악관의 영빈관인 블레어하우스(Blair House)에서 회의와 식사를 겸해 그곳에 미리 모여 있던 13명의 외교·국방수뇌부와 회동하였다.

미국 국무부에서는 애치슨 국무장관, 웹 국무차관, 히커슨·러스크 국무차관보, 그리고 제섭 무임소대사가 참석하였다.

미국 국방부에서는 존슨 국방장관, 페이스 육군장관, 프랜시스 매튜(Francis P. Matthews) 해군장관, 핀레터 공군장관, 브래들리 합동참모의장, 콜린스 육군참모총장, 셔먼 해군참모총장, 반덴버그 공군참모총장이 참석하였다.[33]

이 회의는 비공개로 열렸고, 회의 내용은 국무부의 제섭 무임소대사가 기록하였다.[34]

블레어하우스회의에서는 북한군의 남침에 대한 사태의 해결방안과 소련의 한국전에 대한 의도 및 개입문제 등을 논의하였다.

---

33) Truman, *Years of Trial and Hope*, p.333; *FRUnS*, 1950, vol.Ⅶ, p.157.

34) Department of State, "Memorandum of Conversation, by the Ambassador at Large(Jessup), June 25, 1950", *FRUS, 1950*, vol.Ⅶ, pp.157 - 161.

식사 전에 애치슨 국무장관이 2시간 전에 유엔안전보장이사회가 취한 행동에 대해 보고하자, 트루먼 대통령은 "우리는 유엔의 위신을 떨어뜨릴 수 없어"라고 말하였다.[35]

식사를 끝낸 후 애치슨 국무장관이 그동안의 한국 사태를 보고하고 사전에 준비했던 제안사항을 발표하였다. 이는 대통령을 위해 국무부가 국방부와 사전 협의를 통해 준비한 것이었다.

애치슨 국무장관이 회의에 앞서 준비한 협의사항은 다음과 같았다.

첫째, 맥아더 원수에게 1950년에 체결된 한미상호방위원조협정에 따라 한국군에게 군사 장비를 제공할 수 있는 권한을 부여하는 문제.

둘째, 인천으로부터 주한 미국인을 철수시키기 위해 미국 항공기를 동원하는 문제.

셋째, 주한 미국인 철수를 방해하는 북한의 전차와 항공기를 격파시키는 권한을 공군에게 부여하는 문제.

넷째, 유엔안보리의 결의안이나 앞으로 있을지 모를 추가적인 결의안에 따라 한국에 주게 될 원조의 한도에 관한 문제.

다섯째, 대만에 대한 중공군의 침략을 방지하고 아울러 중국 본토에 대한 대만의 군사행동을 견제하도록 미 제7함대를 대만 해협에 배치시키는 문제 등이었다.[36]

블레어하우스회의는 이들 주제를 중심으로 논의해 가며 하나씩 풀어 나갔다. 미 국무부가 작성한 보고서는 남한에 필수적인 장비 제공과 주한 미 고문단의 한국군 잔류와 같은 제한적 조치사항들을 담고 있었다. 그러나 회의에서는 필요할 경우, 주한 미국인 철

---

35) Paige, *The Korean Decision*, p.125.
36) *FRUS, 1950*, vol. Ⅶ, pp.157 - 158.

수를 위해 해·공군을 투입할 수도 있으며, 한국군이 심각한 사태에 빠질 경우 전투상황을 안정시키고 38도 선 회복을 위해 미 지상군의 투입도 필요할 것이라는 의견이 있었다.

미 지상군 투입에 대해서는 브래들리 합참의장과 콜린스 육군참모총장이 지지한 반면, 셔먼 제독과 반덴버그 장군은 공군력만으로 충분하다고 하였다.

또 일본의 안보가 위협을 받지 않는 범위 내에서 한국방어에 필요한 최소한의 군사원조를 결심하기 위해 조사단 파견의 필요성에 대해 건의하였다.[37]

블레어하우스회의 참석자들은 소련과 중공의 의도, 그리고 극동지역에서의 군사력에 대해서도 논의하였다.

트루먼 대통령이 소련의 극동지역에서의 공군력에 대해 질문하자, 반덴버그 공군 참모총장은 중국 상하이에 상당한 수의 소련제 제트비행기들이 있다고 말하였다. 이에 트루먼 대통령은 극동지역 소련 기지들을 제압할 수 있는지에 대해 질문하였고, 반덴버그 장군은 이는 시기문제라고 말하면서, 원자폭탄을 사용하면 가능하다고 말하였다.[38]

이처럼 논의의 핵심은 한국에서 소련이 노리고 있는 범세계적 도전의 성격이 무엇이고, 극동지역에서 소련의 군사적 능력이 어느 정도인지가 주요 화제였다. 블레어하우스회의 참석자들은 소련과 중공이 개입하면 전쟁은 확대될 가능성이 있다고 말하였다.

미 합참의장 브래들리 장군은 "소련이 전쟁을 준비하고 있지는

---

37) *Ibid.*
38) *Ibid.*, p.159.

않지만 미국을 시험하고 있다고 하면서 북한의 침략을 일종의 제한된 도전"으로 받아들였다.[39]

제섭 무임소대사도 "소련의 의도는 제3차 세계대전을 일으키려고 하는 것은 아니더라도 대한민국에 대한 침략은 소련 블록 주변의 여러 위험 지역의 동요나 극동에서 공산주의자들의 팽창을 수반할 가능성이 있다."고 말하였다.[40]

북한의 남침 공격에 대해 미국 전쟁지도부의 주된 관심은 소련의 침략가능성 및 이로 인한 제3차 세계대전이 일어날 것인가에 초점을 맞추고 있었다.

중국 본토 및 대만에 대한 침공을 방지하기 위해 애치슨 국무장관은 미 제7함대를 대만해협으로 파견할 것을 트루먼 대통령에게 제안하였다.

블레어하우스회의 참석자들은 애치슨이 제안한 사항들 중 지원할 것에 대해 기록하였다. 회의 참석자들은 한국에 지상군 파견을 반대하면서 대신 북한군의 진출을 저지하는 데 필요한 해·공군의 지원을 건의하였다. 트루먼 대통령은 국무부의 건의사항을 승인한 후, 핀레터 공군장관에게 아시아 지역에 있는 모든 소련 공군기지를 무력화시키기에 필요한 대책평가서를 준비하도록 지시하였다.[41]

이처럼 회의에서는 한국 사태에 필요한 전반적인 사항에 대한 문제점을 진단하고 미국이 취할 행동들을 하나씩 점검하였다.

블레어하우스회의가 끝나 갈 무렵 애치슨 국무장관은 회의 결과

---

39) Testimony of General Omar N. Bradley, *MacArthur Hearings*, Part Ⅱ, pp.942, 1070.
40) Paige, *The Korean Decision*, p.133.
41) *FRUS, 1950*, vol.Ⅶ, p.160.

를 종합하여 대통령에게 미국이 취할 행동에 대해 건의하였다.

트루먼 대통령은 국무장관의 건의 사항을 즉각 시행하도록 지시하였다.

① 맥아더 장군에게 한국에 조사단을 파견하도록 한다.

② 맥아더 장군에게 한국이 제안한 군수물자를 보내도록 한다.

③ 이미 지시된 제7함대를 일본으로 파견한다.

④ 미 공군은 극동지역에 있는 소련 공군기지를 제거할 계획을 수립한다.

⑤ 소련의 다음 행동 지역이 어느 곳인가를 신중하게 판단하되, 이는 국무부와 국방부가 철저히 조사하여 판단한다.[42]

미국 국무부와 국방부는 대통령의 지시에 따라 차기 소련의 침공 가능지역에 대한 긴급계획(contingency plan)을 작성하게 되었다.

특히 트루먼 대통령은 회의 참석자들에게 "미국은 유엔의 권위 아래 행동할 것"을 지시하였다.[43] 그는 "대한민국에 제공할 미국의 원조가 어떤 것이든 간에 그것은 유엔의 이름으로 이루어져야 한다."는 사실을 강조하였다.

또한 트루먼 대통령은 "북한이 유엔이 요청한 도발중지와 38선으로의 철수를 거부할 경우, 보다 과격한 조치도 고려할 것"이라고 말하였다.

트루먼 대통령은 합동참모의장에게 유엔의 요청만 있다면 미국 군대를 언제라도 출동시킬 수 있도록 만반의 준비를 갖추어 놓을 것을 명령하였다.[44]

---

42) *Ibid.*

43) *Ibid.*

그러나 그날 밤 토의된 내용은 발표하지 않았다. 대통령 공보비서관 에벤 아이레스(Eben Ayres)는 월요일 다시 회의가 있을 것이라고 백악관 출입 기자들에게 말했을 뿐이다.

그러나 맥아더에게는 회의에서 결정된 내용이 그날 저녁 곧바로 하달되었다. 맥아더 장군에 대한 지시는 콜린스 장군이 맡았다. 콜린스 장군이 메모하여 맥아더 장군에게 보낸 내용은 다음과 같다.

극동군 사령관은 주한 미국인 철수를 위해 해·공군으로 인천-김포-서울 지구가 적의 수중에 떨어지지 않도록 조치를 취한다. 한국 상황을 파악하기 위해 조사단 파견을 허가한다. 서울-김포-인천 지구의 상실을 방지하는 데 필요하다고 생각되는 탄약과 장비를 보낼 권한을 부여한다. 제7함대에게 사세보로 즉시 출동하여 극동해군 사령관의 지시를 받도록 지시하였다. 더욱 고차적인 결정은 군사적 정치적 진전에 따라 내려질 것이다.[45]

2. 트루먼 대통령의 한국 위기상황에 대한 공식성명 발표

트루먼 대통령은 6월 26일 월요일 아침 신문에 실린 한국 사태 관련 논설에 공감을 표시하였다. 「워싱턴포스트(*Washington Post*)」는 "미국은 아시아에 있어서의 위신으로서나 한국 국민에 대한 도의적 의무를 다하기 위해서라도 침략자를 격퇴시켜야 한다."라고 게재했고,[46] 「뉴욕 타임스(*New York Times*)」도 "지금까지 우리는 기회

---

44) Truman, *Years of Trial and Hope*, p.335.

45) Walter Kraig, Malcom W. Cagle, and Frank A. Manson, *Battle Report: The War in Korea*(New York: Rinehalt, 1952), p.31.

주의적이며 임기응변적이었다. 그러는 사이 북한군 전차가 한국 국경선을 넘었다. 만약 우리가 지금 이 시간에 용기를 잃는다면 우리는 세계의 절반을 잃을 수도 있다."[47])라고 논평하였다.

이때 트루먼 대통령은 그의 집무실에 있는 대형 지구본에 있는 한국을 가리키면서 "이곳은 극동의 그리스다. 만일 우리가 강경한 조치를 취하기만 하면 다음 단계는 일어나지 않을 것이다."라고 말하였다.[48])

트루먼 대통령은 백악관을 방문한 상원외교위원회 위원장인 톰 코널리(Tom Connally) 의원에게 "의회의 사전 승인 없이 한국에 미군을 투입할 수 있는 권한이 있는가?"라고 질문하자, 코널리 의원은 "만약 강도가 각하 집에 침입했다면 각하는 경찰서에 가서 허락을 받지 않고도 강도를 쏠 수 있습니다. 각하는 의회에서의 오랜 토의로 인해 두 손을 완전히 잡힐 수도 있습니다. 각하는 군 통수권을 가진 분으로서, 또 유엔 헌장 아래에서 그러한 행동을 취할 권한을 가지고 있습니다."라고 답변하였다.[49])

트루먼 대통령은 코널리와 대담 후 한국의 위기사항에 관한 공식성명을 발표하였다.

> 나는 일요일 저녁 국무장관과 국방장관, 그리고 국무부와 국방부의 수석
> 고문 및 합참의장과 함께 대한민국에 대한 이유 없는 침략으로 야기된 극

---

46) *Washington Post*, June 26, 1950, p.8.

47) *New York Times*, June 26, 1950, p.26.

48) Beverly Smith, "The White House Story: Why We went to War in Korea", *Saturday Evening Post*, November 10, 1951, p.22.

49) Senator Tom Connally, *My Name is Tom Connally*(New York: Thomas Y. Crowell Company, 1954), p.346.

동의 사태에 대해 협의하였다. 미국정부는 유엔안전보장이사회가 38도 선
이북으로 침략군의 철수를 명령한 신속한 결정에 만족한다. 안전보장이사
회의 결의에 따라 미국은 이와 같이 중대한 평화의 파괴를 막으려는 안보
리의 노력을 적극적으로 지원할 것이다.

북한의 군대에 의해 취해진 불법행동에 대한 우리의 관심 및 이 사태에서
의 한국민에 대한 우리의 동정과 지지는 한국에 주재하는 미국 직원의 협
조적 행동에 의해 증명되고 있을 뿐 아니라 상호방위원조계획 때문에 마
련된 형태의 원조를 보충 또는 신속 처리하기 위해 취해진 여러 조치로써
도 증명되고 있다.

이 침략행위에 책임을 져야 할 사람들은 미국 정부가 이와 같은 세계 평
화에 대한 위협을 중대시하고 있다는 것을 명심해야 한다. 평화유지의 의
무에 대한 고의적 위반 행위는 유엔헌장을 지지하는 국가들에 용납될 수
없는 일이다.[50]

트루먼 대통령의 한국 사태에 대한 입장은 공식성명에서 밝혔듯
이 유엔에 의한 해결과 한국에 대한 군사적 물자와 비군사적 물자
에 대한 지원이었다. 이는 장면 대사를 접견하는 자리에서도 확인
이 되었다.

장면 대사는 6월 26일 15시 30분경 이승만 대통령의 긴급사태에
대한 미국의 원조를 요청하는 호소문을 갖고 백악관에 도착하였다.

이승만 대통령은 장면 대사에게 한국의 위급한 상황에 대해 설
명하고, 트루먼 대통령에게 지원 보장을 요청하라고 지시하였다.

이때 장면 대사는 트루먼 대통령에게 전달할 한국 국회의 호소
문도 갖고 왔다. 한국 국회는 "미국의 더 많은 지원을 요청함과 동
시에 세계 평화를 파괴하는 북한의 이와 같은 행동을 저지하기 위
해 적시적인 지원을 요청한다."고 호소하였다.

---

50) Department of State, *U. S. Policy in the Korean Crisis*, p.15.

트루먼 대통령은 장면 대사를 접견하는 자리에서 "대한민국에 상당한 양의 무기와 탄약을 수송하라고 했기 때문에 곧 군사상황에 영향을 미칠 것"이라고 말하였다.[51] 그때까지 트루먼은 한국에 미군을 투입하겠다는 약속을 하지 않았다.

3. 트루먼 대통령의 2차 블레어하우스회의와 조치

1950년 6월 26일(한국시각 6월 27일) 월요일 저녁이 되면서 한국 상황은 더욱 악화되었다. 한국의 전선 상황은 서울의 관문인 의정부와 문산(汶山)이 함락되고 북한군은 서울 점령을 눈앞에 두고 마지막 공세를 퍼붓고 있었다.

이에 이승만 대통령은 "미국의 군사원조가 너무나 미흡하고 너무나 늦었다."고 비통해하였다.[52]

이 무렵 유엔한국위원단도 "북한은 6월 25일 안전보장이사회의 결의를 받아들이지 않을 뿐 아니라 유혈 사태를 중지하려는 위원단의 조정도 받아들이지 않을 것"이라고 보고하였다.[53]

애치슨 국무장관은 한국 사태가 악화되자 대통령에게 국방 및 외교 고문관회의를 소집할 것을 건의하였다. 애치슨 국무장관은 대통령의 지시에 따라 회의를 소집하였다.

블레어하우스회의 참석자들은 전날 밤에 모였던 사람들로, 국무부에서는 애치슨 국무장관, 러스크 및 히커스 국무차관보, 제섭 대사,

---

51) Paige, *The Korean Decision*, p.158.

52) *New York Times*, June 27, 1950, p.4.

53) United Nations Document S/1503, June 26, 1950.

프리먼 매튜스(H. Freeman Matthews) 국무부 부차관이 참석하였고, 국방부에서는 존슨 국방장관, 페이스 육군장관, 핀레터 공군장관, 브래들리 합참의장, 콜린스 장군, 반덴버그 장군, 셔먼 제독이 참석하였다. 회의 내용은 국무부의 제섭 무임소 대사가 기록하였다.[54]

블레어하우스회의의 목적은 북한이 유엔안보리의 한국전쟁 결의안에 나타난 "적대행위중지와 38도 선 이북으로의 철수 권고"를 무시하고 군사행동을 계속하는 것에 주목하고, 북한의 침공을 저지하기 위한 추가 조치사항들을 논의하기 위함이었다. 회의를 하기 전에 트루먼 대통령은 군사사태에 대한 최근의 평가를 듣고자 하였다. 브래들리 장군은 전투 상황에 대한 맥아더 장군이 보내 온 가장 최근의 상황을 보고하였다.

> 한국의 제3사단과 제5사단이 서울 부근에 축차적으로 투입되었으나, 지난 이틀 동안 수도 서울을 점령하기 위한 적의 끈질긴 침투공세를 막는 데는 성공하지 못하였다. 전차가 서울 근교로 들어오고 있고 정부는 남으로 이동했다…….
> 한국군은 북한의 공세를 막을 능력이 없다. 적이 전차 및 전투기를 보유하고 있다는 사실이 그들에게 크게 유리한 요소로 작용하고 있다. …한국군은……저항능력이나 싸우려는 의지를 갖고 있는 것 같지 않으며 우리의 평가는 완전한 붕괴가 임박했다는 것이다.[55]

트루먼 대통령은 한국 사태에 대해 한동안 생각에 잠겨 있다가 애치슨 국무장관에게 미국이 대한민국을 구조하는 데 필요한 구체적인 행동에 대해 토의하라고 지시하였다.

---

54) Department of State, "Memorandum of Conversation, by the Ambassador at Large(Jessup), June 26, 1950", *FRUS, 1950*, vol. Ⅶ, pp. 178-183.

55) Truman, *Years of Trial and Hope*, p. 337.

애치슨 국무장관은 한반도에서의 해·공군 사용에 대한 모든 제한을 철폐할 것을 건의하였다. 트루먼 대통령은 이 건의를 수락하면서, 단 미국의 작전지역은 38도 선을 넘어서는 안 될 것이라고 말하였다.

애치슨 국무장관은 전날 밤 논의되었던 의제 중 제7함대의 대만해협 파견을 상기시켰다. 트루먼은 대만의 중립화를 인정하기로 결정하였다. 이어 참석자들은 유엔의 정책에 대해 간략히 언급하였다.

애치슨 국무장관은 유엔안보리가 화요일에 열리게 되면 미국은 대한민국에 대한 추가 원조를 요청하는 결의안을 제의할 준비가 되어 있다고 덧붙였다. 트루먼은 미국의 계획에 대한 국제지원의 중요성을 강조하였다.[56]

콜린스 육군참모총장은 한국이 지금 붕괴 직전에 놓여 있다고 보고하였다. 애치슨은 한국이 방어에 실패한다면, 미국은 보다 직접적인 개입을 해야 한다고 말하였다. 존슨 국방장관은 이미 미국은 충분한 일을 했다고 말하면서, 국무장관의 말에 동의하지 않았다.

그러나 트루먼 대통령은 애치슨의 말에 동의하면서, "미국은 한국 상황이나 유엔을 위해서 할 수 있는 일은 무엇이든지 해야 한다."고 말하였다. 합참의장 브래들리와 육군참모총장 콜린스 장군은 대통령이 지상군 파견에 호의적인 반응을 보인 것을 보고, 트루먼 대통령에게 그러한 결정은 동원의 필요성을 수반하게 될 것이라고 말하였다.[57]

동원이 필요하다는 것은 미국이 세계의 다른 지역 특히 유럽에서

---

56) *FRUS, 1950*, vol.Ⅶ, p.179.

57) *Ibid.*, p.183.

미국의 의무를 다할 수가 없다는 이유에서였다. 이에 트루먼과 애치슨은 미국은 이러한 조치를 피할 수 있을 것이라고 말하였다.[58]

트루먼 대통령은 "지난 5년간 이러한 상황을 방지하기 위해 모든 일을 해 왔다고 말하면서 지금 우리는 그러한 상황에 직면해 있고, 이에 대처하기 위해 무엇이든지 해야 할 것"이라고 말하였다.[59]

트루먼 대통령은 나중에 "그것은 내가 대통령으로서 내려야 했던 가장 어려운 결정이었다."고 술회하였다.[60] 트루먼 대통령은 주방위군의 동원에 대해 생각해 왔다면서 브래들리 장군에게 지금 그것이 필요한 경우인가를 물었다. 그러면서 트루먼 대통령은 우리는 한국 상황, 다시 말해 유엔을 위해서는 무엇이든지 해야 한다고 반복해서 말하였다. 이에 브래들리 장군은 주방위군의 동원문제는 시간을 두고 조금 기다리는 것이 좋겠다고 말하였다.[61]

블레어하우스회의에서 쟁점이 되었던 것은 소련이 유엔안보리에 참석하여 거부권을 행사할 경우 미국은 한국문제를 유엔총회에서 다루어야 한다고 결정하였다.

또 한국에서의 악화된 전선 상황을 위해 미국은 주방위군의 동원을 포함해 할 수 있는 모든 일을 해야 된다는 입장을 밝혔다. 즉, 한국전에 지상군을 파견하기 위해서 미국은 주방위군이나 예비군의 동원이 불가피하다는 점도 논의하였다.

블레어하우스회의 참석자들은 근본적으로 미국은 침략자를 격퇴

---

58) *Ibid.*, p.180.

59) Smith, "The White House Story: Why We went to War in Korea", *Saturday Evening Post*, November 10, 1951, p.80.

60) Truman, *Years of Trial and Hope*, p.463.

61) *FRUS, 1950*, vol. Ⅶ, p.183.

시키는 데 필요한 행동만 취해야 하며, 분쟁을 확대시키는 어떠한 자극도 피해야 한다는 데 합의하였다. 미국은 소련으로 하여금 미국이 소련과의 전쟁을 원하지 않는다는 것을 확신케 하는 방향으로 행동해야 한다는 것이 그들의 일치된 견해였다. 분쟁을 제한하려는 트루먼 대통령과 회의 참석자들은 한반도가 전쟁을 치르기에 알맞지 않을 뿐만 아니라 한국에서의 전쟁으로 인해 다른 지역에서 전면전에 빠져들어서는 안 된다는 생각에서 전쟁의 확대를 원하지 않았다.

블레어하우스회의 마지막에 트루먼 대통령은 38도 선 이남에서 북한 침략자를 물리치기 위한 전투에 항공기와 군함을 투입시키라고 명령하였다.

그리고 대만에 대해서는 군사적 측면을 고려하여 중국 본토와 격리시키고, 필리핀과 인도차이나에 대해서는 중무장된 군사원조를 제공할 것을 지시하였다. 또 한국전쟁과 관련하여 유엔의 이름으로 취해질 미국의 행동에 대해서는 빠짐없이 유엔에 보고하도록 지시하였다.

유엔은 북한 공산침략으로부터 대한민국을 구원함으로써 전쟁 이전 상태를 회복하고자 하였다.

이에 따라 미국은 한반도에서 제한전쟁을 실시하면서 대만을 중공으로부터 보호하고, 일본에서 미국의 이익이 위협받지 않도록 함으로써 아시아의 정치적 군사적 안정에 기여하여 유엔의 집단안전보장체제를 유지하고자 하였다.

나아가 소련과의 직접적인 군사적 충돌의 가능성을 최소화함으로써 제3차 세계대전을 방지하고자 하였다. 미국의 국무부와 국방부

관리들은 대통령의 이러한 결정을 지지하였을 뿐 아니라 북한의 군사적 침략을 막고 유엔을 지원한다는 목적에도 동의하였다.[62]

또한 트루먼 대통령은 존슨 국방장관에게는 회의 결과를 맥아더 장군에게 전달하도록 지시하였고, 애치슨 국무장관에게는 대외에 공표할 성명서를 작성하도록 하였다.

이에 페이스 육군장관, 핀레터 공군장관, 콜린스 · 반덴버그 · 셔먼 등 각 군 참모총장들은 국방부로 돌아와 회의 결과를 맥아더 장군에게 전달하였다. 그들은 텔레타이프를 통해 맥아더 장군에게 다음과 같이 지시하였다.

> 귀하의 임무는 북한의 침략을 남한으로부터 격퇴시키는 것이다. 남한으로부터 북한의 군사력을 일소(clear)하기 위해 38도 선 이남의 모든 군사목표물을 공군이 공격해도 좋다. 마찬가지로 해군에게도 38도 선 이남에 있어서 남한에 대한 침략군을 막기 위해 연해(coastal water and sea)에서 아무런 제한 없이 작전을 수행할 권한을 부여해도 좋다.[63]

4. 트루먼 대통령의 한국전쟁 공식성명 발표와 유엔안보리 제2차 결의

1950년 6월 27일(한국시각 6월 28일) 화요일 정오에 있을 트루먼 대통령이 공표할 공식성명서의 문안 작성을 위해 국방부에서 존슨 국방장관, 얼리(Stephen T. Early) 국방차관, 페이스 육군장관, 핀레터 공군장관, 브래들리 합동참모의장, 콜린스 육군참모총장이 백악관에 도착하였다. 국무부에서는 애치슨 국무장관이 참석하였다.

---

62) *MacArthur Hearings*, p.2581.

63) Testimony of Secretary of Defense Johnson, *MacArthur Hearings*, p.2574.

트루먼 대통령 성명 발표문 작성이 끝날 무렵 의회지도자들과의 회동을 위해 알벤 바클리(Alben W. Barkley) 부통령과 14명의 의회지도자들이 백악관에 도착하였다.[64]

트루먼 대통령은 백악관 국무회의실(White House Cabinet Room)에서 행정부의 고위 관리 및 의회지도자와 회동하였다. 트루먼 대통령은 애치슨 국무장관에게 지금까지 알려진 한국 상황에 대해 설명해 달라고 주문하였다.

애치슨 국무장관은 한국의 군사정세가 더욱 악화되고 있으며, 전 세계의 많은 국가들이 미국이 북한의 침략에 강력한 조치를 취하지 않을 것을 우려하고 있다고 말하였다. 그는 의원들에게 이러한 공격에 대항하지 않을 경우 제3차 세계대전이 일어날 것이라고 강조하였다.

이에 트루먼 대통령은 "유엔에 대해서는 왜 한마디도 하지 않는 거요"라고 말하면서 그는 "북한의 오만한 침략으로 말미암아 제기된 세계 평화에 대한 위협을 제거함에 있어서 유엔이 수행해야 할 역할"을 강조하였다.

트루먼 대통령은 만약 그러한 침략을 저항 없이 내버려 둔다면 그것은 국제평화기구의 효용성의 종말을 의미하는 것이며, 이런 이유로 인해 미국은 침략을 격퇴시키는 데 독자적으로(unilaterally) 행동할 수 없다고 설명하였다.[65] 그리고서 그는 국내외에 공표할 그의 성명서를 읽었다.

---

64) Truman, *Years of Trial and Hope*, p.338.

65) Truman, *Years of Trial and Hope*, p.338; Connally, *My Name is Tom Connally*, p.347; Smith, "The White House Story: Why We went to War in Korea", *Saturday Evening Post*, November 10, 1951, p.82.

국경수비와 국내치안을 목적으로 무장하였던 한국군이 북한으로부터 침략
을 받았다. 유엔안보리는 침략군에게 전쟁을 중지하고 38도 선 이북으로
철수할 것을 요구하였다. 그러나 침략군은 이를 거부했고, 오히려 공격에
박차를 가하였다. 이에 안전보장이사회는 유엔회원국들에 문제의 해결을
위한 모든 종류의 협조를 요청하였으며, 이런 상황하에서 본인은 미 공군
과 해군에 한국군을 엄호, 지원할 것을 명령하였다.
……나는 유엔의 모든 회원국들이 유엔 헌장을 위반한 북한의 한국 침략
결과가 얼마나 중대한 사실인가를 심사숙고할 것이라는 점을 안다. 국제문제
에서 합법적인 군사력의 호소는 매우 효과가 크다. 나는 안전보장이사회의
미국 대표인 오스틴에게 이러한 현실을 의제로 제출하라고 지시하였다.66)

트루먼 대통령은 성명서를 낭독한 후 미 의회지도자들에게 여기
에 대한 질문과 전반적인 토의를 요청하였다. 미 의회지도자들은
이미 결정된 행동방침이 현재 상황에서 취할 수 있는 가장 최선의
방침이라는 데에 뜻을 같이하였다. 트루먼 대통령에 대한 어떤 비
판도 나오지 않았다.67)

논의의 중심은 유엔에 관한 것이었다. 의회지도자들은 유엔의 원
칙과 목적, 지시가 미국의 행동과 일치하는가를 확인하고자 하였
다. 또 의회지도자들은 행정부가 한국에 지상군을 파견할 계획을
가지고 있는 것을 확인할 수 있었다.68) 백악관에서 회의가 진행되
는 동안 국무부와 해외주재 대사관에서는 트루먼 대통령의 성명서
에 대한 브리핑을 실시하여 미국의 입장을 알렸다. 영국, 프랑스,
이탈리아, 그리고 그 밖의 유럽 여러 국가들이 트루먼 대통령의 결
정에 지지의사를 표명해 왔다. 그러나 소련은 이에 대해 아무런 반

---

66) Department of State, "Statement Issued by the President, June 26, 1950", *FRUS, 1950,*
   vol. VII, pp.178 - 183; Department of State, *U. S. Policy in the Korean Crisis,* p.18.

67) *MacArthur Hearings,* p.2677.

68) *Ibid.,* p.2609.

응도 보이지 않았다.

트루먼 대통령의 성명 발표가 있은 후 유엔안전보장이사회가 개최되었고, 소련 대표 야코프 말리크(Yakov A. Malik)는 여전히 유엔안보리에 불참하였다.

미국 대표 워렌 오스틴(Warren R. Austin)이 먼저 미국의 입장을 설명하였다. 그는 "유엔은 오늘날 유엔의 창설 이래 가장 심각한 위기에 직면하고 있으며, 현재 북한의 지도자들이 6월 25일 유엔안보리 결의안을 틀림없이 보았음에도 불구하고 지금까지 사태의 진전으로 보아 그들이 응하지 않을 것이라는 결론밖에 내릴 수 없다."고 말하였다.[69]

유엔한국위원단도 "……현재 진행되고 있는 전투는 며칠 안으로 끝날 것 같다. 그렇게 되면 유엔안전보장이사회의 결의안에서 제시된 정전과 북한군의 철수문제는 탁상공론이 되고 말 것이다."라고 보고하였다.[70]

미국의 오스틴 대사는 계속해서 "국제평화를 회복하기 위해서 준엄한 제재를 발동시킨다는 것은 안전보장이사회의 명확한 의무입니다."라고 말하였다. 그러고서 이러한 사태에 대처할 새로운 결의안을 낭독하였다.

> 북한군의 대한민국에 대한 무력 공격이 평화의 침해가 된다는 것을 결의한 바 있고, 적대행위를 즉시 중지할 것을 요청했으며, 북한 당국에 38도선까지 그들의 군대를 당장 철수시키라고 요청한 바 있다. 또 유엔한국위원단의 보고에 의하면 북한이 적대행위를 중지하지도 않을 뿐 아니라 38

---

69) U. N. Security Council Fifth Year, Official Records, No.16, 47th Meeting, June 27, 1950.
70) United Nations Document S/1503, June 26, 1950.

도 선까지 군대를 철수시키지도 않았다.

또한 그 보고가 국제평화와 안전을 위하여 시급한 군사적 조치를 요청하고 있다는 사실을 주목하며, 또한 평화와 안전을 얻기 위해 유엔의 즉각적이고 효과적인 조치를 요청하는 대한민국 정부의 호소를 받아들여, 유엔회원국에 무장 공격을 격퇴시키고 국제평화와 안전을 회복하는 데 필요하게 될 원조를 대한민국에 제공해 줄 것을 권고하는 바입니다.71)

미국의 오스틴 대사는 "새로운 결의안은 당연히 취해져야 할 조치이다. 결의안의 내용은 이전의 결의안에 대한 위반, 공격행위의 계속, 그리고 긴급히 필요한 군사적 조치 등에 바탕을 두고 취해진 조치"라고 설명하였다.

그러고서 그는 백악관에서 발표한 트루먼 대통령의 성명서를 읽은 다음, "이 결의안의 요지와 본인의 진술, 그리고 미국 대통령이 취한 행동은 유엔의 목적과 원칙에 대한 지지이며, 평화 그것이다."라고 말하였다.72)

미국 오스틴 대사의 연설이 끝난 후 주미한국대사 장면(張勉)이 등단해 안전보장이사회가 한국을 구원할 효과적인 조치를 취해 줄 것을 요청하였다.73)

미국이 제출한 결의안이 유엔안보리에서 찬성 7, 반대 1, 기권 2 표로 통과되었다. 안보리의 대북 제재 결의안 통과는 트루먼 대통령이 한국에 미 해공군의 투입을 승인한 지 약 24시간이 지난 뒤 이루어졌으며, 이때 서울은 북한군에 의해 점령되고 있는 긴박한 상황이었다.

---

71) United Nations Document S/1508, Rev. 1, June 27, 1950.

72) Paige, *The Korean Decision*, p.205.

73) *Ibid.*

5. 서울 함락 후 트루먼 대통령의 국가안보회의 주재와 조치

1950년 6월 28일(한국시각 6월 29일) 워싱턴에서는 국가안보회의 (NSC)가 백악관 국무회의실에서 열렸다.[74] 대통령은 회의에서 최근의 한국 사태를 재검토한 후 소련과 인접한 여러 지역에 대한 미국의 기존정책을 전면적으로 재검토하라고 각 부서에 지시하였다.

애치슨 국무장관과 존슨 국방장관은 각기 한국전쟁으로 인해 제기될지도 모르는 돌발사태에 대한 연구가 이루어지고 있다고 보고하였다. 대통령과 회의 참석자들은 소련의 개입 가능성에 대해 미국이 취할 대책에 대해서 논의하였다.

회의에서는 만약 소련이 개입할 경우 제3차 세계대전을 피하는 데 필요한 사항들이 논의되었다. 참석자 중에는 만일 미국이 자동적으로 소련의 개입을 전면전쟁의 신호로 받아들인다면 그것은 미국이 자신의 운명을 소련에 내맡기는 격이 될 것이라고 말하였다.[75]

따라서 미국은 소련의 개입 결과로 직면하게 될 어떠한 난관에서도 빠져나올 수 있도록 전투를 하되 다른 명령이 있기까지에는 불필요하게 사태를 악화시키지 않도록 현지 사령관에게 지시를 내려야 할 것이라고 말하였다. 이에 국방부 관리들은 극동의 미군에게 보내는 명령 사항에 그런 지시를 포함시키는 것에 반대하지는 않았지만, 별도의 지시로 그것들을 발송하는 것은 원하는 바가 아

---

74) *FRUS, 1950*, vol.Ⅶ, pp.216-217; *New York Times*, June 29, 1950, p.13.

75) NSC에서는 이러한 논의에 대한 결론을 NSC-73(draft)에 담고 있다. NSC-73의 문서 제목은 "한국상황에 비추어 본 장차 소련의 움직임에 대한 미국의 입장과 행동(The Position and Actions of the United States With Respect to Possible Further Soviet Moves in the Light of the Korean Situation)"이다. NSC-73, July 1, 1950.

니라고 말하였다.[76]

한편 한국의 전선 상황은 시간이 흐를수록 더욱 악화되어 갔다. 6월 29일 국방부는 맥아더사령부로부터 한국군이 중대한 시련에 부딪치고 있다고 보고받았다. 맥아더는 보고서에서 한국군의 사상자가 15%로 추산되며, 한국군이 한강방어선을 지킬 수 있을지 의심스럽다고 하였다. 이러한 보고에 접한 존슨 국방장관은 대통령에게 한국 사태가 매우 위태롭게 진행되고 있기 때문에 국가안보회의를 소집해야 될 것 같다고 보고하였다.[77]

트루먼 대통령은 17시에 회의를 개최하도록 하였으나, 그는 회의에 앞서 기자회견을 가졌다. 대통령은 기자로부터 "미국의 한국에 대한 군사적 개입을 유엔의 경찰행위라고 부를 수 있느냐"는 질문에 그렇게 생각한다고 하면서, 그는 "한국에서 미국의 행동은 악당들의 기습(bunch of bandits)을 유엔이 격퇴시키는 것을 도우려고 취해진 것"이라고 대답하였다.[78]

그렇지만 대통령은 기자회견 도중 "한국전쟁에 대한 소련 개입의 성격과 정도, 한국 사태가 대일평화조약의 조기 타결에 영향을 미치는 문제, 그리고 미국 정부가 한국에 원자폭탄을 사용할 것인가 아니면 지상군을 투입하려고 하는가의 문제"에 대해서는 일체 언급을 회피하였다. 대통령은 원자폭탄 사용과 지상군 투입문제는 전략문제로 군사적 문제가 수반되기 때문에 논의의 대상이 아니라고 답변하였다.[79]

---

76) Paige, *The Korean Decision*, pp.221 - 224.

77) Smith, "The White House Story: Why We went to War in Korea", *Saturday Evening Post*, November 10, 1951, p.86.

78) Paige, *The Korean Decision*, p.243.

트루먼 대통령은 기자회견을 끝내고 나서 17시에 국가안보회의에 참석하였다. 미국 국방부에서는 국방장관, 페이스 육군장관, 매튜스 해군장관, 핀레터 공군장관, 브래들리 합참의장, 콜린스·반덴번그·셔먼 제독 등 각 군 참모총장이 참석하였고, 국무부에서는 애치슨 장관, 러스크 차관보, 해리만 대사, 덜레스 대사가 참석하였다.[80]

이 외에도 회의에는 스튜어트 사이밍턴(W. Stuart Symington) 국가안보자원위원장과 제임스 레이(James S. Lay) 국가안보회의사무국장(Executive Secretary)이 참석하였다. 회의에서 존슨 국방장관은 미 해군과 공군의 활동이 남한지역으로 국한된 것을 비롯하여, 전투기들이 거리가 먼 일본기지로부터 출격함으로써 전투지역인 한반도 상공에서 임무를 수행할 시간을 제약받고, 국군과 미 육군 및 공군 간의 연락체계가 미흡하며, 그리고 미 군수물자를 전선으로 운반할 한국군의 수송시설이 빈약하다고 말하였다.[81]

존슨 국방장관은 이전의 지시를 강화하고 북한지역까지 해군과 공군의 활동을 확대할 수 있는 권한을 맥아더 장군에게 부여할 것을 건의하였다. 대통령은 "북한군을 38도 선 이북으로 밀어내는 데 어떠한 조치라도 취하고 싶으나 다른 사태가 일어날 때 속수무책이 될 정도로 한국에 깊이 말려 들어가는 것을 원하지 않는다."라고 말하였다.[82]

페이스 육군장군도 "미국은 공군과 해군의 대북한 작전 활동에 신중을 기해야 하며 공격목표를 주로 군사요새에만 국한시켜야 하

---

79) Paige, *The Korean Decision*, p.243.

80) *New York Times*, June 30, 1950, p.8.

81) *FRUS, 1950*, vol.Ⅶ, pp.240 – 241.

82) Truman, *Years of Trial and Hope*, p.341.

며 북한의 도시를 마구 폭격해서는 안 된다.”고 말하였다.[83]

트루먼 대통령은 이 말에 동의하면서 “38도 선 이북에서의 군사적 활동은 적의 군사물자를 파괴하는 데에만 목적을 두어야 한다.”고 말하였다. 이는 “한국에서 우리의 활동이 한반도에서 평화를 회복하고 38도 선을 다시 복구하려는 데 그 목적이 있다는 것을 주지시키는 데 있다.”라고 말하였다.[84]

존슨 국방장관은 “공군에게 소련이나 중공과 인접한 한반도의 국경지대에 가까이 가지 않도록 지시하겠다.”고 말하면서, 만일 소련이 전투에 직접 개입하는 경우에 대비해서 맥아더 장군에게 “그럴 경우 맥아더 장군은 그의 위치와 미군 병력을 고수하면서 대통령의 지시를 받도록 한다.”는 내용을 포함시키겠다고 대통령에게 건의하였다.[85]

트루먼 대통령은 이를 수락하고 국무장관과 국방장관이 이를 문서로 작성할 것을 지시하였다. 미국은 어디까지나 소련과의 제3차 세계대전을 예방하는 데 역점을 두고 한국 상황을 해결하고자 노력하였다.

또한 이 회의에서 후방지역으로 임무를 국한하려는 합참의장의 지상군 파견 건의가 이의 없이 받아들여졌다. 회의가 끝나기 직전 애치슨 국무장관은 오스트레일리아, 캐나다, 네덜란드, 뉴질랜드가 유엔에 공군과 해군지원을 제공할 것을 통보해 왔다고 보고하였다. 이 회의에서 맥아더 장군에게 보낼 지시 전문이 다음과 같이 작성되었다.

---

83) Testimony of General J. Lawton Collins, *MacArthur Hearings*, p.1363.
84) Truman, *Years of Trial and Hope*, p.341.
85) *Ibid.*

6월 25일과 27일자의 유엔결의안을 지지하는 의도에서… 귀관은 남한 군대가 남한전역으로부터 북한 군대를 물리칠 수 있도록 극동군 사령관 휘하의 해군과 공군력으로 북한의 군사목표를 공격하여 한국군을 최대한으로 지원할 수 있다. 육군병력의 투입은 절대적으로 필요한 부대규모에 국한한다. 그러나 부산 – 진해 지역 내에 있는 항구와 공군기지를 확보하기 위해 전투부대와 지원부대를 사용할 수 있는 권한은 여기에서 제외된다. 해군과 공군 활동으로 귀관은 대만을 침략과 공격으로부터 방어할 수 있다.
귀관에게 적의 공군기지, 병기창, 전차, 농장, 군대, 그리고 기타 순수한 군사목표를 공격하는 군사활동을 북한지역까지 확대할 권한을 부여한다. 그러나 이러한 활동은 앞에서 지시한 귀관의 사명을 수행하는 데 꼭 필요하다거나 아군의 불필요한 사상을 방지하는 데에만 그 목적이 두어져야 한다. 북한에서의 군사활동에 있어서는 소만 국경에 접근하지 않도록 특별한 주의를 기울여야 할 것이다.
한국군을 엄호하고 지원하기 위해 미국의 해군과 공군 및 제한된 육군 병력을 투입한다는 결정은 만일 소련군이 한국에 개입하게 되는 경우 소련과 전쟁을 한다는 결정과는 별개의 것이다. 그러나 한국에 관한 결정은 그것이 내포하고 있는 위험성을 충분히 인식해서 취해진 것이다. 만일 한국에서 소련이 능동적으로 미군활동에 대항해 온다면 미 극동군은 자체방위에만 힘쓰고 사태를 악화시키는 어떠한 조치도 취해서는 안 된다. 그리고 귀관은 그러한 사태가 발생하면 즉각적으로 워싱턴에 보고해야 한다.[86]

백악관에서 국가안보회의가 끝난 후 참석자들은 그들이 방금 취한 결정이 한국 사태에 대처하는 데 충분할 것이라고 생각하였다. 트루먼 대통령과 그의 각료들은 극동군 사령관의 차후 보고와 건의를 기다리기로 하였다.

맥아더 장군이 보낸 전문 보고서가 6월 30일 새벽 국방부에 도착되었다. 맥아더는 "자신이 한국전선을 시찰한 결과 한국군은 붕괴되었으며, 한강방어선을 고수하고 실지를 회복하기 위해서는 미

---

86) Paige, *The Korean Decision*, p.251.

지상군 투입이 불가피하다."고 보고하였다.[87]

미국 국방부 당직 장교들은 맥아더 장군의 보고서를 콜린스 육군참모총장에게 보고하였다. 콜린스 장군은 육군장관과 합참의장에게 맥아더의 건의사항을 보고한 후 텔레타이프로 맥아더 장군과 의견을 교환하였다. 이때 국무부의 러스크 차관보와 다른 관리들도 국방부로 들어왔다.

맥아더 장군은 콜린스 장군에게 현지의 군사상황이 악화되었기 때문에 전방의 전투지역에 연대 단위의 미군 전투부대를 투입하는 일이 시급하다고 말하였다. 맥아더 장군은 선봉부대의 증강을 위해서는 2개 사단 정도의 증강이 더 필요하다고 말하였다.

콜린스 장군은 12시간 전에 열린 국가안보회의에서 트루먼 대통령이 지상군 투입을 주저한 점을 고려하여 이 문제는 대통령과 각료들이 다시 모여 협의할 필요가 있다고 맥아더 장군에게 말하였다.

그리고서 콜린스 장군은 브래들리 장군과 상의한 후 페이스 육군장관에게 맥아더의 건의사항을 보고하였다. 페이스 육군장관이 이를 대통령에게 보고하자, 대통령은 페이스장관에게 1개 연대전투단을 투입해도 좋다고 말했다.[88]

그러나 트루먼 대통령은 2개 사단의 증강 건의에 대해서는 다시 협의한 후 결정하겠다고 말하였다. 페이스 장관은 콜린스 장군에게 대통령의 결정 내용을 알렸고, 이 내용은 맥아더 장군에게 즉시 전달되었다. 콜린스 장군은 05시 30분경 해군참모총장 셔먼 제독과 공군참모총장 반덴버그 장군에게도 맥아더의 건의 내용과 대통령의 결정사항을 알려 주었다.

---

87) *FRUS, 1950,* vol. Ⅶ, pp.250－252, 255, 257－258.
88) *FRUS, 1950,* vol. Ⅶ, pp.250－252, 255, 257－258.

6. 트루먼 대통령의 지상군 파병 결정과 조치

트루먼 대통령은 맥아더 장군이 건의한 지상군 증원문제를 논의하기 위해 국무장관·국방장관·육군장관에게 국가안보회의를 개최하도록 지시하였다.

회의는 백악관 국무회의실에서 트루먼 대통령을 비롯하여 애치슨 국무장관, 존슨 국방장관, 브래들리 합참의장, 스티븐 얼리(Stephen T. Early) 국방차관, 그리고 애버럴 해리먼(W. Averell Harriman) 무임소 대사가 참석한 가운데 열렸다.[89]

회의가 시작되자 대통령은 맥아더 장군에게 이미 1개 연대를 투입할 수 있는 권한을 부여했다고 말하면서 맥아더 장군의 추가 건의를 어떻게 처리할 것인지를 물었다.

회의 참석자들은 맥아더 장군이 요청한 2개 사단만 증파해 주면 북한의 침공을 막을 수 있을 것이라고 생각하였다. 비록 한국에서의 지상군 파병제안이 여러 문제를 안고 있다고는 하지만 회의 참석자들 중 어느 누구도 그것에 반대하지 않았다.

트루먼 대통령은 맥아더 장군에게 "그의 휘하에 있는 병력을 사용할 전권"을 부여하기로 결정하였다. 회의가 끝난 후 합참의장이 극동군사령부에 보낸 전문은 "1950년 6월 30일자로 1950년 6월 29일에 취해졌던 육군병력의 투입제한 조치를 해제한다."는 것으로 간결하였다.

맥아더 장군에게 주어진 전권이란 예하부대 병력을 재량에 따라

---

89) *FRUS, 1950,* vol. Ⅶ, p.255.

사용할 수 있다는 것을 의미하였다.[90]

트루먼 대통령은 지상군 파병결정에 대한 사후조치를 하였다. 그는 먼저 백악관 회의실에서 의회지도자들에게 한국 사태에 관한 브리핑을 하였다. 행정부에서는 바클리 부통령을 비롯하여 국무장관, 국방장관, 3군 장관, 합참의장 등 30명의 고급관리가 참석했고, 의회에서는 15명의 상하원 의원이 참석하였다.

트루먼 대통령은 지난 1주일 동안 결정한 사항들을 자세히 설명하고 나서 최근 미 지상군으로 하여금 한국을 방위하라고 명령했다고 말하였다. 코널리 상원의원은 육군 파병이 일방적으로 취해졌는지 아니면 유엔 결의안의 확실한 지지를 받고 취해졌는지에 대해 물었다.[91]

트루먼 대통령은 코널리 의원에게 미국의 행동은 전적으로 유엔 기구 안에서 취해진 것이며 더구나 맥아더 장군은 극동군 사령관인 동시에 유엔군 사령관이 될 것이라고 말하였다.[92]

트루먼 대통령과 의회지도자들 사이에 회의가 진행되고 있을 무렵 백악관의 참모들은 가장 최근의 결정을 알리는 공식성명을 발표하였다.

> 오늘 아침 백악관에서 있은 의회지도자와의 회동에서 국무·국방·합참의장을 대동한 대통령은 최근 한국 사태의 추이를 면밀히 검토하였다. 의회지도자들은 날로 격심해지는 군사정황에 대한 충분하고 자세한 보고를 들었다. 북한 침략자를 격퇴시키고 한국의 평화를 회복하는 데 대한민국을 지지해

---

90) *MacArthur Hearings*, Part Ⅰ, p.231.

91) Connally, *My Name is Tom Connally*, p.349.

92) *Ibid.*, p.349.

달라는 유엔안전보장이사회의 요청에 응하여 트루먼 대통령은 미 공군에 군사적으로 필요하다면 북한의 어떤 군사목표에 대해서도 공격을 수행할 수 있는 권한을 부여했고, 한반도 전 연안의 해상봉쇄를 명령했다고 성명하였다. 맥아더 장군에게는 확실한 지상부대를 사용할 권한을 부여하였다.[93]

한편 오스틴 미국대사는 유엔안전보장이사회에서 최근 미국의 결정사항을 보고하였다. 유엔의 59개 회원국 가운데 33개국이 안전보장이사회의 결의안을 지지하면서 유엔의 깃발 아래 모여들었다. 미국을 비롯하여 영국, 오스트레일리아, 캐나다, 뉴질랜드, 네덜란드 등 6개 국가가 지지의 표시로 군대 파견을 약속하였다.

트루먼 대통령은 지상군 참전 결정을 내리고 난 후 "그동안 보낸 7일은 지금까지 재직해 오면서 경험했던 기간 중 가장 힘들었던 일주일이었다."라고 말하였다.[94]

미국은 한국전쟁이 발발하자 이와 같이 신속한 조치를 취하였다. 미국은 전쟁 이전 수립되었던 주한외국인 철수를 위해 해·공군을 투입하여 철수를 엄호하였고, 한국군에 필요한 탄약수송을 지원하였다. 미국은 한국문제를 유엔에서 해결하기 위해 노력하였다.

그 결과 미국은 한국 사태를 유엔안보리에 상정하여 미 지상군이 참전할 수 있는 법적 근거를 마련할 수 있었다. 유엔안보리의 결의에 따라 미국 전쟁지도부는 한국 상황을 다각적으로 분석하면서 제3차 세계대전의 방지와 제2차 세계대전에서의 역사적 교훈에 준거하여 참전을 결정한 후 맥아더 장군 휘하의 주일 미군을 한반도에 신속히 전개하도록 조치하였다.

---

93) U. S. Department of State, *The Department of State Bulletin*(Washington, D.C.: Government Printing Office, 1950), p.24.

94) *New York Times*, July 1, 1950, p.6.

전쟁 기간 전쟁지도부의 역할은 대통령의 지시에 따라 국가안보
회의에서 담당하여 전쟁정책과 전략을 수립하였고, 합동참모본부를
통해 전구 사령관에게 지시하여 전쟁을 수행해 나갔다.

이 같은 방식으로 미국의 지상군 참전결정이 신속하게 이루어짐
으로써 북한군의 남진을 저지할 수 있는 여건을 조성하게 되었다.

제4절 미국 해군과 공군 부대 한국전선 전개

1. 미 해군의 한반도 전개와 활동

한국전쟁이 발발할 때, 미 극동해군은 극동군사령부(FECOM: Far
East Command)의 일부였다. 당시 극동해군에는 상륙부대의 핵심인
제90기동부대와 소수의 전투함정을 보유하고 있는 제96기동부대가
있었다.

미국 극동해역에서 미 해군의 주력은 미 제7함대였는데, 이는 일
본에서 1,700마일 떨어져 있는 필리핀에 주둔하고 있었다. 또 제7
함대는 하와이 호놀룰루에 사령부를 둔 미 태평양 함대사령부의
작전통제를 받고 있었다.

이 외에도 극동해역에는 영국과 오스트레일리아의 함정들이 활
동하고 있었다. 그러나 제7함대는1950년 6월 27일부터 한국전쟁을
위해 극동해군의 작전통제를 받게 되었다.

1950년 7월 10일 극동군사령부가 유엔군사령부 임무를 겸하게

되자 극동해군사령부도 유엔사의 일부로서 임무를 수행하게 되었다. 1950년 7월 14일 한국의 작전지휘권이 유엔군사령부로 이양됨에 따라, 미 극동해군사령부는 이때부터 한국 해군에 대한 작전지휘권을 행사하게 되었다.[95]

미 극동해군 사령관은 유엔군 사령관과 미 극동군 사령관의 해군에 관한 보좌 임무뿐 아니라 태평양상에서 해상수송근무부대(MSTS: Military Sea Transport Service)의 업무를 조정하는 역할도 수행하였다.

초대 극동해군 사령관은 터너 조이(C. Turner Joy) 해군 중장이었다. 그는 1949년 8월 26일 극동해군 사령관에 임명된 이래 공산군과 휴전회담 개최 시에는 유엔군 휴전회담 대표로 활동하였다.

그는 1952년 6월 4일까지 극동해군 사령관 직책을 수행하였다.[96] 조이 제독의 후임에는 1918년 미 해군사관학교를 졸업한 로버트 브리스코우(Robert P. Briscoe) 해군 중장이 임명되어 1954년 4월 2일까지 그 직책을 수행하였다.

한국전쟁 기간 중 미 극동해군은 4개의 작전사령부를 통제하였다. 미 제7공격함대(Seventh Fleet Striking Forces)로 알려진 제77기동부대(TF-77)는 빠른 항공모함을 이용하여 한국의 동해안에서 주로 작전 활동을 하였다.

봉쇄 및 호위함대(Blockade and Escort Force)로 알려진 제95기동부대는 주로 유엔군 참전국 해군으로 구성되었는데 주로 한국 서해안에서 활동하였다. 또한 이들 부대에는 동해안에서 활동하는 해군부대, 소해함대 그리고 한국 해군도 포함되었다. 극동상륙군(Amphibious

---

95) Summers, *Korean War Almanac*, p.197.

96) C. Tuner Joy, *How Communist Negotiate*(New York: Macmillan, 1954).

Force Far East)으로 알려진 제90기동부대는 포항(浦港)상륙작전, 원산(元山)상륙작전, 인천(仁川)상륙작전, 그리고 흥남(興南)철수작전을 훌륭하게 수행하였다. '주일 미 해군(Naval Force Japan)'으로 알려진 제96기동부대는 대잠수함 활동과 일본 내 미 해군기지에 대한 방호임무를 수행하였다.[97]

한국전쟁 발발 당시 미 해군이 보유하고 있는 항공모함은 총 15척이었다. 여기에는 7척의 공격용 항공모함(CVA), 4척의 경함공모함(CVL), 4척의 호위 항공모함(CVE)이 있었다.[98] 미 항공모함들은 제2차 세계대전 후 대부분 퇴역당했다.

그러나 미 항공모함은 한국전쟁이 종결될 1953년 무렵에는 무려 34척으로 증가하였다. 이들 항공모함으로는 CVA 17척, CVL 5척, 그리고 CVE 12척이 있었다. 한국전쟁 중 제77기동함대에 배속된 미 해군의 공격용 항공모함(CVA) 11척은 주로 한국 동해안에서 활동하였다.

미국 해군의 항공모함으로는 앤티탬(Antietam, CVA 36)호, 복서(Boxer, CVA 21)호, 본 홈 리차드(Bon Homme Richard, CVA 31)호, 에섹스(Essex, CVA 9)호, 커사지(Kearsarge, CVA 33)호, 레이크 챔플레인(Lake Champlain, CVA 39)호, 레이테(Leyte, CVA 32)호, 오리스카니(OrisKany, CVA 34)호, 필리핀 시(Phillippine Sea, CVA 47)호, 프린스턴(Princeton, CVA 37)호, 밸리 포지(Valley Forge, CVA 45)호이다.

이들 항공모함과 제24항모항공단(Carrier Air Group, CAG)은 한

---

97) Summers, *Korean War Almanac*, p.42.
98) *Ibid*.

국해역에서 해군 예비항공편대(squadron) 22개 편대를 포함하여 총 100개의 편대를 발진(發進)시켰다.

이 밖에 미 제95기동함대에 배속된 경함공모함(CVL)과 호위 항공모함(CVE)이 해병항공편대와 함께 임무를 수행하였다. 이들 항공모함은 주로 한국의 서해안에서 해안봉쇄와 함정 호위임무를 수행하였다.

이들 항공모함으로는 바이로코(Bairoco, CVE－115)호, 배둥스트레이트(Badoeng Strait, CVE－116)호, 렌도바(Rendova, CVE－114), 바탄(Bataan, CVL－29), 시실리(Sicily, CVE－118)호 등 5척이다.

미 제95기동함대에 배속된 유엔군 항공모함으로는 호주의 시드니(Sydney)호 1척과, 영국의 글로리(Glory)호, 오우선(Ocean)호, 테제우스(Theseus)호, 트럼프(Triumph)호 등 4척이 있었다.[99]

이에 반해 북한 및 이를 지원하는 소련과 중공은 항공모함을 보유하고 있지 않았다. 미국의 항공모함은 미국이 한국 해안에서 제해권을 장악하는 것뿐만 아니라 지상작전에도 크게 기여하였다.

해상수송근무부대(MSTS)는 1947년 미 국가안전보장법에 따른 합동군수기구 설치에 의거 1949년 10월에 창설되었다. 창설 당시 해상수송근무부대는 구(舊) 해군수송근무단과 해외병력 수송임무를 전담했던 육군수송단(ATC: Army Transportation Corps)의 장비와 기능을 흡수하여 설치되었다.

해상수송근무부대는 전세 선박, 해군 소속 선박, 국가 소속의 수송선과 화물선, 그리고 국방부 원유공급청(MPSA: Military Petroleum Supply Agency)의 유조선 등으로 편성되었다.

---

99) *Ibid.*, pp.42, 321－324.

이 외에도 해상수송근무부대는 12척의 화물선과 39척의 상륙용 함정(LST: Landing Ship Tanks)을 보유하고 있는 일본선박관리청(SCAJAP: Shipping Control Administration Japan)을 통제하고 있었다.

한국전쟁에서 시간-거리 요인은 매우 중요하였다. 미국의 샌프란시스코와 부산 간의 약 9,100㎞라는 거리와 파나마와 부산 간의 15,000㎞는 짧은 거리가 아니었다.

그 당시는 아직 대륙횡단 항공비행의 경륜이 짧아 미국에서 한국으로의 병력 및 물자 수송은 주로 선박을 이용하였다. 가장 대표적인 것이 제187공수연대전투단도 한국으로 이동 시 선박을 이용하여 한국에 투입되었다. 제187공수연대전투단은 1950년 9월 6일 캘리포니아에서 출항하여 9월 20일에야 비로소 일본에 도착하였다.

한국전쟁 기간 중 해상수송근무부대는 화물 52,111,209톤, 유류(油類) 21,828,879톤, 그리고 인원 4,918,919명을 수송하였다.[100] 미국의 장비 및 병력 수송능력은 한미연합군이 시간을 얻기 위해 공간을 내주는 힘겨운 지연작전에서 승리를 할 수 있는 여건을 조성하여 주었다.

이를 통해 미국은 한국군에 대한 군수지원뿐 아니라 반격에 결정적인 역할을 한 인천상륙작전의 신화를 낳게 하였다.

이렇듯 한국전쟁 기간 미 해군은 한국 해역에 수없이 많은 항공모함, 전함(battleship), 순양함, 구축함, 소해함(mine sweeper), 그리고 기타 함정들을 한국 인근 해역에 배치하였다. 해군은 인천상륙작전을 비롯하여 흥남철수작전, 적 보급 및 병참선 차단작전, 그리

고 해군 항공과 함포(艦砲)를 이용하여 지상군 부대에 대한 화력지
원을 제공하였다.[101]

한국전쟁 동안 미 해군 항공대는 지상 기지 해병대 항공기를 포
함하여 275,912회의 출격임무를 수행하였고, 178,390톤의 폭탄,
274,189발의 공대지(Air - to - Ground) 미사일과 71,000,000발의 탄
약을 발사하였다.

이러한 공격으로 미 해군은 적 사살 86,262명, 건물파괴 44,828
동, 기관차 390대, 철도차량 5,896량, 자동차 7,437대, 교량 2,005
개, 전차 249대, 발전소 33개, 보급품 저장소 1,900개, 선박 2,464
척 등을 파괴하였다.

이처럼 미 해군 항공대는 미 공군의 출격 횟수 392,139회 중 약
70%에 달하는 275,912회를 제공하였다. 이 중 차단작전 40%, 근
접항공지원 53%, 공중전 36%, 정찰활동 30%, 대잠초계활동 100%
를 수행하였다.

미국 해군 전함도 소화기로부터 16인치 포에 이르기까지 4백만
말의 포탄을 발사하여 건물 3,334동, 선박 및 단정 824척, 기관차
14대, 트럭 214대, 전차 15대, 교량 108개, 보급품 저장소 93개, 인
원 살상 28,566명에게 피해를 주었다.[102]

한국전쟁 기간 중 미 해군 함정 73척이 적 해안 포대에서 발사
한 화력과 기뢰(機雷)에 의해 피해를 입었고, 4척의 소해함정과 1
척의 원양 예인선이 적의 기뢰에 의해 침몰되고, 5척의 함정은 피
해를 입었다.[103]

---

101) *Ibid.*, p.199.

102) *Ibid.*, p.65.

또 한국전쟁 동안 미 해군과 해병대의 항공기 피해는 684대로 이 중 599대는 적의 대공화기에 의하여 피해를 입었고, 나머지 85 대는 적의 공격과 관계없는 다른 원인에 의해 피해를 보았다. 피해를 입은 항공기 종류로는 전투기 400대, 공격용 항공기(attack aircraft) 140대, 관측기 12대, 헬기 8대, 초계기 2대, 순찰기 1대, 수송기 1 대 등이다. 작전 및 전투 활동 중 승무원의 피해는 약 10%에 달하였다.104)

미 해군은 1950년 6월 25일부터 1953년 7월 27일까지 한국전쟁에 참전한 미군 전체 병력 178만 9천명 가운데 전사 364명을 비롯하여 전체 사망 492명의 인명피해를 입었다.105)

2. 미 공군의 한반도 전개와 활동

한국에서 전쟁이 발발하자 극동공군은 워싱턴의 지침에 따라 최초 미국 민간인의 철수와 한국군을 위한 탄약 공수에 주력한 다음 38도 선 이남의 목표물에 대해 공격했다.

이후 미 극동공군은 작전 활동을 북한지역으로까지 확대하여 임무를 수행하였다. 1950년 6월 26일 북한 야크기가 민간인 철수에 분주한 미군 수송기를 공격하자 초계 중이던 F-82전투기가 공중전을 전개하여 북한군 전투기 3대를 격추했다.106)

---

103) *Ibid.*

104) *Ibid.*, p.42.

105) Spencer C. Tucker, *Encyclopedia of the Korean War: A Political, Social, and Military History*(New York: Facts & File, 2002), p.100.

미 극동공군은 한국전쟁을 수행하는 과정에서 일본에 있는 15개의 공군기지를 이용하였다. 한국 내에서는 55개의 비행장을 보수하거나 새로 건설하여 이용하였다.

이 중 평양에 설치된 K-24 기지처럼 북한에 있는 공군기지는 포기하였다. 이들 한국 내 공군기지는 지역 명칭보다는 숫자 명으로 더 잘 알려져 있다. 한국전쟁 중 공중 작전에 대한 지휘 및 통제는 단일화되었다.

일본에 주둔하고 있던 미 극동공군사령부는 4개의 예하부대를 통제하여 한국에서의 모든 공중작전과 일본에 대한 공중방위임무를 수행하였다. 미 극동공군에 소속된 예하 부대로는 제5공군, 폭격사령부, 제314 항공사단(일본 공중방위군), 제315항공사단(전투화물사령부) 등 4개 항공부대였다.

한국전쟁 발발 당시 미 극동공군은 일본 동경에 사령부를 두고 있었다. 미 극동공군 사령관은 극동군 사령관과 유엔군 사령관에게 공군작전에 대해 보좌하고 항공수송근무부대(MATS: Military Air Transport Service)의 업무를 조정하며, 책임지역 내에서 해군 및 해병대 항공부대의 임무를 조정하고 통제하였다.

한국전쟁 발발 당시 극동공군 사령관이었던 조지 스트레이트메이어(George E. Stratemeyer) 장군은 1951년 5월 심장마비로 물러날 때까지 11개월간 한국전선에서 미 공군을 지휘하였다.

스트레이트메이어 장군은 미국 대통령을 지낸 아이젠하워 장군과 브래들리 합참의장의 웨스트포인트 동기생이었다.[107] 그의 후임

---

106) 空軍本部, 「UN 공군사」(서울: 공군본부, 1975), p.32.
107) Matray, *Historical Dictionary of the Korean War*, p.437.

인 오토 웨이랜드(Otto P. Weyland) 장군이 한국전쟁이 끝날 때까지 그 직책을 수행하였다.[108]

한국전쟁 당시 미 극동공군의 주요 부대는 일본 나고야에 주둔한 제5공군, 필리핀 클라크 공군기지에 주둔한 제13공군, 오키나와 카데나 공군기지에 주둔한 제20공군이 있었다.

미 극동공군은 작전지역 고유의 방공임무를 위해 제13공군과 제20공군은 현 주둔지에 위치시켜 임무를 수행하도록 하고, 나고야에 주둔하고 있던 제5공군만을 한국전선으로 이동시켜 작전 활동을 하도록 하였다.

이후 미 극동공군사령부는 한국전쟁을 위해 전략폭격사령부(Bomber Command), 전투화물사령부(Combat Cargo Command, 후에 제315항공사단으로 개칭), 일본항공단(후에 제314항공사단으로 개칭) 등 3개의 주요 공군부대를 창설하였다.

그 가운데 전략폭격사령부는 미 본토의 전략공군사령부(SAC: Strategic Air Force)에서 B-29 장거리 중폭격기를 배속받아 편성한 부대였다.[109]

미 전략폭격사령부는 미 극동공군사령부의 주요 예하 부대 중 하나이다. 전략폭격사령부는 1950년 7월 18일 일본 요코다 공군기지에 본부를 두고 창설되었다. 한국전쟁 당시 괌(Guam)에 위치한 제20공군 예하의 앤더슨 공군기지에는 B-29 중폭격기를 편제로 하는 제19전략폭격비행대가 있었다. 이들 B-29 중폭격기들이 1950년 6월 29일 오키나와의 카데나 공군기지로 이동하여 한국 상공에서 공중작전을 실시하였다.

---

108) *Ibid.*, p.527.

109) Summers, *Korean War Almanac*, p.110.

그러나 오키나와의 나하에 사령부를 두고 있는 제20공군은 오키나와와 마리아나 제도에 대한 영공방공 임무 때문에 미국 본토에 있는 전략공군사령부(SAC)의 제15공군으로부터 위임받은 2개의 B－29 중폭격기비행대에 대한 통제가 불가능하였다.

미 극동공군은 이러한 상황을 고려하여 전략폭격사령부를 조직하게 되었다. 전략폭격 사령관에는 에메트 오도넬(Emmett O'Donnell) 소장이 임명되었다. 전략폭격사령부는 전략공군사령부의 B－29 중폭격기 부대인 제98·307폭격비행대로 편성되었다. 각 비행대는 31대의 B－29 중폭격기를 보유하고 있었다. 이때부터 B－29 중폭격기는 주간에 북한의 군사시설, 군수산업시설, 도로, 병참선 등을 폭격하였다.

그 후 1950년 9월 26일 흥남 내륙에 위치한 수력발전소에 대해 B－29 중폭격기 8대를 동원하여 공습한 것을 끝으로 전략 폭격은 중단되었다.[110]

그 후 중공군의 개입으로 잠시 중단되었던 전략폭격은 1950년 11월 3일 다시 재개되었다. 이때는 전투 폭격기, 제5공군의 B－26 경폭격기, 항공모함 탑재 전투기, 전략폭격사령부의 B－29 중폭격기가 북한 지역의 압록강 철교를 비롯한 병참기지에 대해 공습을 가하였다.

1950년 11월 8일 B－29 중폭격기 70대가 중공군의 주요 도하지점인 신의주에 585.5톤의 폭탄을 퍼부었다. 다른 B－29 중폭격기 9대는 2개의 압록강 다리에 1,000파운드 폭탄을 투하했다. B－29 중폭격기에 의한 주간 전략폭격은 1951년 10월 28일 끝으로 중지되었다. 이후부터 전략폭격사령부는 야간 작전만 실시하였다.[111]

---

110) 남정옥, 「한미군사관계사」, p.439.

1952년 전략폭격사령부는 트루먼 대통령의 승인을 받아 북한지역에 있는 수력발전소 4개에 폭격을 감행하여 북한 전력 공급의 90%를 차단하게 되었다. 한국전쟁 중 마지막으로 실시한 주요 폭격으로는 1953년 5월에 북한의 식량 공급에 차질을 주고 그들을 협상 테이블로 끌어내기 위하여 실시한 관개시설 댐에 대한 폭격을 들 수 있다.

1953년 7월 20일 야간, 전략폭격사령부는 B-29 중폭격기를 이용하여 의주, 신의주, 태천, 평양 등의 철로에 500파운드 폭탄을 투하하였다. 7월 21일 밤에는 B-29 중폭격기 18대가 의주 지역에 대규모 공습을 하였다. 그 결과 전쟁이 끝났을 때, 북한 지역 내 비행장들은 제트 비행기가 착륙할 수 없을 정도로 초토화되었다.

1950년 6월 한국전쟁 발발 이후 미 극동공군은 44개 편대, 657대 항공기, 33,625명의 공군 장병을 보유하고 있었으나, 한국전쟁이 끝날 무렵에는 69개 편대, 1,536대의 항공기, 112,188명의 공군 장병으로 확대되었다.

한국전쟁 기간 중 미 극동공군은 720,980회의 출격을 수행하였다. 여기에는 제5공군이 적기 950대를 격추하는 데 66,997회의 출격, 전략폭격사령부와 제5공군의 폭격기와 전투기가 수행한 공중차단작전에 192,581회의 출격, 근접항공지원에 57,665회의 출격, 전투화물수송사령부의 화물수송에 181,650회의 출격, 기타 항공정찰 및 훈련에 222,078회의 출격이 있었다.[112]

그 과정에서 미 극동공군은 폭탄 460,000톤, 네이팜탄 32,357톤,

---

111) *Ibid.*, pp.439-440.
112) Summers, *Korean War Almanac*, p.110.

로켓탄 313,600발, 연막로켓탄 55,797발, 기관총탄 166,853,100발을 발사하였다.

그 결과 1950년 6월 26일부터 1953년 7월 27일까지 미 공군, 해병대, 그리고 기타 유엔공군 조종사들은 전차 1,317대, 차량 882,920대, 기관차 967대, 철도차량 10,407개, 교량 1,153개, 건물 118,231동, 터널 65개, 대포진지 8,663개, 벙커 8,839개, 유류저장소 16개, 선박 593척, 적 184,808명을 사살하였다.[113] 전쟁 중 미 극동공군은 1,466대의 비행기를 잃었다.

이 외에도 미 극동공군의 작전통제를 받았던 유엔공군 항공기 152대와 미 해병대항공대 항공기 368대가 피해를 입었다. 이들 피해를 입은 1,986대의 항공기 가운데 945대는 적의 공격과 무관한 기체 사고나 공중충돌 등으로 인해 손상을 입은 것이었고, 나머지 1,041대의 항공기는 적과의 전투에서 피해를 입은 것이었다.

이 중 적과의 공중전에서 147대를 비롯하여 적의 지상화기에 의해 816대, 기타 적과의 교전에 의해 78대가 피해를 입었다.[114] 한국전쟁 동안 미 공군은 198명의 전사자를 비롯하여 총 1,198명이 사상을 당하였다.

한국전쟁에서 미 극동공군의 활동은 전쟁에 지대한 공헌을 하였다. 미 극동공군은 한반도 상공에서 한국 육군 및 유엔군 지상군을 지원하였다. 그중 가장 많은 활동을 하였던 미 제5공군은 지상군에 대한 근접항공지원과 적 보급 및 병참선 차단작전을 지원하였다.

전투화물사령부(Combat Cargo Command)는 환자공중수송과 공중보

---

113) *Ibid.*, p.111.

114) *Ibid.*

급작전을 담당하였고, 항공수송사령부(Military Air Transport Command)
는 병력과 장비, 그리고 군수물자를 전장으로 수송하였다.

미 극동공군은 제공권을 장악한 가운데 제5공군의 B - 26 경폭격
기와 극동공군 폭격사령부의 B - 29 중폭격기를 이용하여 북한지역
에 있는 군사시설과 북한 만주 사이 압록강을 따라 연해 있는 교량
과 수력발전소를 포함한 산업시설을 폭격하여 적의 전쟁잠재능력
을 파괴하였다.115)

제5절 미국 지상군 부대의 한반도 전개와 작전 활동

1. 미 극동군 사령관 맥아더 장군의 증원요청과 미국의 조치

미 극동군 사령관 더글라스 맥아더(Douglas MacArthur)116) 원수

---

115) *Ibid.*, pp.43 - 44.

116) 맥아더 장군은 1880년 미국 남북전쟁의 영웅인 아서 맥아더(Arthur MacArthur) 육군 중장의
아들로 태어나 미 육군사관학교를 수석으로 입학하여 수석으로 졸업한 수재였다. 그는 제1차
세계대전 때 미국이 유럽에 군대를 파견하자, 미 제42사단의 참모장·여단장·사단장 직책을
뛰어난 용기와 리더십을 발휘하여 훌륭하게 수행함으로써, 전쟁 이전 소령에서 일약 장군인 준
장으로 파격적인 진급을 하였다. 그는 소위로 임관한 지 불과 16년 만에 장군으로 진급하였다.
제1차 세계대전이 끝난 후, 그는 최연소로 미 육군사관학교장을 역임하고, 1930년에는 미 육
군 사상 최연소 참모총장에 임명되어 5년간 복무하였다. 1937년 그는 미군에서 예편하고 나서
일찍이 그의 아버지가 총독으로 지냈던 필리핀에 군사고문관(필리핀이 부여한 육군 원수)으로
활동하였다. 그는 1941년 일본의 진주만 기습으로 태평양 전쟁이 일어나자 현역으로 소환되어
일본을 상대로 태평양 전쟁을 승리로 이끌었다. 승리를 눈앞에 둔 1944년 12월 맥아더 대장
은 루스벨트 대통령에 의해 육군 원수(元帥)로 승진하는 영예를 누렸다. 제2차 세계대전 이후,
맥아더 장군은 패전국 일본에 대한 점령임무를 수행하는 최고사령관으로서 주일 미군 사령관
겸 극동군 사령관의 임무를 수행하고 있었다. 맥아더에 대해서는 다음의 문헌을 참고할 것.
Douglas MacArthur, *Reminiscences*(New York: Mcgraw Hill, 1964); Courtney Whitney,
MacArthur: His Rendezvous With History(New York: Knopf, 1956); D. Clayton James,

는 한국전쟁 초기 가장 신속한 병력 투입만이 북한군을 격퇴할 수 있을 것으로 판단하고 이에 대한 조치를 워싱턴에 요구하였다.

맥아더 장군은 1950년 7월 13일 도쿄를 방문한 육군참모총장 콜린스 대장과 공군참모총장 반덴버그 대장에게 "한국전쟁에서 승리를 빨리 달성하기 위해서는 미국이 얼마나 빨리 증원병을 보내 주느냐 하는 속도에 달려 있다. 8월까지 일본에 있는 잔여병력은 모두 한국에 파견될 것이기 때문에 만약 미 본토로부터 충분한 증원병력을 보내지 않는다면 그 결과는 비관적이 될 것"이라고 말하면서 병력 증원의 중요성을 강조하였다.[117]

또한 맥아더 장군은 "북한군의 진격속도를 지연시키기 위해 주일 미군의 모든 병력과 장비를 투입하여 필사적인 지연작전을 펼 수밖에 없다."고 말했다. 이를 위해 그는 "비록 주일 미군이 전투임무수행을 위한 편성이 아니고 점령임무수행을 위해 편성되었지만 조기에 투입시켜야 한다."고 말하였다.[118]

맥아더 장군은 이 자리에서 한국에서의 승리가 다른 어떤 것보다 더 효과적으로 세계 공산주의 팽창을 억제할 수 있을 것이라고 말하였다. 그는 콜린스 육군참모총장에게 한국전선에서의 신속한 병력 증강의 필요성에 대해서도 역설하였다.

맥아더 장군은 "세계를 하나의 수도(首都)로 비유하고, 수도에 불이 났을 경우 화재진화 우선순위가 1~4번까지 있는 상황에서

The Years of MacArthur: Triumph And Disaster, 1945~1964(Boston: Houghton Mifflin, 1985); William Manchester, *American Caesar: Douglas MacArthur, 1880~1964*(New York: Dell, 1978); Michael Schaller, *Douglas MacArthur: The Far Eastern General*(New York: Oxford University Press, 1989); John Gunther, *The Riddle of MacArthur*(New York: Harper and Bros, 1951).

117) Schnabel, *Policy and Direction*, p.106.
118) Schnabel, *Policy and Direction*, p.106.

우선순위가 떨어지는 4번 지역에서 불이 났다고 해서 1번 지역에 사용될 화재진압장비를 사용하지 않을 수 있느냐"고 반문하면서, "이제 소화 장비를 우선순위가 4번째인 지역으로 보내야 할 것이다."라고 말하였다.[119] 여기서 맥아더가 말한 1번 지역은 서유럽지역이고, 4번 지역은 극동의 한반도임을 알 수 있다.

한국전쟁 초기 미 합참의장 브래들리 장군도 "미국이 어느 지역에서든지 공산주의자들의 침략행위에 어떤 명백한 선을 그어야 하는데, 바로 그 지역이 한국"이라고 하였다. 또한 그는 "소련이 미국과 싸우려고 준비를 갖추고 있다고는 생각하지 않고, 단순히 미국의 결의를 시험해 보는 행위로 본다."고 말하였다.[120]

트루먼 대통령도 "그의 견해에 전폭적으로 동의하면서, 북한이 유엔의 결의안에 전혀 주의를 기울이지 않을 것이라 믿고 있으며, [이에 따라] 유엔이 군사력을 사용해야 될 것"이라고 말하였다.[121]

맥아더 장군은 한국 사태를 해결하기 위해 여러 차례에 걸쳐 미국의 투입 규모에 대해 자신의 입장을 밝혔다. 그가 요구한 병력 수는 시간이 흐를수록 점차 늘어났다. 이는 북한이 그토록 잘 훈련되고 군기가 엄정하고 전투준비가 잘된 부대라고 맥아더가 미처 판단하지 못한 결과였다.[122]

한국전쟁 초기 맥아더가 판단한 병력 수준은 전쟁목표를 달성하는 데 적합한 수준이 못 되었다. 그러나 적의 화력과 위협에 대한 맥아더의 판단은 비교적 정확했다. 맥아더 장군은 한국에서 작전

---

119) *Ibid.*, p.107.

120) Truman, *Years of Trial and Hope*, p.335.

121) Truman, *Years of Trial and Hope*, p.335.

122) Ridgway, *The Korean War*, p.22.

활동을 지휘하고 있던 존 처치(John H. Church) 준장과 윌리엄 딘 (William F. Dean) 육군 소장의 보고를 받고 난 후 사태의 심각성을 깨달았다.

그러나 맥아더 장군으로서는 그 정도가 어느 정도인지를 가늠하기가 어려웠다. 한국전쟁 초기 맥아더 장군은 북한군의 전반적인 공격능력을 정확히 평가할 수가 없었기 때문에 적을 저지하는 데 필요한 병력 규모를 점차 늘려 갔다.

맥아더 장군은 1950년 6월 29일 한강방어선을 시찰하고 난 후 작성한 보고서에서 "……현재의 전선을 고수하고 차후에 빼앗긴 땅을 다시 찾을 능력을 갖추기 위해……[필요한 지상군 규모는] 미군 1개 전투단 및 2개 사단이 될 것이다."라고 판단했다.[123]

1950년 6월 말경 맥아더 장군은 한국에서 질서를 회복하는 데 2개 사단이면 충분할 것으로 생각했다. 그러나 맥아더 장군은 그해 7월 5일 스미스특수임무부대(Task Force Smith)가 오산전투에서 실패하자 이를 다시 고려하게 되었다. 그는 합참에 보낸 보고서에서, "북한군은 전차로 증강된 잘 훈련된 병사로 구성되었으며, 북한군의 장비 중에는 미군의 것보다 우수한 것이 있으며, 적 지휘관의 지휘능력도 뛰어나다. 북한군을 저지하고 격퇴키기 위해서는 완전편성의 4개 사단 내지는 4.5개 사단, 1개의 공수연대전투단, 1개 기갑부대가 필요하다."고 말하였다.[124]

1950년 7월 8일 맥아더 장군은 미 제24사단장 딘 장군으로부터 보고를 받고 생각을 바꾸게 되었다. 딘 장군은 맥아더에게 "북한군

---

123) Schnabel, *Policy and Direction*, p.57.

124) *Ibid.*, pp.83－84.

과 그의 병사들, 그리고 그들의 장비와 훈련 상태가 매우 낮게 평가되었다."[125]라고 보고하였다.

이에 맥아더 장군은 미 합참에 병력 규모를 기존에 비해 2배로 늘려 요청하면서 "한국의 사태는 매우 심각하며 그곳에는 이미 대규모 작전이 전개되고 있다. 나[맥아더]는 전에 요청한 병력에 부가해서 모든 지원부대를 갖춘 4개 사단의 병력이 지체 없이 모든 가용한 수송수단을 이용하여 투입되어야 한다고 말하였다."고 하였다.[126]

또한 맥아더 장군은 콜린스 참모총장과의 회담을 할 때에도 한국전쟁에 필요한 전력규모는 1개 야전군사령부와 8개 보병사단이 더 필요하다고 하였다.[127] 이를 종합해 볼 때 맥아더 장군은 한반도에서 미국의 군사목표를 달성하는 데 필요한 전력은 1개 야전군사령부를 포함, 8~8.5개 전투사단, 그리고 이를 지원하는 전투 및 전투근무지원부대로 판단하였던 것으로 보인다.

실제로 한국전쟁 기간 동안 한국에는 최초 맥아더 장군이 판단했던 1개 야전군, 3개 군단, 9개 사단이 한반도에 전개되어 작전을 수행하였다.

맥아더 장군의 병력 증원 요청은 전쟁 준비가 되어 있지 않은 미국의 병력 수급에 커다란 차질을 가져왔고, 급기야는 미 본토 및 서유럽 방위에까지 영향을 주게 되었다.

맥아더 장군의 요청에 따라 수천 명의 장교와 사병이 미 본토에서 극동으로 파견되면서 미국의 방위에 허점이 생기게 되었다. 또한 이는

---

125) *Ibid.*
126) *Ibid.,* p.85.
127) *Ibid.,* p.107.

미국의 사활적 이익지대인 서유럽 방위에도 영향을 주게 되었다.

미국 국방부는 최초 한국에서 전쟁이 발발하자 이는 미국의 전쟁계획에서 언급하고 있는 전면전과는 거리가 먼 것이라고 생각하였다. 그러나 국방부는 한국에서 벌어진 1개월간의 전투를 보고 나서 상당 규모의 지상군 병력이 필요하다고 판단하였다.

이에 따라 미국 국방부는 필요한 병력동원의 규모를 결정하고, 국민들의 경제적 피해를 최소화하면서 전투능력을 신속히 회복할 수 있는 방안을 모색하게 되었다.

미국의 전쟁지도부도 미국의 세계전략 수행에 지장을 주지 않으면서 한국에 필요한 증원 병력을 파견하는 방안을 강구하게 되었다. 또한 육군 수뇌부도 "미국의 안보에 영향을 주는 위협에 대비하여 가능한 한 빠른 시일 내에 전반적인 육군의 확장계획에 대한 목표를 수립하고, 병력의 획득, 훈련을 위한 수용능력, 산업동원의 기준을 설정해야 될 것"이라고 판단하였다.[128]

이에 미 육군에서는 인가병력의 증원을 대통령에게 건의하여 계속 확대해 나갔다. 육군은 부족한 인가병력을 보충하기 위해 지원병, 징집병, 소집병, 주방위군 등에서 충원해 나갔다.

한국전쟁 발발 당시 미 육군부는 우선 지원병에 의해 병력을 보충하다가 점차 의무병확대법으로 충원하였다.[129] 이를 위해 미 의회는 트루먼 대통령에게 1951년 7월 9일 이전 전역하는 병사들을 1년간 더 복무하도록 할 권한을 부여하였다. 또 선별징병제(Selective Service System)에 따라 5만 명의 장정들을 소집하여 보충해 나갔다.

---

128) *Ibid.*, pp.118 − 119.

129) Public Law 599, 81st Congress.

한국전쟁 동안 미 육군은 주방위군(National Guard)과 육군 예비군을 소집하여 병력을 충원하였다. 한국전쟁 발발 당시 미 육군 예비군에는 주방위군 324,761명을 포함하여 591,487명이 있었다. 또한 934개 부대에 편성된 184,015명의 현역 예비군이 있었다.

이 외에도 324,602명의 비현역지원예비군(Inactive Volunteer Reserve)과 91,800명의 비현역 예비군이 있었다.

1950년 8월 14일 육군 주방위군 27개 사단 중 8개 사단과 20개 연대전투단 중 3개 연대전투단을 포함하여 1,457개의 주방위군 부대가 동원되었다. 이들 부대로는 제28 · 31 · 37 · 40 · 43 · 44 · 45 · 47 보병사단과 3개 연대전투단, 그리고 43개 대공포대대이다. 육군의 주방위군은 138,600명의 장병이 연방군으로 소집되어 활동하였다.

소집된 주방위군 사단 중 미 제40사단과 제45사단이 한국전선에 투입되었고, 제28사단과 제43사단은 유럽의 나토(NATO) 방위를 위해 파견되었다.

1950년 동원령에 따라 육군 예비군은 6,687개 부대 중에서 934개 부대가 현역으로 소집되었고, 이에 따라 장교 46,920명, 사병 150,807명 등 총 197,727명이 동원되었다. 전쟁 기간 동안 미 육군 예비군은 전쟁 초기 현역으로 전환된 43,000명의 예비역 장교를 포함하여 244,300명의 장병이 소집되어 임무를 수행하였다.[130]

한국전쟁 시 미국 해군은 병력보다는 퇴역했던 군함 등 장비에 대한 보충에 중점을 두었다.

1950년 7월 25일 미 해군참모총장은 예비항공모함 프린스턴(Princeton)함을 현역으로 취역시킬 것을 명령하였다.[131]

---

130) Summers, *Korean War Almanac*, pp.190 – 191.

1950년 8월 28일 수많은 예비군들과 함께 재취역하게 된 프린스턴함은 1950년 11월 27일 한국해역으로 출항하였다. 1951년에는 순양함 본 홈 리차드(Bon Homme Richard)함, 에섹스(Essex)함, 그리고 앤티템(Antietam)함이 재취역하게 되었다. 한국전쟁 기간 중 약 22개 해군예비 전투기편대가 제7함대기동군(Striking Force)에 현역으로 편입되어 한국 상공에서 전투임무를 수행하였다.[132]

미국 공군도 한국전쟁 초기 트루먼 행정부의 예산 삭감으로 고통을 받고 있었다. 미 공군참모총장 반덴버그 장군이 표현한 것처럼 구두끈을 졸라매듯 삭감된 적은 예산이 공군에 할당되었었다.

그 결과 미 공군은 미 극동공군이 요청한 전천후 기종인 F-80과 F-81 최신예 전투기 대신 공군 주방위군(Air National Guard) 소속의 F-51 전투기 145대를 소집하여 한국전선에 보냈다.

또한 제437예비병력수송항공단, 제452예비항공폭격단, 제403예비병력수송항공단을 현역으로 소집하여 극동군사령부로 보냈다. 1951년 공군 주방위군의 제116·제136 전투폭격비행단이 극동군사령부에 보내져 그들의 현역 임무가 만료되는 1952년 7월까지 임무를 수행하였다.

한국전쟁 기간 중 공군은 공군 주방위군 22개 비행단과 공군예비군 10개 비행단, 그리고 10만 명의 공군 예비군을 현역으로 소집하였다.

한국전쟁이 일어났을 때 미국 해병대의 현역은 74,279명이었다. 펜들턴(Pendleton) 캠프에 주둔하고 있는 제1해병사단은 제5해병연대만 보유하고 있었다.

---

131) 남정옥, 「한미군사관계사」, 387.

132) *Ibid.*

　1950년 7월 제5해병연대가 제1임시해병여단의 모체가 되어 한국으로 출발할 때, 전 세계에 주둔하고 있던 다른 해병부대들은 제1해병사단을 창설하기 위해 해체되었다.

　1950년 6월 30일 의회는 '1950년 선별징집확대법안'(Selective Service Extension Act of 1950)을 통과시켰다.[133] 이 법은 대통령에게 편성예비군(ORC: Organized Reserve Corps)과 주방위군(NGUS: National Guard of United States) 부대들에 대해서 개별 또는 부대단위로 21개월 동안 현역 연방군으로 소집할 수 있는 권한을 부여하였다.

　이에 따라 해병대는 해병편성예비군(Organized Marine Corps Reserve)을 현역으로 즉각 소집하는 결정을 내렸고, 1950년 8월 15일에는 해병지원예비군(Volunteer Marine Corps Reserve)을 현역으로 소집하였다.

　1950년 9월 11일 해병편성예비군은 33,528명이 현역으로 소집되었고, 해병지원예비군은 90,044명 중 51,942명이 현역으로 복무하였다. 이들 예비역 중 장교 79%, 사병 77.5%가 제2차 세계대전에 참전한 용사들이었다.[134]

　미국은 한국전쟁수행을 위해서 전쟁목표 달성에 필요한 병력 규모를 판단하고 이에 대한 법을 제정하여 합리적인 조치를 취해 나갔다. 미국이 한반도에 전개시킨 병력 규모는 북한군의 위협과 능력을 충분히 판단한 것으로서 미국은 전쟁이 끝날 때까지 이 수준을 유지하면서 전쟁을 수행해 나갔다. 미국은 한국전쟁 동안 사활적 이익지역인 서유럽을 위험에 빠트리지 않으면서 미국이 수행하고 있는 세계전략에도 차질이 발생하지 않도록 전쟁을 지도해 나갔다.

---

133) Public Law 599, 81st Congress.
134) 남정옥, 「한미군사관계사」, pp.386 - 387.

2. 미국 지상군 부대의 한반도 전개와 작전 활동

한국전쟁 기간 중 한반도에 전개된 미국은 지상군의 부족으로 인해 휴전을 하지 않았다. 미국은 총 지상 전력의 절반 이상을 한반도에 전개하였다.

한국전쟁 동안 미국은 1개 야전군, 3개 군단, 9개 전투사단, 2개 연대전투단, 28개 연대, 80개 보병대대, 54개 포병대대, 8개 기갑대대의 지상군을 투입하여 작전을 수행하였다.

이들 부대로는 제8군, 제1·9·10군단, 제1기병사단을 비롯하여 제2·3·7·24·25·40·45보병사단, 제1해병사단, 제5·29보병연대전투단, 그리고 제187공수연대전투단이었다.[135]

미 지상군은 전쟁 발발 1주일 만인 1950년 7월 1일부터 일본과 미 본토에서 한반도로 전개되었다. 미 지상군은 7월 1일부터 8월 19일까지 50일 동안 미군 4개 사단 및 1개 해병여단(제2·제24·제25보병사단·제1기병사단·제1임시해병여단)과 2개 독립연대전투단(제5·제29보병연대전투단)을 해상을 통해 한국전선에 전개하였다.

그리고 인천상륙작전 개시일인 1950년 9월 15일부터 10월 17일까지 32일 동안 미군 3개 사단(제3·제7보병사단, 제1해병사단)과 1개 독립연대전투단(제187공수연대전투단)이 전개되었다. 또한 8월 3일부터 8월 말까지 전차 6개 대대(제6·제70·제72·제73·제8072전차대대 등) 500대 이상의 전차가 한국에 전개되어 낙동강 방어선에서 북한군의 최후 공세를 저지하였다.[136]

---

135) Summers, *Korean War Almanac*, p.54.

136) 일본육전사연구보급회 편, 육군본부 역, 「韓國戰爭」② (서울 : 육군본부 군사연구실, 1986),

주방위사단인 제40 · 제45보병사단이 1951년 12월과 1952년 1월 한국에 있던 제1기병사단과 제24보병사단과 교대하기 위해 한국전 선에 전개되었다.

미국은 지상군 참전 결정 이전 연합작전 및 작전통제를 위해 극 동사령부 전방지휘소를 한국전선에 파견하였고, 지상군 참전이 결 정된 이후에는 지상군사령부 역할을 하게 될 미 제8군사령부를 전 개하여 한국에서의 작전을 지휘하였다.

맥아더 장군은 1950년 6월 26일 백악관 영빈관인 블레어하우스 에서 열린 안보관계관 회의에서 결정된 '한국에 조사반 파견을 승 인'[137] 받은 후 미 극동군사령부 군수참모차장 처치(John Church) 준장을 단장으로 하는 미 극동군사령부 소속 장교 13명과 사병 2 명으로 구성된 조사반을 파견하였다.[138]

그런데 이날 미 합참으로부터 주한미군에 관한 작전통제권을 부 여받은 맥아더 장군은 조사반의 기능을 단순한 조사에 그치지 말 고 극동군사령부의 '전방지휘소 겸 주한연락단(ADCOM)'의 임무까 지로 확대하여 수행하도록 하였다.[139]

처치 준장은 1950년 7월 1일 육해공군총사령관 겸 육군총참모장 정일권(丁一權) 육군 소장과 충남 대전(大田)의 미 극동사령부 전 방지휘소에서 미 공군의 지원강화와 국군의 재정비, 탄약 및 장비 의 긴급보충 등에 관한 협의를 한 데 이어, 7월 2일에는 스미스 특 수임무부대의 수송 및 배치, 국군과의 작전지역 분담, 장차 작전의

---

p.308.

137) Schnabel and Watson, *History of the Joint Chiefs of Staff*, vol.Ⅲ, Part 1, p.35.

138) *FRUS*, 1950, vol.Ⅶ, Korea, p.210.

139) Appleman, *South to the Naktong, North to the Yalu*, p.43.

구상 등 한·미 간 연합작전에 관해 합의하였다.[140]

1950년 6월 30일 미 지상군 투입이 결정되면서 미 제24보병사단 제21연대 제1대대 소속의 스미스 특수임무부대(Task Force Smith)가 최초로 한국에 파견되었다.

이에 따라 1950년 7월에는 우선 일본 주둔 미 극동군 소속 육군부대들이 전개되기 시작하여 미 제24사단 본대(本隊)를 비롯해 제25사단과 제1기병사단이 전개되었다.

특히 이 기간 중에는 한국전선에서 한국군과 미군을 비롯하여 유엔지상군을 지휘하게 될 미 제8군사령부가 이동함으로써 한국전쟁은 본격적인 한미연합전선 체제를 형성하게 되었다.[141]

1950년 8월에는 미 본토에서 동원된 증원 병력인 미 제2사단과 8월 2일 본토에서 재창설된 제1군단 사령부가 전개되었다. 세기의 도박으로 알려졌던 인천상륙작전이 감행된 9월에는 상륙기동부대 지휘부인 제10군단을 비롯하여 상륙기동부대인 미 제7사단과 제2군수사령부, 그리고 제187공수연대전투단 및 제65연대전투단이 한국전선에 각각 전개되었다.

이 기간 중 미 제9군단도 투입되었다. 한미연합군의 반격이 이루어진 10월에는 미 제3군수사령부가 후방지원을 위해 전개되었다.

중공군 개입 후 전황이 악화된 1950년 12월에는 미 본토 증원 병력인 미 제3보병사단이 전개되었고, 이듬해인 1951년 12월에는 주방위군으로 동원된 제40보병사단이, 그리고 1952년에는 제45보병사단이 각각 한반도에 전개되었다.[142]

---

140) 국방부, 「한국전쟁사」②(서울: 국방부전사편찬위원회, 1979), p.116.
141) 남정옥, 「한미군사관계사」, p.393.

미 제8군은 1944년 9월 제2차 세계대전 시 뉴기니(New Guinea)와 레이테(Leyte) 전투에서 미 육군 전투부대를 통합 지휘하기 위하여 창설되었다. 이때 사령관은 로버트 아이첼버거(Robert L. Eichelberger) 미 육군 중장이었다.

한국전쟁 발발 당시 미 제8군 사령관이었던 워커(Walton H. Walker) 중장은 바로 아이첼버거 장군의 후임이었다.143) 한국전쟁 동안 한국전선에서 모든 지상군에 대한 작전지휘권을 행사하던 미 제8군 사령관은 모두 4명이었다. 이들은 모두 미 웨스트포인트 출신으로 제2차 세계대전에서 용맹을 떨쳤던 장군들이다. 이 중 아이젠하워(Dwight Eisenhower) 대통령의 웨스트포인트 동기생인 제임스 밴플리트(James A. Van Fleet) 장군은 한국전선에서 직속상관이었던 매튜 리지웨이(Matthew B. Ridgway) 장군의 웨스트포인트 2년 선배로 가장 오랫동안 사령관직을 역임하였다.

미 제8군 사령관 워커 장군은 1950년 12월 23일 교통사고로 순직하였고, 리지웨이 장군은 유엔군 사령관과 나토(NATO) 사령관을 역임한 후 콜린스 장군 후임으로 미 육군 참모총장에 임명되었다. 마지막 미 제8군 사령관은 미군 역사상 전투에서 완전한 군사적 승리를 거두지 못하고 휴전을 지켜보아야 했던 맥스웰 테일러(Maxwell Davenport Taylor) 장군이었다.144)

미 제8군은 1950년 6월 한국전쟁이 일어났을 때, 일본 요코하마

---

142) James P. Finley, *The US Military Experience in Korea, 1871 - 1982*(San Francisco: Command Historian's Office, Secretary Joint Staff, Hqs, USFK/EUSA, 1983), pp.32 - 36.

143) Clay Blair, *The Forgotten War: America in Korea 1950 - 1953*(New York: Doubleday, 1987), pp.33 - 34.

144) 남정옥, 「한미군사관계사」, pp.398 - 399.

에 본부를 두고 있던 주일(駐日) 미 지상군의 주요 부대였다. 이때 제8군 예하에는 제1기병사단, 제7·24·25보병사단 등 4개 사단이 있었다.[145]

1950년 7월 9일 미 제8군은 대구에 전방지휘소를 설치했고, 1950년 7월 13일에는 미 제8군 사령관이 주한 미 지상군에 대한 작전지휘권을 부여받았다.

1950년 7월 17일 미 제8군 사령관은 한국군 지상군에 대한 작전지휘권을 유엔군 사령관인 맥아더 원수로부터 부여받았다.

한국의 이승만 대통령은 7월 14일 한국군 작전지휘권을 주한미국대사인 무초를 통해 맥아더 원수에게 위임하였고, 맥아더 장군은 이를 다시 미 제8군 사령관에게 이양함으로써 한국군은 미군의 작전통제를 받게 되었다.

미 제8군은 1950년 9월 13일 미 제 1군단이 한국전선에 전개되고, 9월 23일 미 제9군단이 전개되자, 이들 군단을 통해 지휘권을 행사하게 되었다.

그러나 미 제8군은 1950년 8월 26일 일본에서 편성된 미 제10군단에 대해서는 직접 지휘권을 행사하지 못했다가 흥남철수작전 이후인 1950년 12월 24일에야 작전통제권을 행사하게 되었다.[146]

한국전쟁 기간 동안 미군은 3개 군단 13명의 군단장이 한국전쟁에서 미 육군을 비롯하여 군단에 배속된 유엔군 지상군 및 한국군 부대를 지휘하였다. 한국전쟁에 참전한 미 육군 군단은 제1·9·10군단이었다.

---

145) *Ibid.*, p.397.
146) *Ibid.*, p.398.

이들 미군 군단은 정전 협정 시까지 한국에서 각종 작전 및 전투에 참가하여 대대한 전과를 올렸다. 군단의 지휘계통의 변화는 미 제10군단에서 있었다.

미 제10군단은 최초 유엔군사령부의 직접 지휘를 받다가 미 제8군 사령관 워커 장군이 사망한 다음 날인 1950년 12월 24일 미 제8군으로 배속 전환되면서, 이때부터 미 제8군 사령관의 직접적인 통제와 지휘를 받게 되었다. 이로써 인천상륙작전 이후 계속 문제가 있었던 한국전쟁에서 미군의 지휘권 단일화가 이루어졌다.[147]

미 제1군단은 제1차세계대전 시 미 유럽원정군의 일부로 전투에 참가하였다. 제2차 세계대전 시에는 미 제8군에 소속되어 태평양전선에 참가하였다.

그러나 미 제1군단은 한국전쟁 발발 3개월 전인 1950년 3월 28일 국방비 감축으로 인한 병력 축소로 해체되었다. 제2차 대전 이후 미 제1군단은 주일 미 점령군의 일부로 교토에 사령부를 두고 미 제24사단과 제25사단을 지휘하였다. 1950년 한국전쟁이 발발하자 미 극동군사령부의 긴급요청에 따라 미 제1군단은 8월 2일 미국 노스캐롤라이나(North Carolina)의 포트 브랙(Fort Bragg)에 위치한 미 제5군단 사령부에서 재창설되었다.

최초 미 제1군단사령부는 제4통신대대와 함께 한국전선에 투입되었다. 1950년 8월 13일 군단장을 비롯하여 군단 참모들이 비행기로 일본 동경에 도착하고, 북한의 9월 공세가 시작될 무렵인 9월 6일 군단사령부가 해로로 일본에 도착하였다.

미 제1군단이 대구(大邱)에 도착하여 한국전선에 본격적으로 투

____

147) *Ibid.*, p.401.

입된 것은 1950년 9월 13일이었다. 이때부터 미 제1군단은 미 제8군의 전투지휘본부 역할을 하였다.

미 제1군단 편제는 편조 개념에 따라 수시로 변하였다. 그러나 군단은 전쟁기간 중 미군 사단과 한국군 사단을 혼합 편성하여 운영하였고, 효과적인 화력지원을 위해 많은 군단 포병을 보유하였다.[148]

미 제9군단은 제2차 세계대전 시 태평양 전투에 참가한 부대이다. 군단은 1950년 3월 28일 국방비 감축으로 군단이 해체될 때까지 제1기병사단과 제7보병사단을 지휘하였고, 군단 사령부는 일본 센다이(仙臺)에 위치해 있었다.

미 제9군단은 1950년 한국전쟁이 발발하자 미 극동군사령부의 긴급요청에 따라 미 본토에 있는 미 제5군단 사령부가 있는 포트 세리단(Fort Sheridan)에서 기간요원을 주축으로 재창설되어 제101통신대대와 함께 한국 출동을 명(命)받았다. 군단장과 군단 참모 등 지휘부는 1950년 9월 5일 항공편으로, 그리고 군단 기간요원은 1950년 9월 말부터 10월 초 사이 선박을 이용하여 한국에 도착하였다.

한국에 도착한 미 제9군단은 9월 23일 14시 낙동강 방어선인 밀양에서 작전을 전개한 이래, 전쟁 종전 시까지 미 8군의 주요 전투지휘부대로서 임무를 수행하였다.[149]

미 제10군단은 제2차 세계대전 시 뉴기니 전투와 남부 필리핀의 레이테 전투에 참가하였다. 제10군단은 1946년 1월 일본에서 해체되었다가 1950년 한국전쟁이 발발하자 인천상륙군단 부대로 1950년 8월 26일 미 극동군 사령부에서 재창설되었다.

---

148) *Ibid.*, pp.403 - 404.
149) *Ibid.*, pp.404 - 405.

초대 미 제10군단장에는 미 극동군사령부 참모장인 에드워드 알
몬드(Edward N. Almond) 소장이 임명되었다. 미 제10군단은 예하
에 제7보병사단과 제1해병사단을 두고 인천상륙작전 시 지휘본부
역할을 하였다.

맥아더 장군은 인천상륙작전이 성공하면 한국전쟁은 수 주(週)
내에 종결될 것이고, 이에 따라 미 제10군단의 필요성이 상실되면
해체할 계획을 가지고 있었다. 그러면 군단장인 알몬드 장군과 그
의 참모들도 다시 일본으로 와 유엔군 및 극동군사령부의 참모장
및 참모 직책을 수행할 수 있을 것으로 판단하였다.

따라서 맥아더 장군은 처음부터 미 제10군단의 작전통제권을 미
제8군에 주지 않고 독립된 부대로 직접 지휘하였다. 그러나 맥아더
장군은 1950년 9월 15일 인천상륙작전 성공에도 불구하고 미 제10
군단을 자신의 직접 통제하에 두고 원산상륙작전에 참가시켰다.

하지만 미 제10군단의 원산상륙작전은 원산항에 살포된 기뢰를
제거하는 데 많은 시간을 소모함으로써 소기의 성과를 거두지 못
하였다. 미 제10군단은 미 제3보병사단이 흥남을 경계하기 위해 도
착하자 예하의 미 제7보병사단과 제1해병사단을 한만 국경으로의
북진 작전에 본격적으로 투입하기 시작하였다. 미 제7보병사단의
제17보병연대가 압록강의 혜산진까지 진격하였을 때, 중공군의 공
격을 받기 시작하였다.

1950년 11월 30일 미 제10군단은 좌·우측에서 공격해 오던 중
공군의 공세에 밀려 함흥-흥남으로의 철수를 하게 되었다. 제10군
단은 12월 24일부로 미 제8군의 지휘 통제를 받으며 종전 때까지
전투를 하게 되었다.[150]

한국전쟁에 미 육군은 8개 사단을 전개시켰다. 이 중 미 제1기병사단, 미 제7보병사단, 미 제24보병사단, 미 제25사단 등 4개 사단은 일본에 주둔해 있던 주일 미군 사단이었고, 미 본토 증원 사단으로는 미 제2보병사단과 미 제3보병사단이 있었고, 육군 주방위군(National Guard) 사단으로는 제40보병사단과 제45보병사단이 있었다.

그러나 한국전선에 투입된 8개의 미 육군사단 중 5개 사단만이 인천상륙작전 때까지 전개되었고, 미국 본토 증원 전력인 미 제2보병사단을 제외한 나머지 3개 사단은 중공군 개입 이후에 한국전에 투입되었다.151)

미 육군은 한국전쟁에서 오산전투를 비롯하여 대전전투, 진주-하동전투, 영산전투, 낙동강 방어선 전투, 인천상륙작전, 서울탈환작전, 평양탈환작전, 군우리 전투, 장진호 전투, 지평리 전투, 벙커 고지 전투, 불모고지 전투, 포크 찹 고지, 저격능선 전투 등 수없이 많은 전투를 수행하였다.

또한 기간 중 실시했던 주요 작전으로는 알바니(Albany) 작전을 비롯하여 빅 스위치(Big Switch) 작전, 블루하트(Blue heart) 작전, 크로마이트(Chromite) 작전, 클램 업(Clam-Up) 작전, 코만도(Commando) 작전, 커리지어스(Courageous) 작전, 돈틀리스(Dauntless) 작전, 에버레디(Ever ready) 작전, 홈 커밍(Homecoming) 작전, 허드슨 하버(Hudson Harbor) 작전, 킬러(Killer) 작전, 리틀 스위치(Little Switch) 작전, 미그(MiG) 작전, 물라(Moolah) 작전, 파일 드라이버(Pile driver) 작전, 펀치(Punch) 작전, 래트 킬러(Rat Killer) 작전, 리퍼(Ripper) 작전, 라운드 업(Round Up) 작전, 러

---

150) *Ibid.*, pp.406-408.

151) *Ibid.*, p.408.

기드(Rugged) 작전, 스캐터(Scatter) 작전, 쇼다운(Showdown) 작전, 스맥(Smack) 작전, 테일보드(Tail Board) 작전, 선더볼트(Thunderbolt) 작전, 터치다운(Touchdown) 작전, 울프 하운드(Wolf hound) 작전 등이 있다.[152]

미 육군의 경우 전쟁 기간 동안 전체 전사자 23,637명 중 19,754명이 전사하였다.

3. 미국 지상군 부대의 한반도 전개에 대한 평가

미국은 해·공군을 전개한 데 이어 한반도에 지상군을 전개시켰다. 미국은 지상군을 파견함에 있어 전구 사령관인 극동군 사령관 맥아더 장군의 의견을 받아들여 파견 규모를 결정하고 이에 따른 병력 파견에 대한 조치를 실시하였다.

맥아더 장군이 판단한 병력규모는 한국전쟁 기간 중에 파견된 미군 규모와 비슷하였다. 맥아더 장군은 한국전쟁에 필요한 미군 규모로 1개 야전군에 8-9개 사단을 요청했고, 실제로 이 규모가 한국전선에 투입되어 전투를 실시하였다.

미국의 지상군 부대 파견은 한국에서 제일 가까운 주일 미군으로부터, 오키나와와 하와이의 해외미군기지, 그리고 본토의 증원 병력 순으로 전개되었다. 지상군 전개는 맥아더 장군의 승리전략개념에 따라 이루어졌다.

맥아더 장군이 구상했던 승리전략의 요체는 북한군에게 2개 전선을 강요하는 상륙작전이었다. 미 지상군은 지리적으로는 한반도

---

152) Blair, *The Forgotten War*, p.542.

에서 가까운 곳에 위치한 부대부터 전개되었으나, 내용상으로는 제
2전선을 위한 상륙부대로 미 해병사단을 고려하여 전개하였다.

중공군 개입 이후 미국은 주방위군을 동원하여 한국전선에 추가
로 투입하였다. 한국전을 맞이하여 투입된 미 지상군은 미국의 전
쟁목표를 수행하는 데에 크게 부족하지는 않았다.

제6절 미국 군수지원부대의 한반도 전개와 군수지원 활동

한국전쟁 동안 한반도에 전개된 미 군수지원부대는 미국 및 한
국군 부대가 작전을 원활하게 수행할 수 있도록 적극적인 군수지
원을 실시하였다.

한국전쟁 동안 미국은 한국군 및 유엔군에 대한 군수지원을 책임졌
다. 미 제8군은 1950년 7월 4일 한국에 있는 모든 전투부대를 지원하
기 위하여 주한미군사령부 예하에 부산기지사령부를 설치하였다.[153]

그해 7월 8일 맥아더 장군으로부터 주한 미 지상군의 작전지휘
권을 부여받은 미 제8군 사령관 워커 장군은 7월 13일 부산기지사
령부를 제8군 예하인 편제표상 B형의 군수부대(10만 명 이하의 전
투부대를 지원하는 군수부대)인 부산군수사령부로 개편하였다.[154]

부산군수사령부는 한국에 있는 전투부대들로부터 군수품을 신청

---

153) HQ USAFFE & Eighth US Army, *Logistics in the Korean Operations*, Vol.1(Washington,
D.C.: the Center of Military History US Army), p.6.

154) Appleman, *South to Naktong, North to Yalu*, p.114; Field Manual(Draft), *The Logistical
Command*, C & GSC, Fort Leavenworth(1 May, 1950). 참고로 A형 군수부대는 3만 명 이
하 전투부대를 지원하는 군수부대를 말한다.

받아 일본에 주둔하고 있는 미 제8군 후방사령부에 신청하고, 후방
사령부가 공급해 주는 보급품을 수령·보관·지급해 주는 임무를
수행하였다.

이로써 한국전쟁에서 군수지원 체제가 갖추어지게 되었다. 미 제
8군은 부산군수사령부를 통하여 예하 부대 및 한국군에 대한 군수
지원, 보급품 조달, 수송, 항구운영, 보관, 분배임무 이외에도 후방
사령부를 통해 일본 점령임무도 책임지고 있었다.

그 후 한국에서 전장이 확대될 것을 예상하고, 미 제8군 사령관
이 지상군 작전에 보다 전념할 수 있도록 하기 위해 미 제8군사령
부를 전방사령부와 후방사령부로 각각 분리하기로 결정하고, 1950
년 8월 25일 제8군 후방사령부를 기간으로 하여 극동군사령부 예
하에 주일군수사령부(JLC: Japan Logistical Command)를 창설하게
되었다.155)

이로써 미 제8군은 작전과 관련이 없는 업무에서 벗어나게 되었
고, 주일군수사령부는 한국의 모든 지상군 부대에 대한 군수지원에
대한 책임을 지게 되었다. 주일군수사령부는 미 제8군이 신청한 보
급품을 공급하고, 한국에 직접 수송하거나 일본에 보관할 보급품을
미국에 신청하고, 그리고 일본 점령 임무를 수행하게 되었다.

1950년 9월 19일 부산군수사령부는 전투부대가 늘어나 군수지원
의 요소도 늘어남에 따라 C형의 군수부대(40만 명 이하의 전투부
대를 지원하는 군수부대)인 제2군수사령부로 확대 개편되었다.156)
또한 미국은 인천상륙작전을 위해 편성된 제10군단을 지원하기 위

---

155) HQ USAFFE & Eighth US Army, *Logistics in the Korean Operations*, pp.9－11.
156) Field Manual(Draft), *The Logistical Command*, C & GSC, Fort Leavenworth(1 May, 1950).

해 제3군수사령부를 인천에 설치하였다.[157]

이처럼 군수사령부가 전투작전에 최초로 사용된 것은 한국에서이다.

군수사령부는 육군의 일부로서 전투지역에서 활동하였다. 1950
년 9월 제2군수사령부는 부산군수사령부를 대신하여 군수사령부
편제표 C형에 의거 조직되었다.

제2군수사령부의 임무는 한국의 미 제8군에게 공급해 줄 군수품
을 수령·저장·추진하였다.

또 제2군수사령부는 미 제8군이 일본군수사령부에 요청한 것을
대부분 추진하여 공급해 주는 임무도 수행하였다. 미 제8군사령부
는 60일분의 군수품을 확보해야 하는 어려움 때문에 요청받은 탄
약, 유류, 상하기 쉬운 식품에 대한 통제를 철저히 실시하였다. 인
천상륙작전 이후 B형 편제표에 따라 제3군수사령부가 미 제10군단
을 군수 지원하기 위해 군단 책임지역으로 이동하였다. 이는 제2군
수사령부가 미 제8군을 지원하는 것과 같은 것이었다.[158]

그 후 제3군수사령부는 미 제10군단이 원산상륙작전을 위해 이
동하게 되자, 미 제8군에 예속 변경됨과 동시에 제2군수사령부에
배속되었다.

제3군수사령부는 미 제8군이 북으로 진격함에 따라 전방에 전방
사령부를 설치하고, 미 제8군에 대해 군수지원을 실시하였다. 반면
제2군수사령부는 원산으로 이동하는 미 제10군단에 대한 군수지원
책임을 맡았다.

그 후 제3군수사령부는 1950년 12월 국군과 유엔군이 후퇴할 때

---

157) HQ USAFFE & Eighth US Army, *Logistics in the Korean Operations*, p.12.
158) Huston, *The Sinews of War: Army Logistics, 1775－1953*, p.639.

부산으로 내려와 제2군수사령부에 통합 흡수되었다.[159]

1952년 7월 10일 극동군 사령관은 제8군 사령관이 작전에 전념하도록 한국병참지구사령부(KCOMZ: Korean Communication Zone)를 설치하였다. 이는 제8군 사령관이 전술작전에 이외의 다른 모든 책임에서 벗어나게 하기 위함이었다. 한국병참지구사령부는 북위 37 이남의 후방지역에 대한 책임과 제8군에 대한 군수지원 책임을 맡게 되었다.[160] 한국병참지구사령부는 실제적인 군수지원 활동을 담당할 한국군수기지국(KBS: Korean Base Section)을 설치하였고, 한국기지국은 제8군으로부터 군수품을 신청받아 이를 주일군수사령부에 요청하고, 군수품에 대한 해상수송 책임을 맡음으로써 미 제8군에 군수지원을 제공하였다.[161]

1952년 10월 1일까지 미 육군극동사령부가 일본에서의 점령임무를 맡게 되자, 주일군수사령부는 1952년 10월 1일 해체되고 육군극동군사령부로 흡수되었다. 한국병참지구사령부도 미 육군극동군사령부에 예속되어 통제를 받게 되었다.[162]

이렇듯 미국의 군수지원부대는 전쟁 초기에 한반도에 투입되어 한국군과 미군을 지원하였고, 전쟁 지역이 북한지역으로 확대되자 군수지원부대를 창설하여 효과적인 군수지원 활동을 전개하였다. 한반도에 전개된 군수지원부대는 미 전투부대가 작전을 원활하게

---

159) HQ USAFFE & Eighth US Army, *Logistics in the Korean Operations*, pp.17-24.

160) 한국병참지구사령부는 한국에 있는 모든 유엔군과 한국군에 대한 군수지원, 행정, 모든 수송수단의 통제, 후방지역의 치안 유지, 전쟁 포로 및 피난민 보호, 한국정부와 정치·경제적인 문제에 대한 연락 유지, 주한 미 대사관과 연락 유지, UNKRA 및 UNCACK의 활동 지원 등에 대한 책임을 맡고 있었다(HQ USAFFE & Eighth US Army, *Logistics in the Korean Operations*, pp.24-29).

161) *Ibid.*, p.11.

162) *Ibid.*, pp.35-37.

수행할 수 있도록 적극적인 군수지원을 실시하였다.

제7절 미국의 한국전 참전 시기와 군사력 전개에 대한 평가

미국 전쟁지도부는 지상군이 참전하기 이전에 우선 조치로 미극동 해·공군을 한국 전선에 투입하여 제한된 작전을 하도록 결정하였고, 점차 이들 작전 규모와 범위를 확대해 나갔다.

첫 번째로 미 해·공군에게 주어진 임무는 "서울 – 김포 – 인천지역을 방어하는 데 필요한 탄약과 장비의 수송을 엄호하고, 주한 미국인 및 외국인이 철수하는 것을 지원하라"는 것이었다.[163]

두 번째로 주어진 임무는 38도 선 이남에서 군사작전을 실시해도 좋다는 것이었다.[164]

세 번째로 주어진 임무는 작전지역을 북한에까지 확대하여 북한 기지를 폭격하라는 것이었다.[165]

미 지상군 참전이 결정된 후 미 해·공군은 한반도 전역에서 제공권과 제해권을 장악하는 가운데 근접항공을 비롯한 지상작전 지원 등 독자적으로 해·공군 작전을 전개하여 수행하였다.

미 해·공군은 공중 및 해상 우세권을 바탕으로 개전 초기 지상군의 상대적 열세를 극복해 주었을 뿐만 아니라 효과적인 근접항공작전을 통해 북한 지상군에게 막대한 타격을 줌으로써 전쟁이

---

163) Schnabel and Watson, *History of the Joint Chiefs of Staff*, vol. Ⅲ, Part 1, p.35.

164) *MacArthur Hearings*, p.2581.

165) Appleman, *South to the Naktong, North to the Yalu*, p.44.

끝날 때까지 미군의 군사적 우위를 확보할 수 있게 해 주었다.

또한 미국은 해·공군에 이어 전쟁 발발 일주일 만에 미 지상군의 참전을 결정하고 한국전쟁에 본격적으로 개입하게 되었다.

미국은 제2차 세계대전 이후 핵전력 위주의 전쟁 준비로 인해 재래식 전력의 경우 소련에 비해 그 병력 수에서 비록 열세이긴 하였으나, 한국전쟁에서와 같은 국지전을 수행할 수 없을 정도는 아니었다.

특히 한국전쟁은 한국과 가까운 곳에 위치한 일본에 미 지상군 전력의 절반이 주둔하고 있었기 때문에 병력 전개에 매우 유리하였다. 그렇기 때문에 미국은 한국전쟁이 발발했을 때 신속히 개입하여 북한군의 남진을 저지함으로써 부산에 교두보를 확보할 수 있었던 것이다.

미국은 주일 미군에 이어 미 본토 증원 병력을 통해 미국과 유엔이 설정한 전쟁목표 달성에 필요한 정책과 전략을 추구해 나갔다. 미국은 한국전쟁을 수행해 나가면서 최초 북한군의 남침, 중공군 개입, 유엔군 사령관 겸 미 극동군 사령관 맥아더 장군의 해임, 민주당에서 공화당으로의 정권 교체 등의 전쟁 환경 변화에 따른 정책과 전략을 수립하며 전쟁을 지도해 나갔다.

또한 한국전쟁 기간 전쟁지도부의 역할은 대통령의 지시에 따라 국가안보회의에서 담당하여 전쟁정책과 전략을 수립하여 미 합동참모본부를 통해 미 극동군 사령관에게 지시하여 전쟁을 수행해 나갔다.

특히 지상군 참전을 신속히 결정했던 미국의 조치는 북한군의 남진을 저지할 수 있는 결정적인 역할을 하였다. 이처럼 미국의 군사력 전개 시기 및 규모는 이러한 미국의 정책과 전략을 수행하는 데 충분한 밑받침이 되었다.

제 4 장

한국전쟁 중
미국의 전쟁수행정책과 전쟁지도

왼쪽부터 마셜 국방장관, 트루먼대통령, 애치슨 국무장관, 맨오른쪽 브래들리 합참의장(군복)

제1절 개관

한국전쟁은 1950년 6월 25일 북한군의 기습남침으로 개시되어 1953년 7월 27일 휴전이 성립되기까지 만 3년 1개월 2일, 1127일 간 지속되었다. 그동안 쌍방은 각각 3회씩이나 적지(敵地)를 넘나들면서 남으로는 낙동강, 북으로는 압록강까지 오르내리며, 전 국토의 80%에 달하는 지역에서 전투를 전개하였다. 이렇게 치른 한국전쟁은 작전의 경과 측면에서 대체로 4단계의 과정을 거치며 대단원의 막을 내렸다.[1]

제1단계는 북한군의 남침기로 북한군이 38도 선을 돌파하여 낙동강 선까지 이르렀던 1950년 6월 25일부터 9월 15일까지의 2개월 21일인 82일간을 말한다. 제2단계는 국군 및 유엔군의 반격 및 북진기로 한국군과 유엔군이 낙동강 전선으로부터 38도 선을 넘어 압록강 변의 초산까지 진격하였던 1950년 9월 15일부터 11월 25일까지의 2개월 10일인 71일간을 말한다.

제3단계는 중공군의 침공 및 유엔군의 재반격기로 중공군의 개입과 더불어 단행된 공산군의 대공세로 유엔군이 평택 − 삼척의 37

---

1) 국방부전사편찬위원회, 「한국전쟁 요약」(서울: 교학사, 1986), pp.109 − 110.

도 선까지 후퇴한 다음 38도 선으로 다시 북진하는 1950년 11월 25일부터 1951년 6월 23일까지의 6개월 28일인 210일간을 말한다.

제4단계는 교착전기로 휴전회담의 진행과 더불어 쌍방이 38도 선 부근에서 대진 상태로 공방전을 전개한 1951년 6월 23일부터 1953년 7월 27일까지의 25개월 4일인 764일간을 말한다.

여기서는 이와 같은 한국전쟁 경과보다는 한국전쟁에서 미국이 수행했던 한국전쟁정책과 전략이 언제 어떠한 상황에서 바뀌었고, 그때 바뀐 전쟁정책과 전략하에 전쟁지도가 어떻게 이루어졌는가 에 초점을 두고 분석하게 될 것이다.

미국이 한국전쟁을 수행하면서 보였던 전쟁정책과 전략상의 변화를 4시기로 구분하여 분석하고자 한다.

그리고 이러한 한국전쟁 전개과정에서 미국이 추구하고자 했던 정책과 전략, 그리고 전쟁지도의 실상에 대해 검토하고 분석하게 될 것이다.

이를 통해 미국이 왜 전쟁에서 승리 아닌 휴전을 할 수밖에 없었는가에 대한 이해의 실마리를 제공하고자 한다.

제2절 북한의 남침 이후 미국의 전쟁정책과 전략 그리고 지도

1. 미국의 전쟁수행정책과 전략

한국전쟁 초기 미국의 정책기조는 대소 봉쇄정책에 기초를 두었다. 이에 따라 결정된 미국의 전쟁목표는 전쟁 이전 상태로의 회복이었고, 군사목표는 북한군의 격멸이었다.

트루먼 대통령은 1950년 6월 29일 NSC에서 미국이 수행해야 될 전쟁목표를 밝혔다. 그는 NSC에서 "나는 북한군을 38도 선 이북으로 격퇴하는 데 필요한 모든 조치를 취하기를 바란다. ……나는 우리[미국]의 작전이 그곳[한국]의 평화를 회복하고 국경을 회복하는 것이라는 것을 명확히 이해해 주기를 바란다."라고 말하였다.[2]

1950년 6월 29일 애치슨 국무장관도 "미국의 행동은 단지 침략으로 파괴된 평화를 회복하고 한국을 침략 이전의 상태로 회복하는 것"이라고 회고하였다.[3]

미국의 소련전문가인 조지 케난(George F. Kennan)도 6월 27일 나토(NATO) 대사들에게 행한 브리핑에서 "[미국은] 현상을 회복하는 것 이상의 어떠한 의도도 가지고 있지 않다."라고 말하였다. 그는 이를 미국의 정책으로 이해했고, 6월 27일 유엔의 결의안이 담고 있는 의도로 생각하였다.[4]

또한 애치슨 국무장관은 미 국무부 정책기획실장인 폴 니츠(Paul Nitze)에게 보낸 메모에서 "……우리는 38도 선을 회복하기 위해 군대를 투입해야 한다."고 하였다.[5]

이러한 전쟁정책과 목표를 달성하기 위해 미국은 1950년 6월 25일과 27일 유엔안전보장이사회의 결의안 채택에 따라 해·공군을 먼저 파병했고, 뒤이어 6월 30일 국가안보회의의 결정에 따라 지상

---

2) Truman, *Years of Trial and Hope*, Vol. II, p.388.

3) Acheson, *Present at the Creation*, p.583.

4) George F. Kennan, *American Diplomacy, 1900－1950*(New York: Bantam Books, 1969), p.514; Acheson, *Present at the Creation*, p.584.

5) Acheson, *Present at the Creation*, pp.583－584.

군 파병을 결정하였다.

미 지상군 파병이 이루어지면서 미국은 그들의 전면전쟁을 상정한 전쟁계획이 발동되지 않도록 소련의 행동에 주목하지 않을 수 없었다.

미국의 전쟁수행정책은 소련의 의도와 차후행동 개입 시 미국의 대처 방안 등을 중점적으로 분석하면서 이루어졌다.[6]

트루먼 대통령은 6월 29일 존슨 국방장관에게 "소련이 한국전에 개입할 경우 미국이 취해야 될 군사적 조치에 대해 연구할 것"을 지시하였다. 이에 대해 합참은 7월 10일 국방장관에게 "소련군이 개입할 경우 한국에 대규모의 미군을 파견하여 싸우는 것은 군사적으로 불건전할 것"이라고 말하면서, "이에 대처하기 위해서는 한국에 미군 투입을 최소화하고 전략적 중요성이 낮은 지역에서 전투를 하기보다는 완전동원을 포함하여 전면전쟁계획을 시행할 준비를 갖추는 것이 훨씬 나을 것"이라고 말하였다.[7]

미 합참은 이러한 판단을 국방장관의 동의를 받아 NSC에 보냈다.[8] 이러한 군부의 평가를 기초로 NSC에서 토의되어 8월 25일 채택된 NSC−73/4는 '한국 사태에 비추어 본 소련의 장차 의도와 관련한 미국의 입장과 행동'에 관한 것이었다.

NSC−73 시리즈는 미국의 전쟁에 관한 실무지침서(working guide)로서 미국의 기본 목표를 세계대전(global war)을 회피하는 데 두었

---

6) Department of State, *Foreign Relations of the United States, 1950*, Vol.Ⅶ, p.312.

7) Memo JCS for Secretary of Defense, 10 July 1950, *FRUS, 1950*, Vol.Ⅶ, p.410; Memo Secretary of Defense for Executive Secretary, 20 July 1950, *FRUS, 1950*, Vol.Ⅶ, p.410.

8) Memo JCS for Secretary of Defense, 10 July 1950, *FRUS, 1950*, Vol.Ⅶ, p.410; Memo Secretary of Defense for Executive Secretary, 20 July 1950, *FRUS, 1950*, Vol.Ⅶ, p.410.

고, 이를 위해 소련의 팽창정책의 결과로 초래되는 모든 국지분쟁
에 일관되게 대응해야 한다고 하였다.[9]

이는 미국의 참전결정 과정에서 밝힌 바 있는 제3차 세계대전
방지라는 정책기조와 그 맥을 같이하고 있음을 알 수 있다.[10]

한국전쟁은 극동미군의 존재로 즉각 대처가 가능했던 특이한 경우
이므로 다른 지역의 분쟁은 이와 달리 대비할 필요가 있다고 보았다.

또 이 문서는 "소련의 의도가 전면전 개전에 있지 않고 최근의
도발도 단지 지역적 이익을 얻고 미국을 시험하는 데 있는 것으로
서 당분간은 이와 비슷한 양상이 계속될 것"이라고 하였다.[11]

미국은 이처럼 소련의 행동에 주목하면서 전면전 방지에 중점을
두고 한국에서의 전쟁에 대한 지도를 실시하였다.

NSC-73은 이후 채택된 "한국 사태에 소련이 참전할 경우 미국
의 조치"에 관한 NSC-76/1의 내용을 포함하여 NSC-73/4로 재
작성되었다.

NSC-76시리즈는 "한반도가 전략적으로 덜 중요하다."는 합참
의 평가에 기초하여 "소련군 참전 시 미국은 대통령의 지도하에 이

---

9) "NSC-73/4: A Report to the NSC by Executive Secretary on The Position and Actions of the US with respect to Possible Further Soviet Moves in the Light of the Korean Situation", August 25, 1950.

10) 미국은 제3차 세계대전이 일어날 수 있는 가능성을 3개로 보았다. 첫째는 소련이 의도한 계획에 의해서고, 두 번째는 현재 한국에서의 상황이 악화되어 폭발하는 과정에 의해서고, 세 번째는 미국이나 소련 중 어느 한 국가가 오판할 경우 제3차 세계대전이 발생할 것으로 보았다(NSC-73/4, p.6).

11) "NSC-73/1(1950.7.29): A Report to the National Security Council by the Executive Secretary on United States of Action with respect to Korea", 「Documents of the National Security Council」 제1권(국방부군사편찬연구소 편, 1996), pp.557-558; NSC-73/1, "A Report to the NSC by Executive Secretary on The Position and Actions of the US with respect to Possible Further Soviet Moves in the Light of the Korean Situation", August 25, 1950, pp.1-2; NSC-73/1, FRUS, 1950, Vol. I, pp.331-341.

지역에 대한 개입을 최소화해야 한다."고 규정하였다.12)

그런데 NSC-73/4는 이를 받아들여 한국 사태가 전면전으로 발전할 가능성을 배제할 수 없다고 하고, 소련 개입 시 전쟁을 국지화시켜야 한다고 하는 한편, 소련의 변함없는 팽창주의적 의도에 대처하기 위해 군비를 급속히 증강해야 한다고 결론지었다.13)

그러나 1950년 7월 초 미군이 참전했다고는 하지만 여전히 한국에서의 전선 상황이 급격히 붕괴되는 상황에도 불구하고 워싱턴에서는 '38도 선 돌파 및 북진'이라는 전선 상황과 전혀 어울리지 않는 정책적 검토가 이루어지고 있었다. 1950년 7월 1일 미 국무부의 동북아시아국장인 존 앨리슨(John Allison)이 한국전쟁 이후 한국에서의 38도 선 돌파에 따른 무력 재통일을 최초로 제기하였다. 앨리슨 동북아시아국장은 7월 1일 트루먼 대통령의 대한 정책에 포함될 정책사항들을 고려함에 있어 그의 상관인 러스크에게 보낸 각서에서, "인위적인 분단이 38도 선에 존속하고 있는 한 한국에는 어떠한 지속적인 평화와 안전도 있을 수 없다. …만약 우리가 할 수 있다면… 만주와 시베리아 국경에까지 곧바로 돌진해 나가고, 이것을 실행한다면 유엔 감시하에 한국 전역에서 총선을 실시해야 한다."라고 하였다.14)

미국 국무부의 극동담당차관보인 러스크는 앨리슨 국장의 이러

---

12) Memorandum by the JCS to the Secretary of Defense(Johnson), *FRUS, 1950*, Vol. Ⅶ, p.346; NSC-76/1, *FRUS, 1950*, Vol.Ⅶ, pp.475-477.

13) "NSC-73/4(1950.8.25): A Report to the National Security Council by the Executive Secretary on United States of Action with respect to Korea", 「Documents of the National Security Council」 제1권, pp.628-629; NSC-73/4, *FRUS, 1950*, Vol.Ⅰ, pp.375-389.

14) *FRUS, 1950*, Vol.Ⅶ, p.272.

한 입장에 동의하였다. 또한 맥아더 장군도 육군참모총장 콜린스 장군과 공군참모총장 반덴버그 장군이 7월 13일 도쿄를 방문했을 때 참모들과의 전략회의에서, "북한군을 섬멸하기 위해 북한군을 격퇴할 뿐만 아니라 38도 선을 넘어 그들을 추격할 의도가 있다."고 말하였다.[15]

트루먼 대통령도 7월 17일 만약 대한민국이 유엔군에 의해서 재탈환될 경우에 대비하여 NSC에 38도 선 돌파문제에 대한 실질적인 대안을 발전시킬 것을 지시하였다.[16]

트루먼 대통령의 지시에 따라 8월 3일 대통령특별보좌관 해리먼은 NSC의 선임연구팀(Senior Working Group)을 구성해 38도 선 돌파문제를 다루기 시작하였다.

NSC의 선임연구팀은 NSC의 사무국장인 레이를 팀장으로, 국무부 대표인 제섭 무임소대사, 국방부 대표인 핀레터 공군장관, 국가안전자원위원회 부위원장 로버트 스미스(Robert E. Smith), 재무부차관보 윌리엄 마틴(William M. Martain Jr.), 합동참모본부 대표인 우드리지(E. T. Woodridge) 해군소장, 힐렌쾨터 중앙정보국장 등이다. 선임연구팀은 9월 1일까지 NSC - 81을 완성하였다. 이의 결론은 한국에서의 군사 상황이 38도 선에서 안정화되어야 한다는 것이었다.[17]

---

15) Schnabel, *Policy and Direction*, pp.105 - 107; Collins, *War in Peacetime*, p.144.

16) Memorandum by the Executive Secretary of the National Security Council(Lay) to the National Security Council, "Future United States Policy with Respect to North Korea", 17 July 1950, *FRUS, 1950*, Vol. Ⅶ, p.410; Collins, *War in Peacetime*, p.144; Acheson, *The Korean War*, p.53.

17) Memorandum by the Executive Secretary of the National Security Council(Lay), "NSC - 81, Note by the he Executive Secretary to the National Security Council on US Courses of Action with Respect to Korea", September 1, 1950, *FRUS, 1950*, Vol. Ⅶ, pp.685 - 693.

미국은 NSC-81에서 "6·27 유엔결의가 38도 선 후방으로 북한군을 격퇴시키거나 그들을 격멸시키기 위해 이 선 북쪽에서 군사작전을 실시할 법적 근거를 제공하고 있다."고 결론을 내렸다.

또한 NSC-81에서는 "소련이나 중공이 북한지역에 군대를 투입하지 않거나 그렇게 하려는 의도를 나타내지 않는다면 유엔군 사령관에게 그러한 작전을 실시하는 것을 승인해야 한다. 만일 중국과 소련이 개입할 경우 맥아더 장군은 유엔군을 38도 선에서 정지시킨 후 안전보장이사회의 조치를 기다려야 할 것이다."라는 점을 밝혔다.[18]

즉, 38도 선 돌파는 '안보리의 6·.27 결의'에 의거 합법적인 것으로 안보리 결의를 위해서도 유엔군은 북진을 해야 한다는 것이었다.

그러나 미 합참은 이의 결론에 동의하지 않았다. 미 합참은 38도 선을 돌파함에 있어서 사전에 어떠한 제한도 부과해서는 안 된다는 맥아더의 의견에 동조하였다.

왜냐하면 미 합참은 북한군을 격멸해야 할 임무를 완수하기 위해 맥아더 장군에게 그 정도의 재량권을 부여해야 한다고 생각했기 때문이다. 애치슨 국무장관과 존슨 국방장관, 그리고 브래들리 합참의장은 이러한 문제를 토의하기 위해 맥아더 장군이 워싱턴을 방문해 줄 것을 요구했으나, 맥아더는 워싱턴에 오지 않았다.

이에 미 합참은 "북한군의 저항이 사라질 때까지 맥아더에게 38도 선 이남이나 이북에서 군사작전을 할 수 있는 권한을 주어야 한다."고 국방장관에게 건의하였다.[19]

---

18) James F. Schnabel and Robert J. Watson, *A History of the Joint Chiefs of Staff, 1950-1951*, vol. III : *The Korean War*(Washington, D.C.: Office of Joint History, Office of the Chairman of the JCS: 1998), p.97.

NSC의 선임연구팀은 존슨 국방장관이 합참의 건의를 받아들이자, 이미 완성시킨 연구서에 합참의 의견을 반영하게 되었다. 이러한 과정을 거쳐 9월 11일 완성된 미국의 한국전쟁정책에 관한 NSC-81/1을 대통령이 승인하였다.

NSC-81/1은 "유엔군이 북한군을 38도 선 이북으로 몰아내거나 적군을 섬멸하기 위해 38도 선 이북에서 군사작전을 위한 합법적인 토대를 마련해야 하며, 합참은 가능한 한 맥아더가 북한 점령을 계획하도록 전권을 주어야 한다."는 것을 내용으로 하고 있었다.[20]

이처럼 NSC-81/1은 유엔군이 북한지역으로 군사작전을 확대하는 것을 허용하고 있었다. 또한 NSC-81/1에서는 유엔군이 38선을 넘기 전에 소련군이나 중공군이 북한에 들어올 경우 어떻게 해야 할 것인지를 규정하고 있었다. 그러나 가장 중요한 유엔군이 38선을 넘어서 중공군 및 소련군과 부딪칠 경우 어떻게 대응해야 하는지에 대해서는 언급이 없었다.[21]

그렇지만 NSC-81/1에서는 유엔군이 38선에 도달하기 전에 소련 및 중공 공산세력이 북한을 재점령하거나 유엔군의 북한 지역으로의 진입을 저지하려는 의도를 드러낼 정치적 가능성은 거의

---

19) Memorandum by the JCS to the Secretary of Defense, "US Congress of Action with Respect to Korea", September 7, 1950, *FRUS, 1950*, Vol. Ⅶ, pp.707-708; *MacArthur Hearings*, Part Ⅳ, pp.2697-2698; Doris M. Condit, *History of the Office of the Secretary of Defense: The Test of War 1950-1953*, Vol. Ⅱ(Washington, D.C.: Historical Office, Office of the Secretary of Defense, 1988), p.65.

20) Report by the NSC to the President, "NSC-81/1, US Courses of Action with Respect to Korea", September 9, 1950, *FRUS, 1950*, Vol. Ⅶ, pp.712-721; NSC-81/1(1950.9.9): 「A Report to the National Security Council by the Executive Secretary on United States of Action with respect to Korea」, 「Documents of the National Security Council」 제1권, pp.810-820.

21) McDonald, *U. S.-Korean Relations from Liberation to Self-Reliance*, 한국역사연구회 역, 「한미관계 20년사, 1945-1965」(서울: 한울아카데미, 2001), p.33.

없는 것으로 판단하였다. NSC-81/1에 의해 북한지역에 대한 점령 지침이 마련되었고, 이는 대통령의 승인을 받아 1950년 10월 29일 맥아더에게 전달되었다.[22]

그러나 중공군의 개입은 한국전쟁을 전혀 새로운 전쟁으로 바꾸었다. 이에 따라 국가안보회의는 1950년 11월 초에는 중공군 개입이 의미하는 바를 논의한 데 이어 11월 14일에는 NSC-81/1 수정안인 NSC-81/2[23]을 작성하게 되었다.

그렇지만 이 문서는 새로운 사태의 진전과 최근 국가안보회의에서의 논의를 고려하여 승인을 얻지 못하고 철회되었다.[24]

2. 미국의 전쟁수행방식과 전략 목표

한국에서 전쟁이 발발하자 미국은 유엔을 통한 전쟁해결 방식을 추구함과 동시에 한국전쟁을 어느 수준으로 대응할 것인가에 대해 논의하였다. 전쟁 초기 미국이 한국전쟁에 대한 대책마련을 논의하면서 수립했던 전략적 목표는 소련과의 전면전을 회피하면서 미국

---

22) James F. Schnabel and Robert J. Watson, *History of the Joint Chiefs of Staff: The Joint Chiefs of Staff and National Policy, 1950-1951*, Vol.Ⅲ, Part 1(Washington D.C.: Office of the Chairman of the Joint Chiefs of Staff, Office of Joint History, 1998), p.119.

23) NSC-81/2(1950.11.14): 「A Report to the National Security Council by the Executive Secretary on United States of Action with respect to Korea」, 「Documents of the National Security Council」 제1권, pp.821-824.

24) NSC-81 문서 시리즈는 1950년 9월 1일 작성되어 9월 7일 제67차 안보회의에서 채택된 NSC-81('50.9.1)과 이를 수정하여 9월 11일 대통령의 승인을 받은 NSC-81/1('50.9.9)이 있다. 그리고 NSC-81/1의 수정 내용으로 승인 전에 철회된 NSC-81/2('50.11.14)가 있다. 이중 NSC-81/1은 1951년 5월 17일 작성된 구체적인 종전정책을 다루고 있는 NSC-48/5로 대체된다.

이 전쟁준비를 갖출 때까지 제3차 세계대전을 방지하는 것이었다. 이는 전쟁지도부의 모임인 국가안보회의에서 본격적으로 다루어졌고, 전쟁이 끝날 때까지 이 원칙은 지켜졌다.

이를 위한 미국의 조치는 유엔결의문에 잘 나타나 있다. 미 국무부가 마련한 유엔 결의문에는 북한의 공격을 평화의 침해(breach of peace)와 침략행위(act of aggression)로 규정하였다.

트루먼 대통령은 북한의 침략행위에 대해 "국제평화기구 유엔의 원칙인 집단안전보장에 의해서 제재되어야 한다."고 말했다.[25]

유엔안전보장이사회에서는 북한에 "즉각적으로 전투행위를 중지하고, 그들의 군대를 38도 선까지 철수할 것을 요구"하는 결의안을 통과시켰다.[26]

트루먼 대통령도 블레어하우스(Blair House)회의에서 "우리는 유엔의 위신을 떨어뜨릴 수 없다."라는 입장을 취하였고,[27] 회의 참석자들에게도 "미국은 유엔의 권위 아래 행동할 것"을 지시하였다.[28]

또한 트루먼 대통령은 "대한민국에 제공할 미국의 원조가 어떤 것이든 간에 그것은 유엔의 이름으로 이루어져야 한다."는 사실을 강조하였다. 특히 대통령은 합참의장에게 "유엔의 요청만 있으면 미군을 출동할 수 있도록 준비를 갖추어 놓을 것"을 명령하였다.[29]

이와 같이 트루먼 대통령은 한국 사태에 관련하여 유엔의 중요성과 역할에 대해서 강조하였다. 6월 26일 한국 위기에 관한 공식

---

25) Truman, *Years of Trial and Hope*, Vol.2, p.332.

26) Department of State, *United States Policy in the Korean Crisis*, p.15.

27) Paige, *The Korean Decision*, p.125.

28) *FRUS, 1950*, Vol.Ⅶ, p.160.

29) Truman, *Years of Trial and Hope*, p.335.

성명에서도 트루먼은 "북한의… 평화유지의 의무에 대한 고의적 위반 행위는 유엔헌장을 지지하는 국가들에 용납될 수 없는 일"이라고 말하였다.30)

6월 26일 블레어하우스회의에서도 트루먼 대통령은 "미국은 한국 상황이나 유엔을 위해서 할 수 있는 일은 무엇이든지 해야 한다."고 말하였다.31)

그는 27일 있은 행정부와 의회지도자들과의 회동에서도 "북한의 오만한 침략으로 말미암아 제기된 세계 평화에 대한 위협을 제거함에 있어서 유엔이 수행해야 될 역할"을 강조하였다.32)

이렇듯 미국은 한국전쟁을 유엔을 통해 해결하고자 했다.

6월 28일 NSC에서 미국의 전쟁지도부는 소련의 개입 결과로 직면하게 될 어떠한 난관에서도 빠져나올 수 있도록 전투를 하되, 다른 명령이 있기까지에는 불필요하게 사태를 악화시키지 않도록 현지 사령관에게 지시하여야 한다는 원칙을 정하였다.33)

6월 29일 NSC에서 트루먼 대통령은 "북한군을 38도 선 이북으로 밀어내는 데 어떠한 조치라도 취하고 싶으나, 다른 곳에서 상황이 전개될 때 속수무책이 될 정도로 한국 상황에 깊이 말려 들어가는 것을 원하는 바가 아니다."라고 말하였다.34)

---

30) Department of State, *U. S. Policy in the Korean Crisis*, p.15.

31) Memo of Conversation, by the Ambassador at Large(Jessup), June 26, 50, *FRUS, 1950*, Vol.Ⅶ, p.183.

32) Department of State, "Statement Issued by the President, June 26, 1950", *FRUS, 1950*, Vol.Ⅶ, pp.178－183; Department of State, *U. S. Policy in the Korean Crisis*, p.18.

33) Paige, *The Korean Decision*, p.220; Acheson, *Present at the Creation*, p.411; Truman, *Years of Trial and Hope*, pp.340－341.

34) James F. Schnabel, *United States Army in the Korean War－Policy and Direction:*

한국전쟁 초기 미국의 전쟁지도부는 전쟁은 유엔을 통해 해결하되, 미국은 제3차 세계대전이 일어날 빌미를 제공하지 말아야 하고, 한국전쟁에 개입하더라도 혹시 있을 다른 상황에 대비해야 된다는 입장을 정했다.

또한 미국은 한국전쟁에 개입하더라도 제3차 세계대전에 대한 준비도 아울러 갖추어야 한다는 점을 강조하였다.[35]

3. 미국의 전쟁지도와 지휘체계

트루먼 대통령은 행정부 내 각 부처 간의 전시업무를 조정하고 협조할 전쟁지도부(war directory)의 설치를 전쟁 초기에 지시하였다. NSC에 설치된 전쟁지도부는 한국에서 전쟁을 지도하는 데 필요한 정책 및 전략을 수립하고 적용하는 것이 그 임무였다. 트루먼 대통령은 매주 실시하고 있는 국가안보회의 때 전쟁지도부 회의를 겸해서 개최하도록 하였다. 대통령은 보좌관들에게 모든 건의는 NSC를 거치도록 하였다.[36]

NSC 내 업무가 효과적으로 수행되려면 국무부와 국방부의 긴밀한 협조가 필수적이었다. 그런데 전쟁 초기 국무부와 국방부 간의 협조는 애치슨 국무장관과 존슨 국방장관 간의 개인적인 관계 악

The First Year(Washington, D.C.: Office of the Chief of Military History, United States Army, 1972), pp.76 – 77; Truman, *Years of Trial and Hope*, p.341; Acheson, *Present at the Creation*, pp.411 – 412.

35) NSC – 73, July 1, 1950.

36) Richard F. Haynes, *The Awesome Power: Harry S. Truman as Commander in Chief*(Baton Rouge, La.: Louisiana State University Press, 1973), p.185; *FRUS, 1950*, Vol.Ⅶ, p.312.

화로 활성화되지 못하였다.[37]

미국 국무부와 국방부 간의 협력체제가 효과적으로 이루어진 것은 마셜(George C. Marshall) 장군이 국방장관으로 임명된 1950년 9월 이후부터였다.

이때부터 미 국무장관과 국방장관은 최소한 1주일에 한 번 그들의 고위 보좌관들을 대동하고 미 합동참모본부의 상황실(map room)에서 회합을 갖고 공동관심사에 대해 논의하였다.[38]

이러한 조건하에서 애치슨 국무장관과 브래들리 합참의장은 논의를 통해 군사적 또는 정치적 견해 차이를 좁혀 나갈 수 있었다. 그들은 회합을 통해 전략적 또는 전술적 수준에 문제가 있다는 것을 알게 되었고, 그러한 문제들은 개별적인 것이 아니라 서로 관련되어 있음을 알게 되었다. 따라서 전쟁 동안 미 국무부와 국방부 간의 업무 협조는 순조롭게 진행되었다.[39]

한국에 대한 전반적인 전쟁지침은 NSC와 유엔안전보장이사회 및 유엔총회의 결의를 통해 나왔다. 유엔은 결의안을 통해 한국에서 유엔군이 수행해야 할 전쟁목표나 정책을 마련하였다. 보다 세부적인 군사작전을 위한 전략적 지도는 합동참모본부로부터 나왔다.

미 합참은 유엔의 결의안을 심층 분석하여 결의안에 담겨 있는 모든 군사적 사항을 고려하여 관계 기관과 협조한 후 NSC의 결정에 의거 맥아더 장군에게 보낼 지령을 작성하였다.[40]

미 합참이 맥아더 장군에게 보낼 전략지시는 보통 각 군 장관

---

37) Marshall's testimony, *MacArthur Hearings*, p.639.
38) Bradley's testimony, *MacArthur Hearings*, p.749.
39) Acheson, *Present at the Creation*, pp.272 - 273.
40) Marshall's testimony, *MacArthur Hearings*, pp.326 - 327.

및 각 군 참모총장과 협의를 거친 후 작성되었다. 그렇지만 맥아더 장군에게 보낼 전략지시가 국내 및 국제문제에 직접적인 영향을 미치게 될 경우, 합참은 그들이 작성한 지시 내용을 미리 국방장관에게 보고하였다.

미국방장관은 이에 대해 직접 애치슨 국무장관과 협조하였다. 반대로 NSC나 국무부가 작성한 계획안에 군사 관련 내용이 있을 경우 이는 합동참모본부의 검토를 거쳐 통과되었다. 미 국무부와 국방부에서 의견의 일치를 보이면 국방장관은 전략지시를 NSC에 제출하여 관련 부서와의 토의 및 조정 단계를 거쳐 나갔다. 이 회의에는 합참에서 브래들리 합참의장이 대표로 참석하였다. 각 정부 부처 간의 협조 및 업무조정이 끝나면 전략지시는 대통령의 재가를 받아 시행되었다.[41]

트루먼 대통령에게 보고될 군사사항 중에서 일상적인 업무(routine matters), 즉 정책적인 변화가 없거나 중요하지 않은 사안에 대해서는 종종 NSC를 거치지 않고 바로 국방장관이 대통령에게 직접 보고하는 경우도 있었다. 트루먼 대통령은 극동군 사령관 맥아더 장군에게 내리는 전략지시에 대해서 관심을 나타냈다.[42]

미국 합동참모본부는 트루먼 대통령에게 전쟁 상황과 관련된 군사상황을 매일 보고하였다. 매일 8시 45분에 미 합참의장 브래들리 장군은 국방장관에게 그 전날부터 야간까지 일어난 한국에서의 전

---

41) Marshall's testimony, *MacArthur Hearings*, p.639; Keith C. Clark and Laurence J. Legre, eds., *The President and the Management of National Security: A Report by the Institute for Defense Analysis*(New York: Frederick A. Praeger, 1969), p.58.

42) Marshall's testimony, *MacArthur Hearings*, p.582; Bradley's testimony, *MacArthur Hearings*, p.1067; Truman, *Years of Trial and Hope*, Vol. II, p.396.

쟁 상황에 대해 합참상황실에서 보고하였다. 그리고 9시 15분에 합참의장은 국방부에서 백악관으로 이동하여 합참상황실에서 국방장관에게 보고했던 내용을 다시 대통령에게 보고하였다.

브래들리 합참의장의 트루먼 대통령에 대한 일일 상황보고는 1950년 9월 30일까지 계속되었다. 그러나 이후부터는 유엔군의 38도 선 돌파와 중공군 개입 등 한국에서의 전선 상황에 대한 변화가 많았기 때문에 대통령에 대한 합참의장의 일일 정기보고는 수시보고로 이루어졌다.43)

트루먼 대통령에게 보고하는 과정에서 브래들리 합참의장은 대통령의 승인이 필요하거나 대통령이 알아야 될 정보사항 등 전반적인 군사 관련 문제에 대해서 보고하였다. 이러한 보고형식과 체제는 국방장관이 대통령에게 중대한 정책상의 변화 등 서류상의 재가를 필요할 경우를 제외하고는 그대로 유지되었다.

따라서 대통령과 국방장관, 그리고 합참의장을 비롯한 합동참모들은 서로 똑같은 정보를 공유할 수가 있었다.

또한 브래들리 합참의장은 맥아더 장군에게 보낼 전략지시를 비롯한 메시지와 서신을 트루먼 대통령으로부터 재가를 받으면 합동참모본부의 집행기관인 콜린스 육군참모총장을 통해 미 극동군사령부로 전송하였다.

그러나 콜린스 육군참모총장은 맥아더 장군의 작전을 직접 지휘할 수가 없었고, 작전지도는 합동참모본부만이 할 수 있었다. 콜린

---

43) Office Journal, General Omar N. Bradley, Chairman of the Joint Chiefs of Staff, The Bradley Collection, U. S. Military Academy Library, West Point, New York. Roy K. Flint, "The Tragic Flaw: MacArthur, The Joint Chiefs, and the Korean War", Ph. D. dissertation, Duke University, 1976, p.96.

스 육군참모총장은 단순히 합동참모본부의 집행기관으로서 합참의 지시를 미 극동군사령부에 전달하는 역할을 했을 뿐이다.44)

미국의 군사지휘체계는 대통령과 NSC로부터 합참을 경유하여 극동군 사령관으로 연결되었다. 미국 합동참모본부로부터 극동군 사령관 겸 유엔군 사령관 맥아더로 연결되는 지휘체계는 명확하였다.

그러나 한국전쟁은 지상전(land war) 위주로 전개되었고, 공군과 해군은 이를 지원하는 성격을 띠고 있었기 때문에 작전의 주도권은 육군이 장악할 수밖에 없었다. 맥아더 장군도 합동참모본부의 지시를 받는 통합군 사령관이었지만, 지휘방식은 제2차 대전 시의 지휘방식과 차이가 없었다.45)

한편 북한군이 계속 남진함에 따라 유엔군을 지휘할 지휘체제에 필요성이 대두하게 되었다. 미 국무부와 국방부는 연합지휘체계에 대한 작업에 착수하였다. 이는 제2차 세계대전의 경험에 따라 이루어졌다. 한국전쟁 발발 이후 첫 2주 동안 한국에 투입된 연합군은 맥아더 장군이 지휘하는 미 극동군사령부의 일부로서보다는 각국 정부와의 협조하에 작전을 실시하였다.

미국 합동참모본부는 한국에서 공식적인 지휘관계가 필요하다는 것을 알고 있었다. 여기에는 유엔군과 맥아더와의 관계를 분명히 할 필요가 있었고, 다른 유엔회원국의 병력 파견이나 지원 등에 대한 규정도 필요하였다.46)

---

44) Johnson's testimony, *MacArthur Hearings*, p.2629; Marshall's testimony, *MacArthur Hearings*, p.327.

45) Robert Futrell, *The United States Air Force in Korea 1950-1953*(New York: Duell, Sloan and Pearce, 1961), p.44; Wilbure Hoare, "Truman(1945-1953)", in *The Ultimate Decision: The President as Commander in Chief*, ed. by Ernest R. May(New York: George Braziller co., 1960), p.89.

유엔안전보장이사회는 7월 7일 결의안에서 모든 회원국에 한국에서 통합군사령부의 작전지휘를 받게 될 군대 파견과 원조 제공을 요청하고, 미국에는 통합군사령관을 임명해 줄 것을 요청하였다.

이에 따라 유엔은 한국에서 전쟁에 영향을 미칠 제반 문제에 대해 유엔을 대신할 집행기구로서 미국을 선택하였다. 또한 유엔은 한국에서의 상황을 유지하기 위해 미국 정부에 한국에서 통합군사령부가 실시한 조치에 관해 유엔안전보장이사회에 보고해 줄 것을 요구하였다.[47]

트루먼 대통령은 유엔의 결의안을 수행하기 위해 7월 8일 모든 유엔군을 지휘할 유엔군 사령관에 맥아더 원수를 임명하였다. 맥아더 장군은 7월 25일 공포된 일반명령 제1호에 의해 일본 동경에 있는 미 극동군사령부에 유엔군사령부를 공식 설치하였다.[48]

한국전쟁에서 미국의 작전지휘체계는 기존의 미 극동군사령부가 유엔군사령부의 역할을 겸했다. 미 극동군사령부가 유엔군사령부로서의 기능을 수행했음에도 불구하고 작전지휘 면에서는 전쟁 기간 큰 탈 없이 비교적 원활하게 수행되었다.

이는 유엔이 별도의 연합군사령부를 창설하여 전쟁을 수행하지 않고 극동에 있는 미국의 통합군사령부인 극동군사령부를 그대로

<hr>

46) Fact sheet, 6 July 1950, A.M.G. [Lt. Gen. Alfred M. Gruenther] to G-3, sub: [Questioning forming the basis for a high level discussion held sometime between 30 June and 5 July]. DA file OPS 091 Korea(S), National Archives.

47) Resolution of UN Security Council, 7 July 1950 in *American Foreign Policy, 1950–1955: Basic Documents*, Department of State Publication 6446, General Foreign Policy Series 117(Washington, D.C.: G.P.O., 1957), p.2550.

48) U. S. Congress, Senate, Committee on Foreign Relations, *Military Situation in the far East, Hearings, to Conduct an Inquery into the Military Situation in the Far East and the Facts Surrounding the Relief of General of the Army Douglas MacArthur from His Assignments in that Area*, part 5, 82d Cong., 1st sess., 1951, p.3382.

활용했기 때문에 가능하였다.

이에 따라 유엔군의 지휘체계는 단순화되었다. 전구 사령관인 맥아더 장군은 미국의 전쟁지도부와 합동참모본부 등 상급 군사기관으로부터 하달된 전략적 지시에 따라 작전을 지휘하였다.

한국에서 작전을 책임지고 있던 미 제8군은 워커(Walton H. Walker) 중장이 지휘하고 있었다. 그는 전쟁 이전부터 일본에서 점령임무를 수행하고 있던 미 제8군 사령관이었다. 미 제8군이 7월 13일 한국으로 이동하자, 그는 한반도에서 미 지상군에 대한 작전권을 행사하게 되었다.

이때 이승만 대통령은 한국군의 작전지휘권을 맥아더 장군에게 이양하는 조치를 취했고, 맥아더 장군은 미 제8군 사령관에게 한국군에 대한 지휘권을 행사하도록 지시하였다.[49]

그러나 미 제8군사령부의 한국군에 대한 작전지휘는 미 제8군과 한국의 육군본부가 상하관계라는 위치 때문에 작전을 하는 데 있어 복잡한 문제를 야기할 수도 있었다. 이에 미 제8군 사령관 워커 장군은 작전을 실시함에 있어서 한국의 육군본부에 명령하기보다는 요청하는 형식을 취함으로써 한국군과 조화를 이루며 효율적인 관계를 유지해 나갔다.[50]

한국 전장에서 유엔군은 단일의 통합군사령부에 의해 편성되어 창설했을 때의 의도대로 그 기능을 효과적으로 발휘하였다. 그러나 전쟁 진행 과정에서 연합국 간에는 의견 차이가 있었다.

맥아더 장군이 유엔군 및 한국군에 대한 완전한 작전통제를 실시한다 하더라도 연합군의 특성상 전쟁의 수행 과정에서 견해 차

---

49) Schnabel, *Policy and Direction*, p.102.

50) Flint, "The Tragic Flaw: MacArthur, The Joint Chiefs, and the Korean War", p.98.

이로 인한 갈등이 없을 수는 없었다. 유엔회원국은 이러한 갈등사항을 미국 정부에 제시하였고, 전쟁 동안 이러한 문제는 유엔결의에 의거 한국에 군대를 파병한 유엔회원국 정부와 상의를 통해 해결해 나갔다.[51]

이에 따라 미 합동참모본부는 정기적으로 한국에 군대를 파병한 국가들과 특정 문제에 대한 그들 국가의 입장을 확인한 후 문제점을 해결해 나갔다.

한국에서 미국의 전쟁지도는 최초 유엔의 결의안에 기초를 두고 이루어졌다. 6월 27일 유엔안전보장이사회의 결의안은 "북한군의 불법 남침을 격퇴하고 그 지역에서 국제평화와 안전을 회복"하기 위해 한국에 대한 원조를 제공하는 것이었다.

이에 따라 트루먼 대통령은 한국군을 지원하기 위해 북한군에 대한 미국 해군과 공군의 활동을 승인하였다. 또한 이 결의안은 대통령의 지상군 개입 결정에 대한 근거가 되었다. 6월 30일 미 합동참모본부는 6월 29일 맥아더에게 내렸던 전략지시를 수정하여 한반도에서의 군사작전에 대한 제한 사항을 철폐함과 동시에 새로운 전략지시를 하달하였다. 새로운 전략지시에서는 맥아더 장군에게 이미 투입된 해군과 공군에 추가하여 한반도에서 미 지상군을 전개할 권한을 부여하고 있었다.[52]

한국전쟁 초기 미국의 전쟁목표는 전쟁 이전 상태의 회복이었다. 합참의장 브래들리 장군은 맥아더 청문회에서 "맥아더의 군사목표

---

51) Collins's testimony, *MacArthur Hearings*, p.1188.

52) Memo, JCS to Secretary of Defense, 18 May 1951, sub: "Directives and Orders to General MacArthur Containing Restrictions on the Conduct of the Korean Campaign." DA file G3 091 Korea, National Archives.

는 침략을 격퇴하고 북한군을 38도 선 이북으로 몰아내는 것"이라고 밝혔다.[53]

또한 그 당시 미 국무부의 공식적인 견해도 "미국과 유엔군은 단지 현상유지를 회복하기 위해 싸워야 한다."고 하였다.[54]

따라서 전쟁 초기 미국과 유엔의 전쟁지도는 이러한 전쟁목표 틀 속에서 이루어졌다. 그러나 한국전선을 일선에서 책임지고 있는 전구 사령관 맥아더 장군에게는 구체적인 군사목표가 담긴 공시적인 전략지시가 내려지지 않았다. 맥아더 장군은 상세하면서 구체적인 요건이 생략된 임무형 명령(mission type order)만을 받았던 것이다. 전쟁 초기 맥아더가 워싱턴에 요구하여 받은 지시 내용은 전쟁 이전 상태의 회복과 북한군 격멸이었다.[55]

맥아더 장군의 한반도에서의 작전개념은 전쟁 초기에 이루어졌고, 그는 이러한 개념에 따라 한반도에 전개된 미군을 비롯한 유엔군의 작전을 지도하였다. 맥아더 장군의 작전개념은 전략상의 기습으로서 북한군의 전선을 남북으로 양단하여 2개 전선을 강요하면서 병참선을 차단하고 그들의 퇴로를 차단하는 것이었다. 이는 곧 맥아더 장군이 부여받은 북한군 격멸과 전쟁 이전 상태의 회복이라는 정책 및 군사목표를 달성하는 것이었다. 그는 6월 29일 한국전선을 방문했을 때, 북한군을 격퇴할 계획을 착상하였다.

맥아더 장군은 이 계획에 따라 작전을 지도하고 부대를 운용하였다. 그는 먼저 휘하의 제8군을 한반도에 신속히 전개하여 북한군

---

53) Bradley's testimony, *MacArthur Hearings*, p.954.

54) U. S. Department of State, *Bulletin*, 23(July 10, 1950), pp.579－80; Acheson's testimony, *MacArthur Hearings*, pp.1729, 1782.

55) Flint, "The Tragic Flaw: MacArthur, The Joint Chiefs, and the Korean War", p.101.

을 가급적 북쪽에서 접촉을 유지하면서 적의 진출을 지연시키고자 하였다. 이렇게 공간을 내주고 시간을 얻음으로써 부산에 교두보를 확보하는 것이었다.

이때 한국에 전개된 미군과 한국군을 증강하여 적의 진출을 저지한 후 북한군의 병참선을 차단할 상륙작전을 전개한다는 개념이었다. 상륙작전이 성공하게 되면 미군과 한국군은 전략적 공세로 전환하여 북한군을 격멸한다는 것이었다.[56]

한국전쟁 초기 최전선인 한강방어선을 직접 시찰했던 맥아더 장군은 북한군의 진격 저지와 함께 "절대 우위의 제공 및 제해권을 이용하여 북한군의 배후로 군대를 상륙시켜 일거에 적을 격멸한다."는 작전을 구상하였다.[57]

그는 7월 7일 합참에 "북한군 전선 후방 깊숙이 상륙작전을 전개하여 적을 격퇴할 계획"이라고 알렸다.[58]

맥아더 장군은 7월 13일 워싱턴에 보낸 전문에서도 북한군에 대한 "정면공격은 성공할지라도 미군에 엄청난 손실을 입히게 될 것"이라고 말하였다. 그러나 인천상륙작전은 "적 후방에 또 하나의 전선을 형성하여 북한군에게 2개의 전선에서 전쟁을 강요함으로써 적의 군사력을 분산시킬 뿐만 아니라 남쪽으로 과도하게 신장된 적의 보급로를 차단시키고, 한국 제2의 항구를 확보"해 줄 것이라고 맥아더는 말했다. 또한 "인천상륙작전에 의한 수도 서울의 탈환

---

56) MacArthur's testimony, *MacArthur Hearings*, p.48; First Report of UNC to Security Council, *MacArthur Hearings*, p.3388; Ridgway, *The Korean War*, pp.26-27; Courtney Whitney, *MacArthur: His Rendezvous with Destiny*(New York: Knof, 1956), pp.319, 342-345.

57) MacArthur to JCS, 7 July 1950, *FRUS, 1950*, Vol.Ⅶ, p.336.

58) John W. Spanier, *The Truman-MacArthur Controversy and The Korean War*(Cambridge: The Belknap Press of Harvard University Press, 1959), pp.77-78.

은 심리적으로나 정치적으로 북한군에게 엄청난 타격을 줄 것”이
라고 그는 말하였다.[59]

또한 그는 인천상륙작전은 “10만 명의 생명을 구하게 될 것이
다.”고 말하였다.[60]

미 합참은 맥아더 장군의 인천상륙작전을 9월 8일 승인하였다.[61]
크로마이트(CHROMITE)’로 명명된 9월 15일 인천상륙작전은 맥아
더 장군의 과감하고 숙달된 기동으로 완전한 기습을 달성함으로써
군사적 성공을 이루게 되었다. 신속한 인천상륙작전은 맥아더 장군
이 계획했던 전략적 목표들을 모두 달성하게 하였다.

첫째는 한국에서 두 번째로 큰 인천항을 확보하게 했고, 둘째는
북한군에게 2개의 전선을 강요했고, 셋째는 낙동강 방어선에 있는
북한군의 보급로를 차단하게 했고, 넷째는 서울 탈환으로 북한에
정치적으로 치명적인 타격을 가하게 하였다. 이로 인해 낙동강에서
미 제8군은 총반격을 개시하여 38도 선에 도달하는 한편, 남한 지
역은 공산주의 지배로부터 벗어날 수 있게 되었다.

한편 미 합참에서는 9월 15일 맥아더 장군의 요청에 따라 트루
먼 대통령이 9월 11일 승인했던 NSC−81/1 보고서의 사본을 맥아
더에게 보냈다. 인천상륙작전 이후 군사적으로 유리한 상황에서 합
참은 9월 25일 맥아더 장군을 위한 북한에서의 군사작전에 대한
명령서를 새로 임명된 마셜 국방장관에게 보고했다. 마셜 국방장관
과 미 국무부도 이 내용에 동의하였다. 트루먼 대통령도 9월 27일

---

59) *Ibid.,* p.78.

60) Schnabel and Watson, *The Korean War,* Vol. Ⅲ, Part 1, pp.203−214; Collins, *War in Peacetime,* pp.116, 118−129; Acheson, *Present at the Creation,* pp.447−448.

61) Collins, *War in Peacetime,* pp.128−129; Acheson, *Present at the Creation,* pp.447−448.

그 명령서에 재가하였다.[62]

9월 27일 맥아더 장군에게 전달된 합참의 명령서에는 "북한군 격멸이라는 군사목표를 달성하기 위해 귀관은 38도 선 북쪽에서의 지상작전을 포함한 상륙 및 공수작전을 실시할 권한을 부여하며, 38도 선 이북에서 유엔군이 작전을 하는 데 있어서 대한민국과 대한민국 군대는 군사작전과 군사점령에 있어서 협력해야 한다."라고 되어 있었다. 그러나 여기에는 "북진을 하는 데 있어 중공이나 소련이 참전하지 않아야 되고, 또 그들이 유엔군의 북진을 위협하거나 개입할 의도가 없을 경우에만 실시해야 된다."는 조건이 붙어 있었다.[63]

맥아더 장군은 38도 선 이북에서의 유엔군 군사작전에 대한 세부계획을 9월 28일 합참에 보고하였다. 이 작전계획에 의하면 미 제8군은 서부해안지대를 따라 북상하여 평양을 공격하고, 미 제10군단은 동해안의 원산 부근에서 수륙양륙작전을 실시한 후 미 제8군과 함께 평양을 측면에서 공격한다는 것이었다. 이때 미 제3사단은 유엔군의 예비로서 일본에 배치되며, 중공군의 개입을 방지하기 위해 정주-영원-흥남을 연하는 선 이북에는 한국군만 진격하도록 되어 있었다.[64]

미 합참은 9월 29일 맥아더에게 그의 작전계획을 승인하였음을 통보하였다.[65]

---

62) Collins, *War in Peacetime*, p.146; Schnabel, *Policy and Direction*, pp.181-182.

63) Division of Historical Policy Research, Department of State, *American Policy and Diplomacy in the Korean Conflict*, Part 6, p.118; *FRUS, 1950*, Vol.Ⅶ, p.785.

64) Douglas MacArthur, *Reminisences*(New York: Mcgraw-Hill Book Company, 1964), p.358; Collins, *War in Peacetime*, pp.156-158; Schnabel, *Policy and Direction*, pp.187-191.

또한 이날 마셜 국방장관도 맥아더 장군에게 "우리들은 귀하가 계속 진군하는 데 있어 전술적 전략상 아무런 지장도 받지 않고 38도 선 이북에 진격하기를 바란다."라고 말하였다.[66]

> 귀관의 군사적 목표는 북한군의 격멸에 있다. 이 목표를 달성함에 있어 귀관은 38도 선 북쪽에서 상륙 및 공중작전을 포함한 군사작전을 실시하도록 인가되었다. 이는 그러한 작전 시에 소련이나 중공의 주요부대의 북한 진입이 없거나, 진입하겠다는 의도의 발표도 없고, 또 북한에서 우리의 작전에 군사적으로 대응하려는 어떠한 위협도 없는 조건이어야 한다. 그렇지만 어떠한 환경에서도, 귀관은 만주나 소련의 국경을 넘어서는 안 되며, 그리고 정치적 문제로서 한국군이 아닌 어떠한 지상군도 소련에 접한 북동지역이나 또는 만주경계선에 연한 지역에서 운용되어서는 안 된다. 나아가 38도 선 남쪽에서나 북쪽에서 실시하는 귀관의 작전에 대한 지원이 만주나 소련영토에 대한 공중 및 해상작전을 포함해서도 안 된다.
> 공개적으로 군사적 개입을 할 경우에 유엔군은 수세로 전환하여 사태를 악화시킬 일체의 조치를 하지 말 것이며 이를 즉각 워싱턴으로 보고한다. 38도 선 이북에서 소련군의 주요부대가 공개적으로 운용될 때에도 같은 조치를 취한다. 중공군의 주요부대가 38도 선 이남지역에서 공개적 또는 비공개적으로 군사적 개입을 해 올 경우 유엔군은 이에 대해 성공적으로 대항할 수 있다고 판단될 경우에만 전투를 계속한다. 북한군의 조직적인 저항이 사실상 끝나게 되면 잔존 북한군의 무장해제와 항복조치는 국군이 앞장서 시행하도록 한다.
> 한국정부는 한반도에서 유일한 합법정부로 인정받고 있지만 38도 선 북쪽에 대한 통치권은 일반적으로 인정되고 있지 않다. 38도 선 북쪽에서의 군사작전과 점령에는 한국 및 국군과 협력해야 하지만 북한으로의 통치권의 확대와 같은 정치적 문제는 통일을 위한 유엔의 조치를 기다려야 한다.[67]

---

65) The Secretary of Defense(Marshall) to the Commander in Chief, Far East(MacArthur), September 29, 1950, *FRUS, 1950,* Vol. Ⅶ, p.826.

66) Harry S. Truman, *Policy Papers of the Presidents of the United States, January 1 to 31, 1950*(Washington, D.C.: G.P.O., 1965), p.361; *FRUS, 1950,* Vol. Ⅶ, p.826.

67) Schnabel, *Policy and Direction,* p.183.

미국 합동참모본부는 1950년 10월 9일 중공군이 참전할 경우 한국 위기의 확대를 막기 위해 맥아더 장군에게 추가로 명령하였다. 미 합참은 맥아더 장군에게 "한국 어디서든 중공군이 공개적으로 혹은 사전에 선전포고를 하지 않고 개입할 경우 맥아더 장군 휘하의 군대는 그의 판단에 따라 승리를 위한 군사행동을 계속한다. 어떠한 경우든 맥아더 장군은 중국 영토 내 목표에 대해 군사행동을 취하기 전에 반드시 워싱턴의 승인을 받아야 한다."라고 지시하였다.[68]

또한 이날 맥아더 장군은 두 번째로 북한의 항복을 요구하는 성명을 발표하였으나, 북한 당국으로부터 아무런 반응이 없자 유엔군에게 38도 선에 대한 돌파 명령을 내렸다. 맥아더는 미국 전쟁지도부의 전략지침과 유엔결의에 따라 북한군의 격멸과 완전한 군사적 승리를 위해 38도 선을 돌파하여 북한으로 진군을 하게 되었다.

4. 북한군 남침 이후 미국 정책과 전략에 대한 평가

미국은 극동에서의 대소 봉쇄선인 한국이 북한의 남침을 받자 한국전쟁에 개입하였다. 미국은 과거 봉쇄정책이 성공했던 그리스·터키·베를린의 예에 따라 한국에서도 이와 똑같은 봉쇄정책을 적용하고자 하였다.

미국은 봉쇄정책을 적용함에 있어 전쟁목표를 38도 선의 회복과 북한군 격멸에 두었고 이를 유엔의 집단안전조치에 의해 해결하고

---

68) The Joint Chiefs of Staff to the Commander in Chief, Far East(MacArthur), October 9, 1950, *FRUS, 1950,* vol. Ⅶ, p.915.

자 하였다. 그러나 이와 같은 미국의 전쟁정책이 통한정책(統韓政策)으로 바뀜에 따라 미국의 전략도 북한군 격멸과 이에 따른 철저한 승리전략을 추구하게 되었다.

여기서 분명한 것은 미국은 전쟁계획에 따라 한국전쟁에 개입하지 않았다는 것이었다. 이는 미국이 소련과 중공과의 충돌을 피하고자 했던 데에서 알 수 있다.

한국전쟁에 대한 미국의 전쟁지도는 NSC에서 민간 및 군부지도자들 사이의 충분한 논의를 거쳐 결정된 사항에 대해 군령기관인 합동참모본부를 통해 전구 사령관인 미 극동군 사령관 겸 유엔군 사령관에게 전략지시를 하달하는 지휘체계를 통해 이루어졌다.

이러한 전쟁지도 원칙은 전쟁 기간 동안 계속 유지되었다. 다만 이 시기 전쟁수행에 있어서 무게 중심은 극동군 사령관 맥아더 원수에게 쏠려 있었다. 맥아더 장군은 제2차 세계대전에서의 뛰어난 전공과 탁월한 전략적 식견 그리고 미군 현역 군인 중 최고 선임자라는 군내의 서열로 인해 위대한 군인으로 존경받는 위치에 있었다.

맥아더 장군은 제2차 세계대전 시 미국의 군사전략이었던 절대승리전략에 대한 숭배자이자 실천가였다. 당시 미국의 군부 지도자들은 이러한 전통적 군사사상에 젖어 있었다. 이러한 군사적 전통을 이어받은 맥아더 장군은 한국전쟁에서도 무조건 항복 및 적의 완전 격멸이라는 절대승리전략을 추구하는 작전지휘를 실시하였다.

맥아더 장군은 이를 위해 적에게 2개의 전선을 강요하는 상륙작전을 통해 적을 양분시킨 다음 무조건 항복 또는 적의 격멸을 위한 38도 선 돌파 및 이에 따른 북진전략을 추진하였다.

맥아더 장군에게는 모든 전쟁이 그러했듯이 전쟁에서 승리 이외의 대안은 없었다. 맥아더에게 트루먼 대통령이 추구했던 제한전쟁이나 제한전략과 같은 용어는 전혀 생소한 것이었다.

즉, 제3차 세계대전을 방지하기 위한 일환으로 제한전쟁의 개념으로 한국전쟁을 수행하고 있는 트루먼 행정부와 절대승리개념에 함몰되어 있는 맥아더 장군 사이에는 전쟁수행 개념에 있어서 간극이 도사리고 있었다.

제3절 중공군 개입 이후 미국의 전쟁정책과 전략 그리고 지도

1. 미국의 전쟁수행정책과 전략

중공군은 1950년 10월 25일 한국전쟁에 개입하여 북한을 지원했다. 이에 미국은 중공군의 대규모 개입을 공식으로 확인하게 되면서 한국에서의 전쟁수행정책을 재검토하게 되었다. 1950년 11월 26일 중공군은 유엔군의 '전쟁을 종결짓기 위한 최후의 공세에 맞서 30만 명의 대군으로 서부전선과 동부전선에서 총공세를 단행하였다.

중공군이 제2차 공세를 성공적으로 전개할 무렵인 11월 28일(한국시각)에야 맥아더 장군은 약 20만 명 이상의 병력을 갖춘 중공군의 한국전 개입과 관련한 특별성명서에서 "유엔군은 이제 완전히 새로운 적군과 대치하고 있다."고 발표하였다.[69]

맥아더 장군은 중공군에 대한 조치를 내놓기 시작하였다. 맥아더

---

69) *New York Times*, November 29, 1950.

장군은 새로운 전쟁에서 새로운 적에 대처하는 방안으로 1950년 11월 28일 합동참모본부에 향후 유엔군은 종전의 공세적인 자세에서 수세적인 자세로 전환할 것을 건의하였다. 그는 이날 미 제8군 사령관과 미 제10군단장 등 한국전선의 군단장급 이상 지휘관과 극동군사령부 참모들을 도쿄의 극동군사령부로 소집하여 비상회의를 개최하였다. 회의 참석자들은 11월 28일 21:50분부터 29일 01:30분까지 한국에서의 군사적 상황을 검토하면서 이에 대한 대책을 논의하였다.

이 회의에서 맥아더 장군은 미 제8군 사령관과 미 제10군단장에게 예하 부대를 현재의 위치에서 남쪽으로 철수할 것을 명령하였다.[70] 미 합참은 11월 29일 트루먼 대통령의 승인하에 11월 28일자 맥아더가 보고한 상황 판단에 동의하면서 유엔군이 북한에서 방어태세로 전환해야 한다는 맥아더의 건의를 승인하였다.[71]

트루먼 대통령은 중공의 개입에 따른 사태를 논의하기 위해 국가안보회의를 소집하였다. 군사보좌관들은 대통령에게 "미국이나 유엔은 중공과의 전쟁에 휘말려서는 안 되며 미국이 계획하고 행동하는 모든 것은 유엔이라는 틀 속에서 이루어져야 한다."고 건의하였다.[72]

회의 참석자들은 "한국에서 중공의 행위가 세계 공산주의 전략의 일부이며, 소련은 세계대전을 감수할 의도를 갖고 있다."는 애치슨의 의견에 모두 동의하였다.[73]

---

70) Collins, *War in Peacetime*, p.221; Schnabel, *Policy and Direction*, p.279.

71) Schnabel, *Policy and Direction*, p.27; MacArthur, *Reminiscences*, p.375.

72) *FRUS, 1950*, vol.Ⅶ, pp.1242 – 1249.

73) *Ibid.*

그러나 중공군의 개입이라는 비상사태에 직면한 미국 전쟁지도부의 행보는 여러 형태로 나타났다. NSC의 선임연구팀은 중공군 개입이라는 새로운 사태를 맞아 유엔군의 북진에 힘을 실어 준 NSC-81/2(한국통일계획)를 미국이 장차 고려해야 될 정책대안에서 제외시키는 조치를 취했다.74)

트루먼 대통령은 1950년 11월 30일 기자회견에서 한국에 원자폭탄의 사용도 불사하겠다고 말했다가 영국 등 서유럽 국가들로부터 맹렬한 항의를 받았다. 애치슨은 12월 1일 회의에서 38도 선에서의 휴전을 제의하였다.75) 그러나 국방부는 국무부의 휴전에 반대하는 입장을 보였다.

미국 국방부는 전략적 차원에서 한반도에서 전쟁을 국지화하지 말고 전쟁을 확대해야 된다고 주장하였다. 미국 국방부의 이러한 주장은 소련과의 전면전을 고려한 전쟁계획의 발동을 의미하였다. 미국 국방부의 이러한 주장의 배경에는 미국이 전쟁계획을 수립할 때 고려했던 전략적 이해관계와 연관이 있었다.

미국은 제2차 세계대전 이후 아시아는 유럽보다 가치가 떨어지고 아시아에서도 한국은 일본이나 대만에 비해 덜 중요하다고 판단하였다. 이러한 논리에서 전략적으로 중요하지 않은 한국에 국한하여 전쟁을 국지화하지 말고, 만주와 중국 본토로 확전을 하되, 이러한 능력이 없다면 한반도에서 유엔군을 일본으로 철수시켜 일본을 방위하면서 전열을 재정비한 후 기회를 보아 보복하자는 주장을 하였다.

---

74) *Ibid.*, p.1263.

75) Memorandum of Conversation, by the Ambassador at Large(Jessup), December 1, 1950, *FRUS, 1950*, vol.Ⅶ, pp.1276-1281.

이에 미 국무부는 소련과의 전면전을 회피하면서 미국의 위신을 세우고 동맹국과의 관계를 고려한 정치적 입장에서 휴전안을 제시하였다.[76]

미국 국무부는 국방부의 주장에 대해 반대하였다. 그 이유는 중공군에 대한 군사적 보복 주장은 전화(戰禍)를 만주와 중국 본토로 확대시켜 대소 전쟁의 위협을 현저히 증대시킬 것이라고 판단했기 때문이다. 국무부는 소련과의 전면전을 피하면서 미국의 위신을 세우고 대서방 관계를 고려하여 전쟁을 한반도에 국지화하는 가운데 38도 선 부근에서 전선을 안정시킨 후 협상을 통한 휴전을 모색해야 한다고 주장하였다.

또한 미국 국무부는 미 지상군의 철수는 자칫 아시아 국가들에 소련에 대한 미국의 항복이라는 인식을 심어 줌으로써 그들로 하여금 서둘러 소련 및 중공과의 관계 개선을 시도하게 할 것이라는 점에서 반대하였다[77].

미국 전쟁지도부는 한국에서 군사력에 의한 자주·독립·통일한국의 실현이라는 목적이 중공군의 개입으로 좌절되자, 국무부와 국방부는 이의 해결을 놓고 치열한 논쟁을 거쳤다.

그러나 미국 국무부와 국방부가 논의를 거쳐 합의에 도달한 결론은 전선의 안정을 우선 추진하고 동시에 휴전을 모색한다는 제한전략(limited strategy)이었다.[78]

미국 합동참모본부도 1950년 12월 29일 맥아더에게 새로운 훈령을 하달하였다.[79]

---

76) *Ibid.*, pp.1276 - 1281.

77) *Ibid.*

78) *FRUS, 1950*, vol.Ⅶ, pp.1276 - 1281, 1323 - 1334, 1570 - 1573.

79) JCS to MacArthur, 29 December 1950, *FRUS, 1950*, Ⅶ, pp.1625 - 1626.

그것은 "미군의 현 전력으로 축차적인 방어 작전을 전개하는 한편, 미군의 큰 손실이 없다면 일정한 선에서 방어선을 확보하고 일본방위에 대한 부단한 위험을 고려하여 한반도로부터 철수작전을 시행할 기회와 조건을 최종적으로 결정하라"는 것이었다.

그러나 이 훈령은 대중공 강경입장을 견지해 온 맥아더에게는 극히 불만스러운 것이었다. 맥아더는 즉시 합참에 중국 해안 봉쇄, 중국 본토 군수산업시설 폭격, 장개석 군대의 파한과 중국 본토에 대한 견제공격 실시 등 4개 항의 확전조치를 결정해 줄 것을 촉구하였다.[80]

이에 대해 워싱턴은 미국은 어떠한 경우에도 철수하지 않는다는 기본입장만 계속 전달했을 뿐 맥아더의 요구를 들어주지 않았다.

미국은 전선의 안정을 모색하는 한편 미군의 전력강화를 위한 조치를 취하였다. 트루먼 대통령은 1950년 12월 1일 국회에 168억 달러의 추가 방위예산 배당을 요구했고, 12월 16일에는 국가비상사태를 선포하였다.[81]

트루먼 대통령은 여기에서 유엔 원칙의 고수, 자본주의 국가들의 공동방위 강화, 육·해·공군의 강화와 무기생산의 확대, 그리고 경제의 확대와 균형을 위해 노력할 것을 다짐하였다.

미국은 중공군의 제3차 공세(1950.12.31~1951.1.8)를 격퇴한 후 전선이 다소 안정되자 1951년 1월 12일 국가안보회의에서 NSC-101이라는 새로운 전쟁정책을 수립하였다.[82]

NSC-101에서는 미국 국무부의 입장이 많이 반영되었다. NSC

---

80) MacArthur to the Department of the Army, *FRUS, 1950,* Ⅶ, pp.1630-1633.
81) Editorial Note, *FRUS, 1950,* vol.Ⅶ, p.1548.
82) NSC-101, *FRUS, 1950,* vol.Ⅶ, pp.70-72.

−101은 중공의 공세를 소련의 세계 전략적 차원에서 파악한 국무부의 견해가 우세하게 작용하였다. 그렇기 때문에 이 문서에서 확전은 전면전을 초래할 우려가 있으므로 군사적 안정을 추구하되 그것이 여의치 않을 경우 철수한다는 원칙을 수립하였다. NSC−101에 나타난 미국의 전쟁수행을 위한 목적은 다음과 같다.

첫째, 아시아의 연해방위선을 유지하고 대만을 방어한다.

둘째, 미국의 재군비 작업이 초기 단계에 있고, 나토가 강화되지 않은 점을 고려하여 소련과의 전면전을 회피하면서 우호적인 중국 정부를 지원한다.

셋째, 남한에 대해서 최대한 지원한다.

이를 위해 미국은 다음과 같은 지침을 마련하였다.

첫째, 한반도에서 군사적 안정을 추구하되 여의치 않으면 일본으로 철수한다. 일본의 방위력 강화를 위해 2개 사단을 추가로 투입한다.

둘째, 중공에 대한 무역봉쇄를 단행하고, 필요시 해상봉쇄도 고려한다.

셋째, 중공의 공군이 미군에 대해 폭격을 가하면 중국 본토를 공격한다. 이 방침은 1951년 1월 17일 작성된 NSC−101/1에서 다시 확인되었다.[83]

1951년 3월 중순 미군은 서울을 재탈환하고 하순에는 38도 선에 도달함으로써 전선은 거의 전쟁 이전 상태로 돌아왔다. 이때 미국 전쟁지도부의 핵심부서인 국방부와 국무부는 다시 현 상황을 놓고 정책상의 이견을 노정시켰다.

미 합참은 3월 중순 서울 일대의 탈환으로 군사력 운용에 자신감이 생기자 한반도의 허리(평양−원산)인 39도 선에서 방어선을

---

83) NSC−101/1, *FRUS, 1950*, vol. Ⅶ, pp.93−94.

확보해야 한다며 38도 선 재 돌파를 강력히 요구하였다.[84]

여기에서 미국 국방부가 굳이 39도선을 고집한 이유는 동서를 잇는 방어선이 짧고 천연방어물이 많기 때문에 방어에 용이하고 쌀 생산의 북방한계선까지 포함될 수 있으며 더욱이 평양을 확보함으로써 총인구의 90%를 보유할 수 있다는 이점 때문이었다.

미 국무부는 대통령이 직접 성명을 발표하여 전투행위 종식과 전쟁재발을 방지하는 협정을 제의하고, 휴전 성립 때까지 미군은 공산군에 대하여 군사작전을 계속하자는 절충안을 마련하였다.

미국 국무부가 이러한 정책을 내놓은 배경은 다음과 같다.

첫째, 압록강까지 진격하자면 최소한 10만 명 이상의 희생을 각오해야 하며, 이러한 희생은 얻을 수 있는 정치적 성과에 비해 너무 막대하다.

둘째, 북한을 점령한다 하더라도 결과는 중공과의 장기전에 말려들 여지가 농후하다.

셋째, 소련의 참전을 유발하게 될 염려와 서유럽의 군사적 무방비 상태를 초래시킬 위험이 증대할 수 있다는 것이다. 즉, 미 국무부는 이들 요인들을 고려하여 절충안을 내놓았다.[85]

미국 국무부의 절충안에 따라 트루먼 대통령은 중공과의 직접협상을 제의할 성명서를 준비하고 있었다. 그런데 1951년 3월 24일 맥아더 장군은 "이 전쟁을 한반도에만 국한시키지 않고 중국 해안이나 내륙으로 군사작전을 확대한다면 중공군은 붕괴할 위험에 빠

---

84) Memorandum of JCS for Secretary of Defense, 27 February 1951; Ridgway, *The Korean War*, p.187; Schnabel, *Policy and Direction*, p.400.

85) JCS 1776/192, Incl. B, App. to Annex A; Schnabel, *Policy and Direction*, pp.351-352.

질 것이다. ……더 이상의 피를 흘리지 않기 위해 공산군의 사령관과 회담할 준비가 되어 있다.”는 내용의 성명을 미국 정부와 상의도 하지 않은 채 대통령보다 먼저 발표하였다.[86]

이로 인해 승리 이외에는 대안이 없다는 신념을 갖고 있던 맥아더 장군은 1951년 4월 11일 극동군 사령관을 비롯한 모든 직책에서 전격적으로 해임되었다.

맥아더 장군이 해임된 이유는 크게 두 가지이다.

첫째, 맥아더 장군이 한국전쟁을 수행하면서 전쟁과 관련하여 대외기관에 발표한 성명이나 발언이 미국의 외교 및 군사정책에 혼선을 가져와 대통령이나 국무부 및 국방부를 곤란하게 만들었다.

둘째, 이에 대해 대통령은 각료들에게 지시하여 누구든지 대외 발표를 할 때는 반드시 워싱턴의 사전 통제를 받도록 몇 차례에 거쳐 지시하였는데 맥아더 장군이 이를 어기자 대통령의 명령에 대한 불복종 및 권위에 도전한 것으로 보고 각료들의 의견을 받아들여 극동군 사령관을 포함한 모든 직위에서 해임하였다.[87] 맥아더

---

86) The Secretary of State to Certain Diplomatic Offices, 24 March, 1951, *FRUS, 1951*, vol. Ⅶ, pp.265 - 266.

87) Spanier, *The Truman - MacArthur Controversy and The Korean War*, pp.137 - 210; Schnabel, *Policy and Direction*, pp.365 - 377. 트루먼 대통령이 맥아더를 해임하게 된 보다 근본적인 이유는 두 사람 간의 전쟁 개념 및 수행에 대한 차이점에서 찾을 수 있다. 맥아더 장군은 전통적인 군인 가문에서 태어나 미군 역사상 그 유례를 찾아보기 힘들 정도로 정통 엘리트 코스를 밟아 가장 성공한 군인으로 성장하였고, 그 과정에서 “전쟁에서 승리를 대신할 것은 없다.”라는 자신의 말처럼 전쟁에서는 완벽한 ‘승리지상주의자(勝利至上主義者)’였다. 그래서 맥아더 장군은 한국전에서도 철저한 승리를 추구하였다. 한국전에서 그는 미국 정부가 중공을 자극하지 않기 위해 대만(臺灣) 중립화 정책을 추구하고, 또 중공군 개입 이후에도 만주지역에 대한 폭격을 하지 못하도록 제한한 것에 대해 군사적 제한조치로 보고서 이에 반하는 발언과 성명을 발표함으로써 발생한 트루먼 대통령과의 갈등이 화근이 되어 해임으로까지 이어지게 되었다. 반면 트루먼 대통령은 군에 대한 문민우위의 미국적 사고방식을 갖고 있는 정치가로서 한국전 참전결정에 중요한 역할을 했던 제2차 세계대전에서의 역사적 교훈과 제3차 세계대전의 방지 차원에서 한국전을 수행하고자 하였다. 트루먼 대통령은 제2차 세계대전 시 미국을 비롯한 연합국이 전체주의 국가인 독일과 일본, 이탈리아가 인접

장군의 해임 이후 미국은 국무부의 입장이 반영된 종전을 위한 휴전정책을 추진하게 되었다.

그 결과 한국에서의 군사작전도 38도 선을 전술적으로 보호하기 위해 설정된 캔사스(Kansas) 및 와이오밍(Wyoming) 선 북방으로의 작전이 제한되었고,[88] 이후 북진을 위한 대규모 군사작전은 이루어지지 않았다.

2. 미국 전쟁지도부의 전쟁지도

이 시기 미국 워싱턴의 전쟁지도부에는 변화가 없었다. 다만 한국에서의 지상군을 총괄하여 지휘하고 있던 워커(Walton H. Walker) 미 제8군 사령관이 1950년 12월 23일 교통사고로 전사하자, 후임 미 제8군 사령관으로 육군참모차장인 리지웨이(Matthew B. Ridgway) 중장이 12월 26일 신임 제8군 사령관에 취임하였다.[89]

약속국가들을 침범한 것을 묵인하였기 때문에 전쟁이 발생했다고 보고, 한국에서도 북한의 침략을 묵인하면 결국 이것이 도화선이 되어 제3차 세계대전으로 확대되기 때문에 이를 사전에 방지하는 차원에서 참전을 결정하였다. 이렇듯 한국전쟁 시 트루먼 행정부의 외교 및 군사정책은 한반도에서 확전을 피함과 동시에 제3차 세계대전이 일어날 빌미를 중공이나 소련에 결코 제공하지 않겠다는 것이 기본방침이었다. 그런데 트루먼 대통령이 보기에, 맥아더 장군의 확전을 자극하는 발언과 성명이 미국의 우방국인 영국을 비롯하여 다른 참전국들로 하여금 미국의 전쟁정책을 오해하도록 하여 미국의 대외정책에 혼선을 가져오고, 나아가 국가신뢰도를 떨어뜨린 것으로 판단하고, 그의 해임을 적극 고려하게 되었다. 특히 맥아더 장군이 그 같은 발언을 하지 말도록 대통령이 지시한 언론보도제한 지침을 계속 어기게 되자, 트루먼 대통령은 이를 대통령 명령에 대한 불복종 및 권위에 명백한 도전행위로 보고 결국 맥아더 장군을 모든 군사 직위에서 해임하게 되었다.

88) 미국은 한반도에서의 휴전정책을 고려하면서 38도 선을 유지한다는 방침을 수립하였다. 이에 따라 미국은 휴전 후 38도 선을 안정적으로 유지하기 위해 38도 선 북방의 10~20km까지를 유엔군이 진출해야 될 선으로 설정하고 이를 캔사스 선으로 명명하였다. 와이오밍 선은 중부지방의 전략적 요충지인 철원－평강－금화를 확보하기 위해 설정된 선으로 캔사스 선보다 약간 북쪽에 설정되었다.

당시 전선 상황을 보면, 중공군의 개입 후, 유엔군은 평택-안성 -울진을 연하는 선에서 전열을 정비하고, 1951년 1월 중순부터 재반격 작전을 실시하였으며, 3월 중순에는 서울을 탈환하고 3월 말에는 38도 선에 이르게 되었다. 또한 4월에는 38도 선을 확보하기 위해 이 선의 10~20㎞ 전방에 설치된 캔사스 선을 점령하기 위한 러기드(Rugged) 작전에 성공하자 철의 삼각지대를 확보하기 위한 돈틀리스(Dauntless) 작전을 개시하였다.

그리고 바로 돈틀리스 작전 개시일에 맥아더 장군이 해임되었다. 미 제8군이 돈틀리스 작전을 진행하고 있을 때, 중공군은 대규모 병력을 동원하여 제1차 춘계공세(중공군 제5차 공세)를 단행하여 서울을 다시 점령하고자 시도하였으나, 막대한 인명피해만 입은 채 실패하였다.[90]

미국은 전쟁 초기 제3차 세계대전을 방지하기 위해 소련과 중공의 개입을 예의 주시하면서 이러한 징후가 있을 경우에 대비한 군사지침을 합동참모본부를 통해 맥아더 장군의 미 극동군사령부에 지시하였다.

이에 따라 미 합동참모본부는 38도 선 돌파와 관련하여 파생될 수 있는 문제를 파악하기 위해 1950년 9월 27일 맥아더에게 중공의 개입 여부를 분석하여 보고할 것을 지시하였다. 맥아더 장군은 그 다음 날인 9월 28일 합동참모본부에 중공군의 북한 개입에 대한 징후를 발견하지 못했음을 보고하였다.[91]

---

89) Schnabel, *Policy and Direction*, p.376.

90) *Ibid.*, pp.378-380.

91) *Ibid.*, p.199.

미국 합동참모본부는 미군과 유엔군이 38도 선을 돌파할 무렵 다시 맥아더 장군에게 중공군 개입과 관련한 지시를 내렸다. 미국 합동참모본부는 트루먼 대통령의 지시에 따라 10월 9일 맥아더 장군에게 "중공군이 사전 경고 없이 개입하면, 귀하의 판단으로 군사적인 행동을 취하여 승리로 이끌 수 있는 범위까지 작전을 할 수 있으나, 어떠한 경우를 막론하고 중국 영토 내에 있는 군사목표에 대한 작전을 실시할 경우에는 반드시 워싱턴의 승인을 받을 것"을 지시하였다.92)

미국 전쟁지도부에게 중공군의 참전은 북한의 남침 공격에 이은 제2의 기습이었다. 38도 선을 돌파하여 북진할 때도 미국의 정보분석가들은 중공이 한국전에 개입하지 않을 것이라고 판단하였다.

이렇게 판단한 데에는 다음과 같은 이유가 있었다.

첫째, 중공이 미국과의 전면대결을 통한 전쟁의 결과에 겁을 먹고 있을 것이다.

둘째, 반공국가를 자극하여 병력을 증가시킴으로써 중공의 정체(政體)에 대한 직접적인 위협을 초래할 결과를 원하지 않을 것이다.

셋째, 중공이 유엔가입의 기회를 스스로 위험에 빠트리는 결과를 초래하지 않을 것이다.

넷째, 소련으로부터 해·공군에 대한 충분한 지원 없이 전쟁에 개입할 경우 커다란 손실을 입을 것이다.93)

이처럼 미국은 중공이 승산이 없는 전쟁에 그들의 국력을 투자함으로써 막대한 손해를 스스로 입으려고 하지 않을 것으로 판단

---

92) JCS to CINCFE, 9 October, 1950; Truman, *Years of Trial and Hope*, p.362.
93) DIS, GHQ, FEC, 2957, 14 Oct 1950.

하였다.

미국은 군사적인 관점에서 중공이 한국전에 개입할 호기를 상실한 것으로 보았다. 이러한 중공의 불개입 판단은 중공의 한국전선 투입을 10일 남겨 두고 실시된 1950년 10월 15일 맥아더와 트루먼의 웨이크도 회담에서 다시 한 번 확인되었다.[94]

그러나 중공이 개입하지 않을 것이라는 미국의 판단을 비웃기라도 하듯 중공군은 10월 25일 한국전선에 대규모의 군대를 투입하였다. 그러나 워싱턴과 도쿄(東京)의 군부 지도자들은 중공군의 개입을 믿으려고 하지 않았다. 비록 중공군 포로 심문을 통해 중공군 개입에 대한 확실한 증거가 나왔음에도, 합참의장 브래들리 장군은 "합참의 분석이나 맥아더의 지시내용에서도 확인되지 않은 것"이라고 말하면서 중공군 개입 징후에 대해 우려만을 표시했을 뿐이었다.[95]

뒤늦게 중공군의 대규모 개입을 인식한 합동참모본부는 유엔군이 북진할 때 추진했던 유엔군에 대한 축소계획을 전면 연기할 것을 마셜 국방장관에게 건의하는 한편, 병력감축 조치를 중단시켰다. 트루먼 대통령은 1950년 11월 9일 국가안보회의에서 중공군 개입에 대한 미국의 정책을 수립할 것을 지시했고, 합동참모본부에 대해서는 이에 필요한 조치를 강구하라고 지시하였다.

미국 합동참모본부는 중공군 개입에 대한 분석보고서에서 중공군의 개입 동기를 다음과 같이 분석하였다.

첫째, 중공은 압록강·장진호·부전호의 수력발전시설들을 보호

---

94) Schnabel, *Policy and Direction*, pp.212－214.

95) *Ibid*., p.234.

하고, 한국에서 '방역선(Cordon Sanitaire)'을 확보하려고 할 것이다.

둘째, 중공은 그들의 군사력을 많이 소모하지 않으면서 미국의 자원을 소모시키기 위해 선전포고를 하지 않은 채 한국에서 적극적인 전쟁을 전개할 것이다. 셋째, 중공은 한국에서 유엔군을 철수시키려고 할 것이다.[96]

한편 미국 합동참모본부는 한국에 미군을 추가로 파견하는 것에 부정적인 생각을 가지고 있었다. 미군의 추가 파견은 자칫 미국의 군사력과 경제력을 소모시키는 결과로 이어져 소련의 세계 공산주의 적화운동에 기여하게 될 것으로 보았다.

또한 미 합참은 전략적으로 중요하지 않은 한국에서 미국이 전쟁을 계속하고 있을 때 세계전쟁이라도 발생하게 되면 미국은 불리한 위치에 처하게 될 것이나, 소련은 세계적화를 향한 유리한 기회를 얻게 될 것으로 판단하였다. 특히 미국이 "중공에게 군사적으로 승리하기 위해 전력을 투구하여 한국에서 승리한다고 해도, 세계전쟁이 일어나 전면전 상황이 벌어지면 한국에서 전력을 소모한 미국으로써는 소련과의 전쟁에서 패배하게 될 것"이라고 경고하였다.[97]

이처럼 중공의 참전이 확인된 후 미국에 있어 전쟁은 새로운 국면으로 발전했고, 북한군의 격멸과 북한의 응징을 목표로 전쟁을 지도해 온 미국과 유엔군은 새로운 상황에 대비한 전쟁정책을 수립하지 않을 수 없게 되었다.

미국은 1950년 11월 말부터 합동참모본부와 유엔군사령부를 중

---

96) Memo, JCS(Bradley) for Secretary Defense(Marshall), 9 November, 1950, *FRUS, 1950,* vol. Ⅶ, pp.1117-1122.

97) Schnabel, *Policy and Direction*, p.253.

심으로 전쟁을 중공으로까지 확대하려는 확전론, 38도 선에서의 휴전론, 그리고 강압에 의한 철수 중에서 그 대안을 찾고자 하였다. 그러나 확전론은 영국을 비롯한 우방국의 반대에 부딪쳤고,[98] 휴전론은 중공의 무리한 요구로 성사가 어려웠다. 남은 것은 철수론뿐이었다.

미군 철수에 대한 방법론을 놓고 미 합동참모본부와 미 극동군사령부 간에 의견 차이가 있었다.

맥아더 장군은 대규모 병력을 동원한 중공군과의 새로운 전쟁을 맞이하여 이에 따른 정치적 결심과 군사전략에 변화를 가져와야 된다고 생각하였다. 또 그는 병력의 우세를 확보하지 못한다면 유엔군의 철수를 고려해야 한다고 생각하였다.[99]

미국 합동참모본부는 워싱턴과 극동군사령부 간에 의견이 대립하자 이를 조기에 수습하기 위해 1950년 12월 4일 육군참모총장 콜린스 대장을 도쿄로 급파하였다.

미 육군참모총장 콜린스 장군은 맥아더 장군과의 회담을 통해 미 제8군과 미 제10군단을 통합한 후 단계별 방어선을 설정하여 지연전을 펼치면서 부산으로 철수하는 계획에 합의하였다. 이 계획에는 모두 9개의 방어선이 설정되었는데 서울을 중점적으로 방어하기 위하여 서울 북쪽에 4개의 방어선이 설정되었다. 유엔군의 최후 방어선은 개전 초기 격전을 치렀던 낙동강 방어선이었다.[100]

---

98) Schnabel and Watson, *The Joint Chiefs of Staff and National Policy*, vol. Ⅲ, pp. 169-170.

99) *Ibid.*, p. 179.

100) CINCFE to CG Eighth Army, 7 December 1950; Rad, CX 50801(CINCUNC Opn Order No.5), CINCUNC to CG Eighth Army, 8 December 1950; Billy C. Mossman, *Ebb and Flow November 1950-July 1951*(Washington, D.C.: Center of Military History United States Army, 1990), p. 159.

미 제8군의 작전방침은 38도 선에서 부산까지의 공간지역을 최대한 활용해 방어에 유리한 지형을 이용하여 축차적인 지연전을 전개하면서 적의 출혈을 최대한 강요한 후 공세작전으로 이전한다는 것이었다.

이를 위해 다음과 같이 6개의 방어선을 설정하였다.

제1방어선은 38도 선을 동서로 연하는 주저항선으로 임진강 하구에서 양양에 이르렀다.

제2방어선은 수원-양평-홍천-주문진을 연하는 선으로, 평택-삼척선의 방어를 준비하는 데 필요한 시간을 확보하기 위한 선이었다.

제3방어선은 평택-안성-원주-삼척을 연하는 선으로, 한반도에서 가장 방어정면이 협소하여 방어에 유리한 지역이다.

제4방어선은 금강선으로 금강 남안과 소백산맥을 연하는 방어선이다.

제5방어선은 소백산맥 선으로 이 산맥의 험준한 지형을 이용하여 낙동강 방어선을 준비하는 데 필요한 시간을 확보하기 위한 선이다.

제6방어선은 낙동강 방어선으로 유엔군이 최대한의 저항을 시도할 진지이다. 이 방어선마저 무너지면 유엔군은 일본으로, 국군은 연안 도서(島嶼)로 철수한다는 계획이었다.[101]

맥아더 장군은 이 계획을 1950년 12월 8일 유엔군 사령관 작전명령 제5호(CINCUNC Order No.5)로 하달하였고, 미 제8군은 평양에서 38도 선으로, 국군 제1군단과 미 제10군단은 흥남에서 남해안과 동해안 지역으로 철수하게 되었다.[102]

그러나 국군과 유엔군은 제3방어선에서 중공군의 공세를 일단

---

101) Mossman, *Ebb and Flow*, pp.160 - 165.
102) *Ibid.*, p.159.

저지한 후 재 반격 작전을 통해 1951년 3월 중순에는 수도 서울을 재탈환하고 3월 말에는 38도 선까지 다시 진출하였다.

이로써 미군을 비롯한 유엔군의 한반도 철수는 백지화되었고, 전쟁은 다시 전쟁 이전 상태의 원점으로 돌아가게 되었다.

3. 중공군 개입 이후 미국의 전쟁정책과 지도에 대한 평가

유엔군의 승리를 목전에 둔 시점에서 기습적으로 이루어진 중공군의 개입은 미국의 전쟁지도부에게 커다란 재앙이었다.

미국은 중공군의 한국전 참전으로 인해 이전 미국이 수행했던 전쟁정책과 전략에 일대 수정을 가하지 않을 수 없게 되었다.

미국은 통일한국정책과 절대승리전략에서 후퇴하여 휴전정책을 모색하면서 심지어는 철군정책까지도 고려하게 되었다.

중공군의 개입에 따라 유엔군의 전선 상황은 최악의 상황에 직면하게 되었고, 이에 따라 미국은 중공과의 휴전을 모색하였으나 중공의 실현 불가능한 요구 조건으로 결실을 맺지 못하였다.

제3차 세계대전을 상정한 확전도 미국이 세계대전을 치를 만한 준비가 되어 있지 않은 상태에서 섣불리 결론을 내리기가 어려웠다. 한반도에서의 철군도 실현성 있는 대안으로 적극 고려되었으나 전선의 호전으로 인해 미국은 휴전을 모색하면서 전선에서의 유리한 여건을 조성하기 위한 군사적 노력을 경주하게 되었다.

따라서 중공군 개입 이후 유엔군의 37도 선으로의 후퇴, 그리고 뒤이은 유엔군의 38도 선으로의 재반격으로 미국은 최초 유엔이 결의하고 미국이 지지했던 38도 선에서의 회복, 즉 전쟁 이전 상태의 회복을 위한 정책을 추진하게 되었다.

이에 따른 미국의 전략도 공산군에게 최대한의 피해를 강요하면서 38도 선 회복을 위한 군사전략과 전쟁지도를 추구하게 되었다. 미국은 이 과정에서 수도 서울을 다시 탈환하고 38도 선으로의 진격을 단행하였다.

그러나 트루먼 대통령이 공산 측에 행할 휴전 제의 성명서를 발표하기 전에 이를 사전에 통보받았던 맥아더 장군이 먼저 발표하게 됨으로써 맥아더 장군은 모든 직위에서 해임되게 되었다.

이 시기 미국의 전쟁지도는 중공군의 참전에 따라 새로운 전쟁목표에 기여할 수 있는 군사전략을 추구해 나갔다.

여기에는 중국 본토 및 만주지역에 대한 폭격제한, 소련 국경지대에 대한 폭격금지, 원자폭탄의 사용제한, 자유 중국군의 한국전 투입 불가 등 제한전쟁 속의 제한전략이었다.

전구 사령관의 작전지휘는 해·공군력의 우세한 전력을 바탕으로 북진할 수 있는 여건이 되었음에도 불구하고 지상전투는 38도 선 확보를 위해 설정된 작전 통제선을 탈취하는 데 집중되었다.

제4절 맥아더 장군 해임 이후 미국의 전쟁정책과 전략 그리고 지도

1. 미국의 전쟁수행정책과 전략

미 극동군 사령관 겸 유엔군 사령관 맥아더 장군 해임 이후 미국의 종전을 향한 휴전정책과 이를 위한 제한전략은 일관되게 추진되었다.

트루먼 대통령은 "한국전쟁은 공산주의 침략을 저지하되 전면전으로 비화되는 것을 막아야 하고, 제3차 세계대전을 예방하기 위해서 미국은 제한전을 실시해야 한다."고 강조했다.[103]

미국의 이러한 전쟁정책과 전략은 트루먼 대통령이 내린 맥아더의 소환명령서에서 잘 나타나 있다.

우리가 당면하고 있는 문제는 공산주의자들의 침략정책을 어떻게 하면 전면전 없이 저지시킬 수 있는가 하는 것이다. 우리 정부와 또 유엔에서 우리와 함께 협력한 다른 나라가 전면전 없이 공산주의의 계략을 저지시킬 수 있는 최선의 길은 바로 한국에서 적의 공격에 대항하여 적을 쳐부수는 것이라고 믿는다. 이것이 우리가 해 오고 있는 것으로 그 일은 힘들고 고된 임무이다. 그러나 지금까지 우리는 훌륭하게 성공적으로 해 오고 있으며, 제3차 세계대전을 막아 왔다.

나는 다음과 같은 이유에서 한국전쟁이야말로 제한전을 해야 한다고 믿는다. 즉, 군인들의 귀중한 생명을 보호하고 우리나라와 자유를 사랑하는 국가들의 안보가 무모한 행동으로 인하여 위험 속에 빠져들지 않도록 하기 위하여, 그리고 3차 대전을 방지하기 위하여. 나는 맥아더 장군이 이러한 정책에 동의하지 않는다는 것을 수많은 사건을 통해 알고 있다. 따라서 나

---

103) Truman, *Years of Trial and Hope*, pp.449 – 450.

는 맥아더 장군을 해임시키는 것이 당연하며, 그 결과 우리 정책의 목적에
는 아무런 의심과 혼동이 없게 될 것이라는 점을 생각해 왔다. 훌륭한 지
휘관인 맥아더 장군을 해임시키는 것은 나로서는 참으로 가슴 아픈 일이
다. 그러나 세계 평화를 위한 것이 그 어떤 개인적인 것보다 우선한다.
극동의 지휘관 교체는 결코 미국 정책의 변화를 의미하지 않는다. 우리는 전
쟁을 보다 빨리 종결시키고 승리하기 위하여 한국에서 단호하게 혼신을 다하
여 싸워 니갈 것이디. 신임사령관 리지웨이 장군은 이러한 일을 수행하는 데
필요한 군사전략과 지도력을 충분히 소유하고 있다는 것이 이미 증명된 인물
이다. 우리는 언제라도 이 지역에서 평화를 위하여 협상할 준비가 되어 있다.
이제 나는 우리 군의 목적에 관하여 분명히 밝히고자 한다. 우리는 극악무
도한 공산군의 무력침공을 저지하기 위하여 한국에서 싸우고 있으며, 전쟁
이 다른 지역으로 확산되는 것을 방지하고자 노력하고 있다. 동시에 우리는
우리 군의 안전을 위해서 군사활동을 해야만 한다. 이러한 것은 적이 한국
을 공산화시키려고 하는 무모한 행위를 포기할 때까지 계속될 것이다. 무력
침공을 저지하고 평화를 회복하고자 하는 것이 바로 우리의 목적이다.[104]

미국은 맥아더 장군 해임에 즈음하여 한국에서 미국이 지향해야
할 미국의 정책과 전략을 다시 한 번 명백히 밝혔다.

미국은 한국에서의 전쟁목표가 제3차 세계대전을 회피하면서 북
한군을 저지하는 것이라고 천명하였다.

또한 향후 미국은 이 지역에서의 평화를 위해 협상할 수 있다는 점
을 분명히 하였다. 이러한 기조 위에서 나온 것이 NSC – 48/3이었다.

1951년 4월 26일 채택된 NSC – 48/3에서 미국은 휴전협상이라는
정치적 수단이 확정되었고,[105] 5월 4일 NSC – 48/4로써 그 정책이
구체화되었다.[106]

---

104) *FRUS, 1951*, vol. Ⅶ, pp.300 – 301 ; Marshall's testimony, *MacArthur Hearings*, p.345 ; Truman,
    Years of Trial and Hope, pp.449 – 450 ; Acheson, *Present at Creation*, pp.520 – 524.

105) NSC – 48/3, United States Objectives, Polices and Courses of Action in Asia, May
    2, 1951, *FRUS, 1951*, vol. Ⅶ, pp.400 – 401.

이것은 그 후 약간의 수정을 거쳐 5월 17일 NSC-48/5가 미국의 전쟁정책과 아시아정책으로 최종 확정되었다.[107]

즉, NSC-48/3, NSC-48/4, NSC-48/5는 한국전쟁 발발 이후 전쟁 상황에서 나온 미국의 대아시아 목표 및 정책을 다룬 보다 구체적인 문서라 할 수 있다.

이들 NSC-48 시리즈는 중공군 개입 이후 맥아더의 해임과 38도 선 재돌파 문제와 관련하여 미국이 아시아 전반에 대한 전략적 재검토를 기초로 한국전쟁의 제한과 고착화를 최종적으로 확정 지은 것이다.

NSC-48/5는 적의 춘계공세를 격퇴한 후 유엔군의 작전방침에 관한 정책을 결정하기 위해 국무부와 국방부 간의 협의가 있은 후 1951년 5월 16일 국가안보회의 승인(NSC48-5)을 받았고, 다음 날 트루먼 대통령의 재가를 받아 새로운 정책으로 확정되었다.

NSC-48/5는 1951년 5월 31일 신임 유엔군 사령관 리지웨이 장군에게 통보되어 시행된 이래 한국전쟁에 대한 미국의 전쟁정책이 되었다.[108]

NSC48-5는 2개의 전쟁목표를 설정하고 있었다.

첫 번째 목표는 유엔과 미국이 항구적으로 달성해야 될 최종목표로서 한반도의 통일·독립민주 국가의 수립이었다. 이 목표 달성을 위해 미국은 군사적 수단과는 별도로 정치적 수단에 의해 이를

---

106) NSC-48/4, United States Objectives, Polices and Courses of Action in Asia, May 8, 1951, *FRUS, 1951*, vol. Ⅶ, pp.420-421.

107) NSC-48/5, United States Objectives, Polices and Courses of Action in Asia, May 17, 1951, *FRUS, 1951*, vol. Ⅶ, pp.439-442.

108) J. L. Gaddis, *Strategies of Containment: A Critical Appraisal of Postwar American National Security Policy*(New York: Oxford University, 1982), pp.122-123.

계속 추구해 나가야 한다는 것이었다.[109]

두 번째 목표는 당면목표로서 휴전협정을 통해 전쟁을 종결한다
는 것이었다. 이 목표 달성을 위해 미국은 유엔을 통해 한국전쟁을
해결해 나가되 그 방식은 적절한 휴전협정에 의해 적대행위를 종
식한다는 것이었다.

이때 미국은 대한민국의 통치권이 38도 선까지 미칠 수 있도록
새로 설정할 분단선은 38도 선 북쪽에 설정하고, 이를 위해 공산군
을 군사적으로 계속 압박해 나간다는 것이었다.

즉, NSC - 48/5는 미국의 종전정책(終戰政策)을 다루고 있는 문
서로서 "미국이 한국에서 최종적으로 달성하고자 한 통일된 자
주·민주 한국이 현실적으로 어렵기 때문에 우선 38도 선을 확보
할 수 있는 선에서 휴전협정을 체결한 후 적당한 시기에 한국군을
제외한 외국군은 철수시키되 북한의 남침에 대비하여 한국군의 전
력을 증강시켜야 한다."고 밝히고 있다.[110]

또한 NSC - 48/5는 미군의 국가안전을 고려하여 유럽의 주요 동
맹국의 지원이 없을 경우에는 전면전쟁을 유발할 수 있는 확전을
피하면서 휴전협상에 의해 전쟁을 해결한다는 방침을 담고 있었다.

그러나 이 문서에서 미국은 전면전쟁이 일어나지 않는 범위 내
에서는 한반도에서 전쟁을 계속 수행해 나간다는 것이었다. 또한
NSC - 48/5는 일본의 방위력을 증강시켜 극동에서의 힘의 공백을
메우는 동시에 일본을 축으로 하는 지역체제, 즉 동북아동맹체를
형성하여 소련의 팽창에 대비한다는 아시아정책에 대해서도 언급

---

109) JCS 1992/82.
110) NSC - 48/5, FRUS, 1951, vol.Ⅶ, pp.439 - 442.

하고 있다.111)

이 시기 미국은 군사적 힘에 의한 명예로운 휴전을 획득하고자 노력하였다. 휴전협상을 할 때는 일시적이나마 전투를 중지하고 진행하는 것이 관례였으나, 미국은 휴전협정이 체결될 때까지 적에 대한 압박을 위해 전투를 계속한다는 생각이었다.

그러므로 어떠한 군사작전으로 회담을 뒷받침하느냐가 문제였다. 휴전협상의 본회담이 개시된 1951년 7월 1일 합동참모본부는 그간의 작전훈령을 총괄하여 미군 사령관의 기본임무를 다음과 같이 제시하였다.

> 한반도에 있어서 유엔군 사령관의 임무는 휘하 부대의 안전을 보장하면서 적의 병력 및 군수물자에 최대한의 피해를 줌과 동시에 전쟁을 종결하는 데 있다. 이 임무는 38도 선 이남의 한반도 전 지역에 대한민국의 기능을 확립하는 것과 단계적으로 유엔군을 철수시켜도 북한의 침략을 저지하고 격멸할 수 있는 한국의 방위력을 육성하는 사항도 포함된다.
> 이를 위해 보유하고 있는 군사력을 한반도에서 사용할 수 있다. 단 중공과 소련의 영토, 압록강에 설치된 발전시설 및 한·소 국경에 가까운 나진항의 공격은 합참의 승인을 필요로 하며 또 한·소 국경 2마일 이내의 폭격을 금지한다.112)

이 훈령은 그 후 2년간 지속된 휴전회담 진행과정에서 군사작전을 위한 기본 틀로 작용되었다.

미국 합동참모본부는 이 훈령에서 한반도에서 군사작전에 필요한 지침을 하달하였다. 이 훈령의 핵심은 적 병참선에 대해 최대한의

---

111) *Ibid.*
112) JCS to Ridgway, *FRUS, 1951*, vol.Ⅶ, pp.646-648.

공격을 실시할 수 있도록 승인함과 동시에 공격제한 구역을 제외한 한반도의 모든 지역에 대한 폭격을 허용했다. 이의 궁극적인 목표는 적을 휴전회담장으로 끌어들여 전쟁을 종결하겠다는 것이었다.

따라서 미국은 회담에 임하는 공산 측의 행동에 따라 군사작전의 범위와 강도를 결정하여 수행하게 되었다.

미국은 이러한 방침에 따라 공산 측이 휴전회담을 이용하여 군사력을 강화하자 대대적인 군사적 압력을 가하게 되었다.

이러한 내용을 담고 있는 문서가 NSC-118이다. NSC-118은 공산 측이 휴전회담을 일방적으로 중단하면서 회담기간 중 군사력을 강화하자, 미 정책당국이 이에 따른 대책을 강구하는 데에서 비롯되었다.

즉, NSC-118은 휴전회담을 놓고 국무부와 국방부 간의 견해가 대립되는 가운데 NSC-48/5 이후의 사태 진전과 당시 상황에 대한 보고서를 근거로 1951년 11월 19일 작성되었다.[113)

이후 여러 차례의 토의를 거쳐 1951년 12월 7일 NSC-118/1이 작성되었고,[114) 이어 1951년 12월 20일에는 최종 수정안인 NSC-118/2가 대통령의 승인을 받았다.[115)

NSC-118/2는 회담의 전개상황을 구체적으로 제시한 것으로 1953년 4월 새로운 정책안인 NSC-147이 결정될 때까지 미국의 한반도 정책의 기조가 되었다. NSC-118/2의 초점은 전쟁종결에

---

113) United States Courses of Action in Korea, NSC-118, November 9, 1951, *FRUS, 1951*, vol.Ⅶ, pp.1106-1109.

114) United States Objectives and Courses of Action in Korea, NSC-118/1, December 7, 1951, *FRUS, 1951*, vol.Ⅶ, pp.1355-1359.

115) United States Objectives and Courses of Action in Korea, NSC-118/2, December 20, 1951, *FRUS, 1951*, vol.Ⅶ, pp.1382-1399.

있었다.116)

이에 따라 NSC-118/2는 휴전회담 지연 또는 결렬 시 취할 행동을 구체적으로 제시하고 있었다. 이를 살펴보면 다음과 같다.

첫째, 유엔군 사령관이 동원할 수 있는 능력에 맞추어 군사작전을 강화한다.

둘째, 압록강 유역의 댐과 발전에 폭격을 가하고 한반도 내에서의 작전에 대한 제약을 없앤다. 단, 한·소 국경 12마일 이내의 지역은 제외한다.

셋째, 중공군의 미 지상군 위협 시 중공군의 기지를 폭격하고 중공을 외교적으로 고립시키기 위하여 다른 국가의 동의를 얻어 정치적·경제적 압력을 강화한다.

넷째, 중국과 한국 내 반공게릴라에 대한 최대한의 지원을 하고 공산군의 물자수송을 차단·파괴하는 작전을 감행한다.117)

이 중 북한지역에 대한 폭격은 두 단계로 구분하여 실시하였다.

첫 번째는 1951년 11월 이후부터 1952년 4월에 이르는 기간으로 폭격의 대상은 한·만 국경지역의 수송로 차단과 폭격이었다. 이를 위해 미국은 스트랭글 작전(Strangle Operation)을 수립하여 극동공군은 한 달 평균 9,000여 회를 출격하였으며, 출격지원도 339~2,461회에 이르렀다.118)

두 번째 단계는 1952년 5월 이후부터 1953년 3월에 이르는 기간

---

116) 한국역사연구회 역, 「한미관계 20년사, 1945-1965」, p.38.

117) NSC-118/2, December 20, 1951, *FRUS, 1951*, vol.Ⅶ, pp.1385-1386.

118) FEAF, Command Reference Book, May, 1952, p.11; Walter G. Hermes, *Truce Tent and Fighting Front*(Washington D.C.: Office of the Chief of Military History, United States Army, 1988), pp.192.

동안 광산, 수력발전소, 보급창고, 군사기지, 그리고 도시지역에 대한 폭격을 계획하였다. 이 중 평양을 포함한 북한 내의 대부분 도시에 대해 프레셔펌프 작전(Pressure Pump Operation)을 수립하여 개시하였다. 미 공군은 평양에 대해서만 7월 11일 1,254회의 출격을 했고, 8월 29일에도 1,403회의 출격을 하여 공산군을 압박하였다.[119]

미국이 추진했던 휴전을 위한 종전정책과 공산군을 협상 테이블로 끌어들이고자 수립했던 군사적 압박전략은 주효하게 작용하였다. 미국은 이 시기 통한정책에서 후퇴하여 제3차 세계대전을 유발하지 않는 범위에서 우세한 해·공군력을 이용한 군사적 압박을 통해 38도 선 확보를 위한 전쟁지도를 추진해 나갔다.

2. 미국 전쟁지도부의 전쟁지도

이 시기 미국의 전쟁지도부에는 인사상의 변동이 있었다. 트루먼 대통령에 의해 맥아더 장군이 해임되고 마셜 국방장관의 사임에 따른 인사이동이 있었다. 마셜(George C. Marshall) 국방장관이 1951년 9월에 사직함으로써 그 후임에는 국방차관으로 재직하고 있던 로버트 러베트(Robert A. Lovett)가 신임 국방장관에 임명되었다.

맥아더 장군이 물러난 유엔군 사령관에는 미 제8군 사령관이었던 리지웨이 대장이 임명되었고, 리지웨이의 영전으로 공석이 된 미 제8군 사령관에는 제임스 밴플리트(James A. Van Fleet) 중장이

---

119) Rosemary Foot, *The Wrong War: American Policy and the Dimensions of the Korean Conflict, 1950 - 1953*(Ithaca, NY: Cornell University Press, 1985), pp.177 - 178; Futrell, *U. S. Air Force in Korea*, pp.490, 492.

임명되었다.

이 무렵 유엔군과 공산군은 1951년 4월과 5월 두 차례의 춘계공
세를 거치면서 어느 일방에 의한 완전한 승리가 어렵다는 것을 깨
닫게 되었다. 또한 승리를 거둔다 해도 거기에는 감당하기 어려운
인적 및 물적 피해가 뒤따른다는 것도 알게 되었다.[120]

미국으로서는 자유진영의 국가들로부터 전쟁의 조기 종결 압력
을 받게 되었음은 물론 무한정한 인적 자원을 동원할 수 있는 중공
과 이들에게 물자를 지원하는 소련을 상대로 한 전쟁에서 승리를
확신할 수 없었다.

반면 중공도 6차례에 걸쳐 실시한 공세에 최대 80개 사단(북한군
포함)을 투입하였으나, 막강한 화력과 기동력을 앞세운 미군을 한
반도에서 축출한다는 것은 불가능할 뿐만 아니라 병력보충과 물자
지원에도 한계를 느끼게 되었다.[121]

이러한 전선 상황하에서 쌍방은 전쟁수행 1년 만에 전선이 다시
전쟁 이전 상태인 38도 선에서 교착되자, 군사적 수단 대신 정치적
수단에 의한 해결 방안을 모색하게 되었다.

이에 따라 미국의 전쟁지도도 휴전이라는 종전목표에 따라 제한
적으로 이루어지게 되었다. 유엔군은 1951년 초 중공군의 신정공세
에 따른 1·4후퇴의 위기상황을 극복하고, 1월 말에는 평택 – 삼척
선에서 재반격 작전을 통해 서울을 다시 탈환하고, 3월 말에는 38
도 선으로 진출하여 전쟁 이전 상태를 회복하였다.

1951년 4월 초에는 38도 선 방어에 유리한 지형인 이른바 캔사스

---

120) Schnabel, *Policy and Direction*, p.403.

121) *Ibid.*, p.405.

(Kansas) 선까지 점령하였다. 그 후 미군은 중부전선의 방어력을 강화할 목적으로 철의 삼각지의 저변을 연결하는 와이오밍(Wyoming) 선으로 진격하게 되었다.122)

이 무렵 미국은 대한(對韓) 정책을 수정하여 적절한 휴전 장치하에 전쟁을 종결하고 전쟁 전의 상태로 복귀한다는 새로운 정책을 모색하고 있었다. 이에 따라 제8군의 임무도 적에게 충분한 피해를 가하여 적들로 하여금 미국의 휴전 조건을 받아들이도록 유도하는 것으로 제한되었다.

이때 트루먼 대통령은 1951년 4월 11일 정부의 정책에 잦은 마찰을 빚어 왔고, 휴전제의 과정에서 문제를 일으킨 맥아더 원수를 모든 사령관 직에서 해임하고 후임에 제8군 사령관인 리지웨이 대장을 임명하였다.123)

맥아더 장군 해임 이후 미국은 전쟁지도부와 야전군사령부를 통해 한국에서의 제한된 정책과 전략을 일사분란하게 추진할 수 있게 되었다. 리지웨이 대장은 신임 미 제8군 사령관 밴플리트 장군에게 "한반도에서 군사작전에 관한 새로운 지시"를 하달하고, 이에 맞는 작전을 지도하였다.124)

미 제8군에게 부여된 새로운 임무는 캔사스 - 와이오밍 선을 초월하는 주요 부대의 전진은 유엔군 사령관의 승인을 받는 것이었다.125)

또한 어떠한 상황에서도 제8군의 미군 부대는 만주나 소련의 국경선을 넘어서는 안 되며, 그 국경선에 인접한 북한 영토에서의 작

---

122) CINCFE to Department of Army, 5 April, 1951.

123) Schnabel, *Policy and Direction*, p.378.

124) *Ibid.*

125) CINCFE to CG Eighth Army, 19 April, 1951.

전도 금지하였다.

미 극동 해·공군 사령관에게 하달된 지시에서도 제한전쟁의 중요성을 강조하면서, "미 제8군의 군사작전을 직접 지원하는 경우를 제외하고는 소련 영토로부터 20마일 이내, 북위 32도 북쪽의 중공 영토로부터 3마일 이내로 접근해서는 안 되고, 극동군 사령관의 사전 승인 없이는 한만(韓滿)이나 한소(韓蘇) 국경선을 넘어서도 안 되며, 소련과 만주의 국경과 가까운 나진이나 압록강상의 수력발전 시설에 대해서도 공격할 수 없다."고 하였다.[126]

1951년 말 전선 상황은 유엔 당국이 협상을 통하여 전쟁을 더 이상 확대하지 않고 결말을 지으려고 노력하는 동안 적의 계속적인 증원으로 쌍방의 세력이 점차 균형을 이루게 됨으로써 대규모 작전의 실현가능성이 희박해지고 있었다.

미 제8군은 1952년 1월 중에 미 제1군단 포병들이 중포와 전차를 고지 정상에 추진하고 경사면에 구축된 적의 축성진지를 직접 사격하는 동안 국군 제1군단 예하의 제11사단을 제5사단과 교체하는 한편 제6사단(미제9군단 배속)의 진지를 제3사단으로 하여금 인수케 하였으며 또한 미 제45사단에 이어 미 제8군에 배속되어 전선에 배치된 미 제40사단을 미 제24사단의 진지를 인수케 하는 부대교대를 실시하였다.[127]

미 제8군 사령관 밴플리트 장군은 1952년 2월 2일 빅 스틱(Big Stick)으로 명명된 작전계획을 수립하여 유엔군 사령관에게 건의하였다.

---

126) Messages, CINCFE to JCS, 30 April, 1951; Schnabel and Watson, *The Joint Chiefs of Staff and National Policy*, vol.Ⅲ, Part 1, p.220.

127) Hermes, *Truce Tent and Fighting Front*, pp.203－204.

즉, 1952년 4월 5일 실시하기로 계획된 이 작전의 요지는 미 제1군단 정면을 북쪽 예성강선으로 추진하고, 미 제1해병사단으로써 동해안에 상륙하여 양공을 실시한다는 것이었다.[128]

밴플리트 장군은 예상되는 미군 손실 11,000명으로 인해 승인되지 않을 경우를 대비하여 '홈 커밍(Home Coming)' 계획을 22일 다시 제출하였다. 이 계획이 앞의 계획과 다른 점은 공격 날짜를 1952년 4월 1일로 하고 공격 시 한국군만 참가토록 하며 상륙작전은 생략한다는 것이었다.[129]

그러나 미 제8군의 공격계획은 무산되었다. 그 이유는 "지상작전은 아군전선의 안전과 경계에 필요한 정찰 및 역습만으로 제한한다."는 유엔군 사령관의 작전방침 때문이었다.

그러나 전선을 책임지고 있던 미 제8군은 1952년 2월 초 지금까지 각 부대가 실시하고 있던 타성에 젖은 수색정찰전의 반복실시를 극복하고자 '클램 업(Clam up)'이라는 유인작전을 실시하였다. 이 작전은 아군이 전선에서 일체의 접적(接敵) 활동을 중지하고 철수한 것처럼 기만하여 적을 유인한 후 반격으로써 포획한다는 것이었다.[130]

이에 따라 전선의 양상은 장기 교착상태에서 때때로 공격행동을 취할 때는 다만 전초진지 주위의 주요고지를 목표로 쟁탈전이 전개되곤 하였다. 대부분 전선에서는 연대급 이하의 부대가 전초진지를 점령하기 위한 쟁탈전이 주로 전개되고 있었다.

---

128) Ltr, Van Fleet to CINCFE, 4 February, 1952; Hermes, *Truce Tent and Fighting Front*, p.187.

129) Ltr, Van Fleet to CINCFE, 22 February, 1952; Hermes, *Truce Tent and Fighting Front*, p.187.

130) UNC/FEC Command Report, February 1952, p.24.

미 제8군 사령관 밴플리트 대장은 1952년 4월 1일 제한된 진격 작전을 위한 2개의 계획안을 작성하였다.

그중 '촙 스틱(Chop Stick) 6'은 증강된 국군 1개 사단으로 평강까지 진격함으로써 미 제9군단의 전선을 금성 - 평강 선으로 조정한다는 것이었고, '촙 스틱 16'은 국군 제1군단으로 하여금 고성까지 진격하여 전선을 남강 선으로 추진한다는 것이었다. 2개의 제한된 공격계획은 다 같이 강력한 항공 및 포병지원이 있어야 가능한 것이었다.[131]

그러나 보고를 받은 유엔군 사령관 리지웨이 장군은 '촙 스틱 6' 의 목표 선이 방어하기에 지형이 불리하다는 이유로 반대하였다. 다만 '촙 스틱 16'은 미군을 투입하지 않는다는 조건하에 승인하였다. 제한된 공격작전이었지만 이 계획의 승인으로 전선에서는 활기를 띠게 되었다.

그러나 1952년 4월 28일 그동안 난항을 거듭해 오던 휴전협상에서 미국이 '일괄타결안'을 제시하게 되자 휴전협상의 분위기를 저해할 작전은 피한다는 밴플리트 장군의 결정에 따라 무기한 연기되었다. 그러나 일괄타결안이 제시된 뒤로도 휴전회담은 여전히 공전되고 있었고, 전선 상황도 수색전으로 일관하고 있었다.

이에 밴플리트 장군은 다시 "한국군으로 하여금 평강 북쪽으로 진출케 하여 철의 삼각지대를 확보한다."는 계획을 유엔군 사령관에게 건의하였으나 받아들여지지 않았다. 이유는 휴전협상에 악영향을 미칠 우려가 있고, 성과에 비해 예상되는 인명 손실이 크다는 것이었다.[132]

---

131) Hermes, *Truce Tent and Fighting Front*, p.187.

132) UNC/FEC Command Report, April 1952, p.3.

그 후 유엔군의 작전이 이루어진 것은 서부전선에서였다. 1952년 6월 초 서부전선의 미 제1군단지역에서 소규모 제한공격인 이른바 카운터(Counter) 작전이 실시되었다. 서부전선의 미 제45사단은 방어진지 정면의 주요 감제고지를 점하고 있는 적의 전초진지인 역곡천 북안의 백마(White Horse)고지, 화살머리(Arrowhead)고지, 티본(T-Bone)고지와 역곡천 남안의 포크찹(Porkchop)고지, 불모(Old Baldy)고지 등 11개 목표를 점령하여 전초진지를 강화하였다. 이로써 차후 보다 유리한 지형에서 적의 공격에 대비할 수 있게 되었다.[133]

이 무렵 미국은 북한 내에 있는 결정적인 군사목표를 집중적으로 폭격함으로써 공산군이 휴전협상에 응하도록 군사적 압박을 가하였다. 여기에는 제공권을 장악하고 있던 미 공군이 중심이 되었다. 미 공군의 전략적 유용성은 전쟁 초기부터 미 군사지도자로부터 인정을 받고 있었다.

이에 유엔군 사령관 마크 클라크(Mark W. Clark) 대장도 "최소한의 희생으로 최대의 군사적 압박을 구사할 수 있는 것은 공군력뿐이다."라고 강조하였다.

미 극동공군 사령관 오토 웨일랜드(Otto P. Weyland) 중장도 "전투작전상 의미심장한 정책변화가 이루어졌으며, 작전의 범위는 주요목표와 복합목표 및 목표체계 파괴가 포함되도록 확대되었다."고 밝혔다.[134]

미국은 군사적 목표달성에 결정적 역할을 수행하기 위해 세계 제2차 대전 시에 사용되었던 항공전략개념과는 다른 새로운 항공압박(Air pressure)

---

133) Hermes, *Truce Tent and Fighting Front*, p.285.
134) 合同參謀本部, 『韓國戰史』(서울: 합동참모본부, 1984), p.908.

전략을 계획하였다.[135]

미군이 실시한 항공압박전략의 특징은 다음과 같다.

첫째, 제공권을 획득한다.

둘째, 적에게 최대한의 희생을 강요한다.

셋째, 지상군의 위협을 감소한다.

즉, 지속적인 공중공격으로 적의 장비, 보급품, 시설 및 병력에 막대한 대가를 치르도록 하고, 동일한 목표를 매일 공격하여 적에게 심리적 변화를 일으키게 하는 것이었다.

미국은 이러한 전략에 근거하여 북한 발전시설에 대한 대대적인 공격을 위해 해군 함재기·공군전투기·해병 항공대가 참가하는 합동작전을 계획하게 되었다. 1952년 6월 23일부터 개시된 북한 발전시설에 대한 공격은 개전 이래 최대의 것이었다. 미 제5공군과 해군 및 해병항공대에서 발진한 500대 이상의 항공기로 편성된 합동특수기동부대가 수풍·부전·장진발전소를 공격하였다.[136]

이 작전은 한국 내의 거의 모든 항공력을 총동원하는 최초의 대규모작전으로서 4개의 발전소를 동시에 공격하였다.

미국의 해·공군은 1952년 7월 초 심리적인 효과를 극대화하기 위해 평양을 집중적으로 폭격하기로 계획하였다. 평양 공습은 미 제5공군과 해병항공대 및 해군함재기의 합동작전으로 이루어졌다. 유엔 해군의 경우 제5공군의 전투기 엄호 아래 항공모함 프린스턴호와 리차드호에서 발진한 91대의 함재기가 폭격임무를 수행하였다.[137]

---

135) 공군본부, 『유엔공군사』 하(서울: 공군본부, 1978), p.49.

136) Hermes, *Truce Tent and Fighting Front*, pp.320 - 321.

137) 공군본부, 『유엔공군사』 하, pp.151 - 152; 合同參謀本部, 『韓國戰史』, p.911.

원산 여도 앞바다에서 출격한 함재기들은 평양 동남 탄약보급소와 수송부대, 그리고 주요 사령부를 비롯하여 군수공장과 기관차정비소 및 차고 등을 폭격하였다. 미 제5공군, 해병항공대, 오스트레일리아 공군, 그리고 제95기동부대의 항공모함 오션(Ocean)호의 함재기들은 다른 목표물들에 대해 공격하였다. 유엔군의 3차에 걸친 대규모 공습으로 평양(平壤)은 재건 불능상태가 되었다. 유엔군은 이후에도 평양 시내의 특수목표에 대한 정밀조준폭격을 계속하였다.[138]

그러나 이러한 지상작전과 해·공군의 압박작전은 적을 협상 테이블로 끌어내기 위한 종전정책의 일환이었다. 따라서 한반도의 통일이나 북한군의 완전 격멸과 같은 초기의 전쟁지도와는 차이가 있었다.

3. 맥아더 장군 해임 이후 미국의 전쟁정책과 지도에 대한 평가

미국은 중공군의 한국전 개입 이후 불리한 전세, 소련의 예측할 수 없는 군사적 행보, 미국의 제3차 세계대전에 대한 준비 미흡, 서유럽의 불완전한 방위태세 등으로 인해 한반도에서 철군까지도 고려하였다.

그러나 전세가 다시 호전되고 전선이 38도 선에서 형성됨으로써 이는 실현으로까지는 옮겨지지 못하였다. 미국은 이러한 상황에서 전쟁 해결을 위한 방안으로 휴전 문제를 꺼내게 되었다. 그러나 맥아더 장군이 먼저 이를 발표함으로써 명령 불복종으로 인식한 트

---

138) 공군본부, 『유엔공군사』 하, p.151.

루먼 대통령에 의해 그는 모든 직위에서 해임되었다.

이후 미국은 한국전쟁을 해결하는 데 있어 휴전정책을 강력히 추진하게 되었다. 맥아더의 해임 이후 미국은 제3차 세계대전을 방지하기 위해 한국전쟁을 제한전이라는 카테고리 속에서 전쟁을 수행하고자 하였다.[139]

이때 미국의 전쟁목표도 남한의 공산화를 방지하는 것으로 축소되었다. 이에 따라 미국은 철저한 제한전쟁 개념하에서 한국전쟁을 수행하고자 노력하였고, 전쟁지도도 이러한 제한전략의 범위 내에서 추진되었다.

미국이 이러한 정책과 전략을 채택하게 된 배경은 휴전협상을 염두에 두고 취한 정치적 고려에서 나왔다.

미국은 한국통일을 위한 정책 실현을 위해서는 막대한 인적 및 물적 피해가 수반된다는 점을 고려하여 38도 선에서의 휴전정책을 채택하지 않을 수 없었다. 이와 같이 종전을 향한 미국의 휴전정책의 기조는 휴전협정이 체결될 때까지 계속 유지되었다.

미국은 보다 유리한 휴전 조건에서 보다 명예로운 휴전을 위해 군사력을 운용하고 이에 따른 전쟁지도를 실시하게 되었다. 제한전쟁과 제한전략 속에서 이루어진 한국에서의 전쟁지도는 맥아더 장군 때와 다소 차이를 보였다.

맥아더 장군은 전쟁정책 속에서 비교적 융통성 있는 작전지휘를 실시했으나 새로 극동군 사령관 겸 유엔군 사령관에 임명된 리지웨이 장군은 군사작전에 있어서 많은 제약을 받게 되었다.[140]

---

139) NSC-48/4, May 4, 1951; *FRUS, 1951*, Part 1, pp.420-421.
140) *FRUS, 1951*, Part 1, pp.487-493.

휴전협상에 방해가 되거나 소련과 중공을 자극할 수 있는 대규모의 군사작전은 확전을 우려한 워싱턴의 전쟁지도부에 의해 차단되거나 축소되었다.

따라서 이후부터 한국전선에서는 휴전 이후 전술적으로 방어하기에 유리한 고지를 점령하기 위한 고지쟁탈전이 휴전협정이 조인될 때까지 지속되었다.

이를 위해 미국은 전진한계선을 설정하고 그 이상의 선에서 작전을 허용하지 않았고, 작전에 참가하는 부대의 규모도 연대급 이하로 제한되었다.

만약 그 이상의 부대를 동원하여 작전할 경우에는 반드시 유엔군 사령관의 사전 승인을 받도록 함으로써 워싱턴이 정한 제한전쟁을 철저히 수행해 나갔다.

제5절 아이젠하워 정부하의 미국의 전쟁정책과 전략 그리고 지도

1. 미국의 전쟁수행정책과 전략

1953년 1월 20일 드와이트 아이젠하워(Dwight D. Eisenhower) 장군이 미국의 대통령에 취임하였다.

이때까지도 한국전쟁은 포로문제로 휴전협상이 난항을 거듭하고 있었고, 전투는 소규모의 고지쟁탈전으로 일관되고 있었다.

미국의 대한 정책도 트루먼 행정부 당시 수립되었던 대한 정책 (NSC - 118/2)을 그대로 답습하고 있었다.

NSC - 118/2[141]는 1951년 12월 20일 트루먼 대통령의 승인을 받은 것으로 아이젠하워가 대통령에 취임할 때는 이미 1년 이상이 지난 것이었다.

NSC - 118/2가 수립될 때와 아이젠하워 대통령이 취임한 사이에는 1년간이라는 시간이 흐름에 따라 한국전쟁을 둘러싼 미국의 국내외 상황도 많이 변해 있었다.

즉, 미국의 대한 정책은 새로운 전장 및 안보 상황에 맞게 수정되어야 될 필요성이 있었다. 이러한 변화요인으로는 매끄럽지 못하게 진행되고 있는 휴전협상, 휴전회담을 이용하여 군사력 증강을 꾀하고 있는 공산군, 한국전선에 파견된 미군의 빈번한 교대, 전선 교착의 장기화에 따른 미군 전투력의 저하, 핵무기 사용가능성의 증대, 미국의 반전 여론 확산, 참전한 자유우방국들의 종전에 대한 압력 등을 들 수가 있다.[142]

따라서 대통령에 취임한 아이젠하워는 이러한 국내외적 상황을 고려하여 트루먼 행정부 시절의 대한 정책에 대한 검토의 필요성을 느끼게 되었다.

또한 아이젠하워 대통령은 1952년 말 대통령 선거전에서 한국전쟁의 종식을 대통령 공약사항으로 내세워 당선되었다. 그는 대통령

---

141) NSC - 118/2, United States Objectives and Courses of Action in Korea, December 20, 1951, *FRUS, 1951*, vol.Ⅶ, pp.1382 - 1399.

142) NSC Staff Study, "U. S. Objectives and Courses of Action in Korea", pp.3 - 4; Memo, Executive Secretary of NSC to NSC Planning Board, "U. S. Objectives and Courses of Action in Korea", 31 March, 1953.

선거전에서 '아시아인의 전쟁은 아시아인이 담당하도록 한다.'는
취지하에 한국군을 10개 사단에서 20개 사단으로 증강시키고, 미군
을 한국으로부터 철수하겠다고 공약하였다. 그의 이런 발언은 한국
에서 휴전을 기대하던 미국의 유권자들에게 많은 호감을 주었
다.[143] 그래서 아이젠하워는 대통령 당선자 자격으로 1952년 12월
2일 한국을 방문하였다. 그가 한국을 방문하는 동안 유엔군 사령관
은 39도 선으로의 북진계획을 건의하였으나 받아들여지지 않았다.
이는 아이젠하워 대통령이 전쟁을 휴전으로 종결하려 한다는 것을
암시해 주었다.[144]

한편 이 무렵 판문점에서 유엔군과 공산군이 포로송환 문제를
놓고 난항을 거듭하자, 국제사회에서는 휴전에 대해 더욱 집착을
하게 되었다.

1952년 12월 13일 국제적십자사 집행위원회는 전쟁의 즉각적인
종결과 제네바협정에 따른 상병(傷病)포로의 송환을 촉구하는 결의
안을 가결시켰다.

따라서 양측은 우선 제네바협정을 준수한다는 의미에서 내부적
으로 상병포로 교환에 관한 문제를 검토하고 있었다.

또한 이 시기 미국은 소련과 중공의 목표는 아시아에서 서방의
세력과 영향력의 제거, 일본의 재무장 방지, 아시아에서 공산주의
군사력의 증강, 비공산국가의 분열과 혼란을 통한 공산주의 확산의

---

143) Dwight D. Eisenhower, *The White House Years: Mandate for Change, 1953-1956*(Garden City,
NY: Doubleday, 1963), pp.72-73; Schnabel and Watson, *The Joint Chiefs of Staff and
National Policy 1951-1953*, vol.Ⅲ, Part 2, pp.181-182, 193-194.

144) Eisenhower, *op. cit.*, pp.93-96. 아이젠하워 한국 방문에는 브래들리 합참의장, 국방장
관 지명자 윌슨, 공보비서 해거티(James Hagerty), 퍼슨(Persons) 퇴역 육군 장군, 그리
고 유황도에서 합류한 래드포드(Arthur W. Radford) 태평양함대사령관 등이 수행하였다.

도모로 판단하였다.[145]

미국 대통령에 취임한 이후 아이젠하워는 1953년 2월 2일 국회에 보내는 연두교서에서 중공을 압박하기 위한 조치를 발표하였다. 중공은 지금까지 중공 본토에 대한 장개석 대만 정부의 군사적 위협에 별 부담을 갖지 않고 한국전선에만 모든 군사력을 집중할 수 있었다. 그러나 미국의 대만 중립정책 포기 성명으로 중공은 군사적·심리적으로 커다란 부담을 안게 되었다.[146]

미국의 이러한 방침은 공산 진영의 전략에 큰 영향을 미쳤다. 이시점에 휴전협상에 전환점이 될 사건이 발생하였다. 1953년 3월 5일 한국전쟁의 설계자였던 소련 수상 스탈린이 뇌출혈로 사망하였다.[147]

스탈린의 사망은 곧 한국전쟁의 종식을 의미하였다. 스탈린 사망 이후 휴전회담은 급물살을 타고 진행되었다.

그러나 미국이 휴전회담을 진행하고 있는 동안 전쟁 당사국인 한국은 소외되어 있었다. 처음부터 휴전회담은 한국정부의 의사와 관계없이 미국과 공산군 측의 주도로 이루어지고 있었다. 즉, 휴전회담을 둘러싸고 한·미 간 기본적인 입장이 해소되지 않은 채 미국은 휴전회담을 진행시켰고, 이 시기에는 한국 대표가 회의에 불참하고 있었다.

이러한 상황에서 1953년 6월 8일 유엔군과 공산군 측 협상 대표들은 포로교환협정에 조인하였다. 이날 클라크 장군은 혼자서 이 대통령을 방문하여 포로 교환 협정이 조인되었음을 알리고 휴전협상

---

145) Appendix to Memo, JCS to Secretary of Defense, "Further Courses of Action in Connection with the Situation in Korea", 27 March, 1953.

146) Hermes, *Truce Tent and Fighting Front,* p.409.

147) *New York Times,* 6 March, 1953.

타결에 협조해 줄 것을 요청하였다. 그러나 이 시점에 이미 이승만 대통령은 휴전반대 표명을 위한 모종의 조치를 취하고 있었다.

이승만 대통령은 이틀 전인 1953년 6월 6일 헌병총사령관 원용덕(元容德) 장군을 경무대로 불러 "판문점에서 진행되고 있는 휴전회담이 한국정부의 의도와 달리 진행되고 있고, 더구나 북쪽으로 가기를 반대하는 반공포로들을 인도(India)군이 심사를 맡아 교환시킨다고 하니 그대로 둘 수 없다. 이들을 석방할 좋은 방법이 없겠는가?"라고 묻고 이에 대한 방안 강구를 지시하였다.[148]

이승만 대통령이 반공포로를 석방하려고 했던 이유는 반공포로를 공산 진영으로 넘겨 줄 수 없다는 이념적인 문제, 외교적 주도권의 장악, 반공통일에 대한 한국 국민의 의지, 휴전협상에 전쟁 당사국인 한국의 주장이 전혀 참작되지 않고 있는 것에 대한 분노, 반공포로들의 열망과 그들이 제출한 탄원서 등이 있었다.[149]

이승만 대통령은 미국과 공산 측 간에 포로교환협정이 체결된 날(6월 8일) 헌병총사령관 원용덕 장군에게 반공포로 석방을 명령하였다. 이승만 대통령이 반공포로 석방을 명령하자 아이젠하워 대통령과 그의 보좌관들은 한국정부의 행동에 심각한 우려를 표시하였다.[150]

미국은 한국정부의 반공포로 석방이라는 새로운 사태에 직면해 1953년 6월 15일 NSC에서 대한 정책을 다시 수립하게 되었다. 이것이 곧 NSC-154이다.[151] NSC-154는 1953년 6월 15일 작성되

---

148) 前 내무부 장관 진헌식(陳憲植) 증언; 중앙일보사 편, 『民族의 證言』, 7권(서울: 중앙일보사, 1985), p.210; 국방군사연구소, 『한국전쟁의 포로』(서울: 국방군사연구소, 1996), pp.192-194.

149) 국방군사연구소, 『한국전쟁의 포로』, p.195.

150) Schnabel and Watson, *The Joint Chiefs of Staff and National Policy*, vol.Ⅲ, Part 2, pp.232-233.

151) NSC-154, United States Tactics Immediately Following an Armistice in Korea, June 15,

었으나, 이승만 대통령과 문제가 생겨[152] 1953년 7월 2일 제152차 국가안보회의에서 비로소 채택되었던 것이다. 최종 수정안은 7월 3일 대통령의 승인을 받아 7월 7일 NSC-154/1[153]로 회람되었다.[154]

NSC-154에 나타난 미국의 대한 기본정책은 다음과 같다.

첫째, 한국군이 한국방위에 상당한 임무를 수행해야 한다는 입장에서 한국군의 강화를 계속한다.

둘째, 한국의 안보와 관련하여 현재 필리핀, 오스트레일리아, 뉴질랜드와 맺고 있는 조약과 유사한 조약을 한국정부에 보장한다.

셋째, 유엔 기구를 통하여 한국정부의 민주적 제도를 발전시키며, 한국의 경제적 복구와 재건을 위하여 원조를 계속한다.

넷째, 통일·독립·민주적인 한국정부를 수립하기 위하여 유엔대표단을 설립한다.

다섯째, 정치회담에서는 한국문제만을 논의할 것을 주장한다.

여섯째, 위기상황에 맞추어 정치회담에서 미국의 지위를 강화한다.[155]

1953, *FRUS, 1952-1954*, vol.15, Part 2, pp.1170-1177;「NSC-154(1953.6.15): A Report to the National Security Council by the NSC Planning Board on United States Tactics Immediately Following an Armistice in Korea」,「Documents of the National Security Council」 제2권, 1996, pp.411-421.

152) 이승만 대통령은 미국이 한국정부를 배제한 채 진행시켜 나가자 휴전을 강력 반대하며, 한미상호방위조약 체결과 한국군의 증강 등 미국에 전후 보장을 요구하게 되었다. 이에 따라 한미 간에는 휴전 이후 한국에 대한 보장문제를 논의하게 되었다. 그 결과 한미 간에는 한미상호방위조약 체결과 한국군 20개 사단 증강을 합의하게 되었다.

153) NSC-154/1, United States Tactics Immediately Following an Armistice in Korea, July 7, 1953, *FRUS, 1952-1954*, vol.15, Part 2, pp.1341-1344; NSC-154/1(1953.7.7): A Report to the National Security Council by the Acting Executive Secretary on United States Tactics Immediately Following an Armistice in Korea, Documents of the National Security Council, 제2권, 1996, pp.454-461.

154) Donald S. McDonald, *U. S.-Korean Relations from Liberation to Self-Reliance*(Westview Press, 1992), 한국역사연구회 역,「한미관계 20년사」, p.40.

155) Memo, JCS to Secretary of Defense, "United States Tactics Immediately Following an Armistice in Korea(NSC-154)", 17 July, 1953; Draft Statement of Policy Proposed

이처럼 NSC-154는 한미상호방위조약 체결을 미국의 공식적인 대한 정책으로 규정하게 하였다.

또한 이 문서에서는 한반도 내의 미군을 유지하고 한국의 방위를 위해 한국군의 증강을 약속함으로써 기존 미군철수를 전제로 했던 한국군 증강정책에 대해 수정을 가했다.[156]

그러나 미국은 NSC-154를 관철시키면서 종전(終戰)에 대한 한국정부의 묵시적 동의를 얻어내 한반도에서의 전쟁재발에 대한 여지를 없앤 상태에서 전쟁을 종식시키게 되었다.

2. 미국 전쟁지도부의 전쟁지도

이 시기 미국의 전쟁지도부는 정권의 교체로 인해 군부 지도자를 제외하고는 전부 교체되었다. 대통령에는 제2차 세계대전의 영웅인 아이젠하워 장군이, 부통령에는 리처드 닉슨(Richard Nixon) 전 상원의원이 취임하였다.

국무장관에는 존 덜레스(John F. Dulles), 국방장관에는 찰스 윌슨(Charles E. Wilson), 육군장관에는 로저 키이스(Roger M. Keys), 해군장관에는 로버트 앤더슨(Robert B. Anderson), 공군장관에는 해롤드 탈보트(Harold E. Talbott)가 임명되었다. 야전군 사령관으로는 유일하게 임기가 만료된 제8군 사령관 밴플리트 대장의 후임으로 맥스웰 테일러(Maxwell D. Taylor) 중장이 임명되었다.

---

by the NSC, June 15, 1953, *FRUS, 1952-1954*, vol.15, pp.1170-1176.
156) NSC-154/1, 7 July 1953.

이 시기 미국의 한국전쟁에 대한 군사지침은 다음과 같았다.

첫째, 극동에서의 군사목표는 미군 부대의 전체적인 안전과 더불어 일본, 필리핀, 대만 및 류큐의 안전을 유지하는 것이다.

둘째, 미군 부대를 극동에 추가로 전개시키는 것은 합동개략긴급전쟁계획의 실시 능력에 영향을 주게 될 것이다.

셋째, 한국 상황의 악화로 인해 세계전쟁이 일어나지 않거나, 한국전쟁에 소련이 개입하지 않은 데에도 불구하고 한국으로부터 주한미군을 철수시키는 것은 바람직스럽지 못하다.[157]

이러한 토대 위에서 합참이 1953년 3월 27일 미국이 한국전쟁을 성공적으로 종결시키기 위해 추구해야 될 6가지 방책을 작성하여 신임 윌슨 국방장관에게 보고하였다.

첫째, 공세적인 해·공군작전을 계속하여 현행 지상방어선 부근에서 무기한 방어태세를 유지한다. 그동안에 한국군이 한국방어책임을 더 맡을 수 있도록 한국군의 능력을 향상시킨다.

둘째, 지상작전에 박차를 가하면서 공세적 해·공군작전을 계속한다.

셋째, 중공과 만주에 대하여 단계별로 압력을 증가함으로써 군사작전을 확대 강화한다. 만일 필요하다면 한국에서 군사작전의 템포와 규모도 강화한다.

넷째, 중공과 만주에 대한 군사작전을 한국에서의 강화되는 단계별 군사작전에 부합되게 확대 강화한다.

다섯째, 자유중국군을 한국과 관련된 군사작전에 협조되게 대중공작전에 운용한다.

---

157) Appendix A to Memo, JCS to Secretary of Defense, "Further Courses of Action in Connection with the Situation in Korea", 27 March, 1953.

여섯째, 적에게 최대의 손실을 가하고 적의 보급품을 고갈시킬 계획에 공세적인 해·공군작전을 계속하면서 일련의 협조된 지상 작전에 착수하며 한반도의 허리부분에 방어선을 설치하기 위한 주요 공세를 후속한다.[158]

이 방책은 국가안보회의 문서 NSC-147의 방책으로 발전하였다.[159] NSC-147에 나타난 방책의 주요 핵심은 한국군을 증강하고, 적이 휴전에 동의할 수 있도록 군사적 압력을 강화하고, 한반도의 허리부분에 방어선을 설치하기 위한 공세를 취하고, 전쟁이 유리하게 해결되도록 군사력 압력을 만주와 중국을 포함하여 단계적으로 확대하고, 통일된 한국을 위해 한국에서 대규모 공세와 함께 만주와 중공에 대한 해상 봉쇄를 실시한다는 것이었다.[160]

그러나 NSC-147의 방책은 1953년 4월 판문점 회담의 재개로 인해 적용될 수 없었다. 이에 윌슨 국방장관은 휴전협상의 결렬에 대비한 군사적 조치를 강구할 것을 합참에 지시하였다. 합참은 5월 3일 국방장관에게 협상에 실패할 경우 필연적으로 극동에서 미국의 입장에 역효과를 가져올 것이라고 보고하면서 협상 결렬 시 적에 대한 공세작전의 수행에 가용할 부대를 열거하였다.[161]

---

158) Memo, JCS to Secretary of Defense, "Further Courses of Action in Connection with the Situation in Korea", 27 March, 1953; JCS 1776/365, 23 March 1953, "Further Courses of Action in Connection with the Situation in Korea", sec.125.

159) NSC-147, Analysis of Possible Courses of Action in Korea, *FRUS, 1952-1954*, vol.15, Part 2, pp.838-840.

160) Schnabel and Watson, *The Joint Chiefs of Staff and National Policy, 1951-1953*, vol.Ⅲ, Part 2, p.204.

161) 1개 육군사단(제82공정사단), 1개 해병사단, 1개 해병상륙군사령부, 2개의 중폭격비행단, 2개의 수송비행단, 1개 전투폭격비행단, 3개의 요격전투비행대대가 가용부대였다. 이들 부대는 1953년 5~6월에 유럽이나 아프리카로 이동할 계획이었다(Schnabel and Watson, *The Joint Chiefs of Staff and National Policy, 1951-1953*, vol.Ⅲ, Part 2, p.204).

그러나 이들 부대가 이동할 경우 다른 지역의 공세작전 능력은 감소될 것이고, 추가적인 예산과 인력이 더 필요할 것으로 판단하였다.162)

또한 미 합참에서는 대규모의 군사적 성공을 보장하기 위해서는 핵무기의 운용도 필요할 것으로 판단하였다.

그러나 전쟁을 확대했을 경우 발생할 수 있는 여러 가지 요인들에 대해서 고려하지 않을 수 없었다. 전쟁이 확대되면 중공과 장기간의 대규모 전쟁을 해야 하고, 아시아에서 소련과의 전쟁에 말려들 세계전쟁의 위험을 무릅써야 할 뿐 아니라 북대서양지역의 동맹국을 잃을 것이며, 게다가 많은 사상자가 발생할 수 있었다.163)

미 합참은 휴전협상이 실패할 경우에 대비하여 이에 대한 대책(NSC - 147)을 수립하였다. 미국은 "중공과 만주에 대한 직접적인 해·공군 작전을 검토하고, 한반도의 허리부분을 점령하는 데 필요한 군사작전을 실시해 나간다."는 방침이었다.

이를 위해 미국은 "한국에서 정예의 공산군을 괴멸시키고, 한국이나 극동에서 또 다른 침략을 위한 적의 능력을 감소시키고, 미국이나 유엔이 제시하는 조건하에 적이 휴전할 수 있도록 그 가능성을 증가시킨다."는 것이었다.164)

미 합참은 필요할 경우 "'핵무기의 운용'을 포함하여 가능성 있는

---

162) Memo, JCS to Secretary of Defense, "Possible Actions 세 Impress Communists in Korea of U. N. Offensive Intentions in Event Armistice Negotiations Break Down", 4 May, 1953; JCS 1776/370.

163) Memo, JCS to Secretary of Defense, "Courses of Action in Connection with the Situation in Korea", 19 May, 1953; JCS 1776/372.

164) Schnabel and Watson, *The Joint Chiefs of Staff and National Policy, 1951 - 1953*, vol. III, Part 2, p.207.

모든 작전들을 동원하되, 해상봉쇄와 지상공세는 제한적으로 운용하면서 상황을 보아 가며 점차 이를 확대해 나간다."는 방침이었다.[165]

미 합참의 이러한 방침은 유엔군사령부의 작전계획 8-52상의 수정과 핵무기에 대한 사용 검토를 필요로 하였다. 이에 따라 이 내용은 유엔군 사령관, 태평양 사령관, 전략공군 사령관에게 하달되었다. 또한 유엔군 사령관인 클라크 장군에게는 작전계획 8-52를 수정함에 있어 이들 사령관과 협조하라는 지시가 함께 하달되었다.[166]

한편 유엔군사령부에서는 휴전협정이 조인된 후 이승만 대통령이 이에 불만을 품고 국군을 유엔군에서 철수하는 최악의 상황에 대비하여 에버레디(EVER READY)라는 상시대비계획을 수립하였다.[167]

에버레디 작전은 1953년 5월 22일 미 제8군 사령관 테일러 장군에 의해 입안되어 유엔군 사령관 클라크의 동의를 얻어 합동참모본부에 제출되었다. 이 작전은 상당수의 한국군이 적대행위를 할 것이라는 가정하에 수립되었기 때문에 보다 강경한 조치를 담고 있었다.[168]

에버레디 작전계획은 세 가지 경우를 고려하고 있었다. 첫째는 국군이 유엔군의 지시에 불응할 경우이고, 두 번째는 국군이 독자적인 행동을 취할 경우이고, 세 번째는 극단적인 경우로 한국군과

---

165) Memo, JCS to Secretary of Defense, "Courses of Action in Connection with the Situation in Korea", 19 May, 1953; JCS 1776/372.

166) JCS 1776/374, 9 June, 1953.

167) Memorandum for the Record, Prepared by the Assistant Chief of Staff, G-3, Department of the Army(Eddleman), *FRUS, 1952-1954*, vol. XV, Part 1, pp.1126-1129. 한편 미국은 1952년 6월 초에도 부산정치파동을 계기로 이승만 견제 내지 제거를 위한 비상계획을 수립하였다(Clark to the Joint Chiefs of Staff, July 5 1952, *FRUS, 1952-1954*, vol.15, pp.377-379).

168) *FRUS, 1952-1954*, vol.15, pp.965-968.

한국민이 유엔군에게 공공연한 적대행위를 할 경우였다.[169]

1953년 5월 29일 JCS와 국무부는 이에 대한 대책회의에서 2개의 안을 내놓게 되었다. 첫째 안은 유엔군 사령관은 가능하다면 한국군을 이용하여 이승만과 측근을 감금하고 군사정권을 수립하는 것이고, 두 번째 안은 이승만이 휴전을 받아들이고 유엔군 사령관에게 충분한 협조와 만족스러운 보장을 할 경우 미국은 한국과 상호방위조약을 체결한다는 것이었다.[170]

이것은 클라크 유엔군 사령관이 "이승만을 제거할 경우 많은 부작용이 따르기 때문에 한국정부로부터 휴전에 대한 동의를 얻기 위해서는 한국과 방위조약을 체결하는 것이 바람직할 것이다."라는 건의를 받아들이면서 순조롭게 해결의 실마리를 찾게 되었다.

즉, JCS와 국무부는 1953년 5월 30일 한국과의 방위조약을 체결한다는 방침을 정하고 이를 대통령에게 승인받음으로써 이승만 제거계획은 더 이상 논의되지 않고 미국은 방위조약을 위한 노력을 시도하게 되었다.[171] 미국은 이승만 제거가 자칫 미국인뿐만 아니라 자유 우방세계의 반발을 받게 됨으로써 한국에서 공산주의와의 전쟁에 대한 대의명분이 위협받을 것으로 판단하였기 때문에 이 작전을 포기하게 되었다.[172]

결국 미국은 휴전협상에서 유리한 위치를 차지하기 위해 군사력 사용의 확대를 계획했지만 제한된 목표의 틀 속에서 전쟁지도가

---

169) JCS 1776/373, 5 June, 1953.

170) Memorandum of the Substance of Discussion at a Department of State‐Joint Chiefs of Staff Meeting, *FRUS, 1952‐1954*, vol.15, pp.1114‐1119.

171) *FRUS, 1952‐1954*, vol.15, pp.1127‐1128.

172) B. J. Bernstein, "The Pawn As Rook: The Struggle to End the Korean War", *Bulletin of Concerned Asian Scholars*, January‐February 1978, p.40.

이루어졌기 때문에 전장에서는 획기적인 변화가 없이 휴전에 임하게 되었다. 다만 휴전조인을 불과 1개월 앞두고 시작된 1953년 6월 중공군의 공세에 따라 클라크 장군은 일본에 주둔하고 있던 제24사단과 제187공수연대전투단을 6월 24일 한국으로 이동시켰다. 이로 인해 일본에는 제1기병사단만 남게 되었다.

그러나 다시 중공군의 7월 10일 공세로 클라크 장군이 제1기병사단의 투입을 고려할 정도로 전선 상황은 심각하였다. 미 합참은 제1기병사단의 한국전선 투입을 고려하여 본토에 있는 미 제3해병사단과 1개 해병항공단에 극동으로 이동할 준비를 하도록 지시하였다.[173]

미국이 본토의 병력증원을 신중히 고려하고 있을 때 한국전선에서 중공군과 북한군은 1953년 7월 중순 중부지역에서 대규모 공세를 단행하였다. 그러나 공산군의 이 공세는 7월 19일에 이르러 전열을 가다듬은 유엔군과 한국군의 반격으로 그 기세가 급격히 둔화되면서 전선은 다시 소강상태를 유지하게 되었다. 이후부터 휴전협정 조인 때까지는 이렇다 할 대규모 작전이 없는 가운데 휴전을 맞게 되었다.

3. 아이젠하워 행정부하의 미국의 정책과 지도에 대한 평가

한국전쟁이 끝나 갈 즈음 아이젠하워가 대통령에 취임함으로써 미국에서는 20년간의 민주당 정권이 종식되고, 새로이 공화당 시대

---

173) Schnabel and Watson, *The Joint Chiefs of Staff and National Policy*, vol.Ⅲ, Part 2, p.253.

가 시작되었다. 아이젠하워 대통령은 1952년 대통령 선거전에서 한국전쟁의 종식을 대선 구호로 내세우고 대통령에 당선되었다.

그러나 아이젠하워도 대통령에 취임한 이후 한국문제를 해결하는 데 있어서 전임 트루먼 민주당 정권이 수립했던 휴전정책을 그대로 계승하였다. 다만 휴전의제인 포로교환 문제를 놓고 해결의 실마리가 보이지 않자 아이젠하워 대통령은 보다 강력한 군사적 압박을 가하였다. 이를 실현하기 위해 핵무기 사용과 대만에 대한 미국의 중립정책 포기 등과 같은 중공을 압박할 비교적 강력한 군사적 조치를 고려하였다.

특히 이 시기 아이젠하워 대통령은 핵무기 사용을 적극적으로 고려하였다. 1953년 2월의 NSC회의에서 신임 국무장관 덜레스는 핵무기 사용의 필요성을 주장하였고, 아이젠하워 대통령 역시 개성지역에 대한 전술핵무기 사용을 제안하였다.[174]

이에 따라 1953년 3월 NSC 회의에서는 한국의 허리부분에서 휴전선을 확보하기 위해 핵무기를 사용해야 한다는 결론을 내리게 되었다.[175]

그러나 미국이 핵무기를 사용하지 않은 것은 유럽우선주의에 입각하여 핵무기를 한국에서 소모할 것이 아니라 장래의 주전장인 유럽에서 집중적으로 사용해야 하며 소련의 핵 보복 시 한국과 일본의 중요 도시는 핵 공격에 노출될 뿐만 아니라 핵무기 사용 시 우방국가와 관계가 악화되는 것을 우려해서였다.[176]

---

174) *FRUS 1952 - 1954*, vol.15, pp.769 - 772.

175) *Ibid.*, pp.825 - 827.

176) NSC Staff Study, April 2, 1953, *FRUS 1952 - 1954*, vol.15, pp.845 - 847. 한편 미국은 1950년 중공군 개입 시에도 핵무기 사용을 검토하였다가 이를 사용하지 않았는데 그

이러한 시점에서 소련 수상 스탈린의 사망으로 휴전협상은 빠르게 진행되었다. 그러나 미국은 이제 외부적인 문제가 아니라 우방국이자 전쟁당사국으로서 휴전에 강력 반대하는 한국정부 및 한국민과 힘겨운 싸움을 하지 않으면 안 되었다. 한·미 간의 휴전협상을 놓고 벌어진 갈등은 결국 이승만 대통령의 반공포로 석방이라는 극단적인 결과를 빚었다.

이에 미국은 한국을 달래 휴전을 성립시키기 위해 한국군의 증강과 휴전 이후를 대비한 한미상호방위조약이라는 당근을 내놓아 휴전협정을 체결하기에 이르게 되었다. 미국은 이 과정에서 만약 일이 순조롭게 되지 않을 경우에 대비하여 이승만 대통령 제거를 위한 에버레디 작전을 계획하였다. 그러나 이는 실행되지 않았고 계획으로만 그치게 되었다. 이에 따라 전쟁은 극히 제한된 군사전략 속에서 제한된 전초진지 점령을 위한 소규모 전투로 일관하게 되었다.

따라서 전선에서의 전쟁지도도 제한적으로 이루어지게 되었다. 1952년 말 아이젠하워가 대통령 당선에 즈음해서 극동군 사령관이 평양-원산 선으로 진격하는 대규모 공세작전을 계획했으나 아이젠하워의 무관심으로 인해 대규모의 확전이 이루어지지 않은 것도 이러한 정책 및 전략과 무관하지 않았기 때문이었다.

첫째는 북한의 남침 이후 중공군 개입 이전까지의 시기로, 미국은 봉쇄정책에 따라 한국전에 개입한 이후 전쟁 이전 유엔의 통한(統韓)정책을 위한 절대승리전략을 추구하였다.

이유로는 첫째 미국의 주적은 소련이고, 주 전장터는 아시아가 아니라 유럽이라는 것이다. 둘째 아시아 민족에 대한 두 차례 연속적인 핵무기 사용은 아시아인들에게 인종차별주의 정책이라는 오해를 낳게 할 것이다. 셋째 핵무기 사용은 유엔에서 그동안 미국을 지지해 오던 유엔회원국들을 이탈시킬 가능성이 있었다(*FRUS 1950*, vol. Ⅶ, pp.1098-1100).

둘째는 중공군 개입 이후부터 맥아더 해임 이전까지의 시기로, 이 기간 미국은 철군과 휴전정책을 넘나들면서 군사적으로는 제한 전략을 추구하였다.

셋째는 맥아더 해임 이후부터 트루먼 행정부까지의 시기로, 미국은 38도 선 부근에서의 휴전을 위한 종전정책의 결정과 이에 따른 철저한 제한전략을 추구하였다.

넷째는 아이젠하워 행정부의 등장 이후부터 휴전까지의 시기로, 미국은 전쟁종결을 위한 종전정책을 확정하고, 이를 위해 공산 측에게 해·공군을 동원하여 군사적 압박전략을 추구하였다.

이처럼 한국전쟁에서 전황의 변화에 따라 미국의 정책과 전략에도 많은 변화가 있었다.

제6절 한국전쟁 중 미국의 전쟁정책과 전략 및 지도에 대한 평가

미국이 한국전쟁에서 수행하였던 다양한 정책과 전략이 일견 다르게 보이면서 서로 뒤엉켜 있는 것처럼 보이지만 실제로 그 내면을 들여다보면 하나의 원칙에 따라 움직이고 있음을 알 수 있다.

미국의 한국전쟁수행정책과 전략은 분명 일관되게 추진되었고, 이에 따른 전쟁지도도 이러한 정책과 전략하에 추진되었다. 미국은 한반도에서 봉쇄정책의 기조를 유지하면서, 합동참모본부가 수립했던 전쟁계획에 배치되는 행동을 하지 않았다.

미국의 한반도에서의 전쟁수행은 소련과 중공이 참전하지 않을 경우에만 한반도에서 전쟁을 수행할 수 있다는 원칙을 갖고 있었다. 만약 이것이 유지되지 않은 채 중국 및 소련과의 전면전이 발생할 경우 미국은 비록 한반도에서 전쟁 중이라도 미군을 서유럽과 일본 방위를 위해 철수하는 것이 전쟁계획에 나타난 그들의 입장이었다.

다만 미국이 수립했던 전쟁정책과 전략에 나타난 자주적이고 독립된 통일한국, 전쟁 이전 상태의 회복, 북한군 격멸 등은 소련의 개입이 전혀 없거나 제3차 세계대전의 가능성이 없을 경우에만 적용될 수 있는 문제였다. 이는 중공이 개입하였을 때 미국의 태도를 통해 알 수 있다.

미국은 최초 중공이 한국전에 참전하여 38도 선 이남으로 철수하고 있을 때 한반도에서의 철수와 휴전을 심각하게 고려하였다.

그러나 중공이 개입하였음에도 전쟁을 지속했던 것은 미국이 확전을 하지 않을 경우 제3차 세계대전에 의한 전면전의 징후가 없었기 때문에 극동방위선을 한반도의 휴전선으로 전진시키는 범위 내에서 군사적 능력과는 관계없이 휴전을 하게 되었다.

미국은 이러한 정책 및 전략적 틀 속에서 한국전쟁을 수행하고 지도해 나갔다.

제 5 장

미국은 왜 한국전쟁에서 승리 아닌 휴전을 했는가

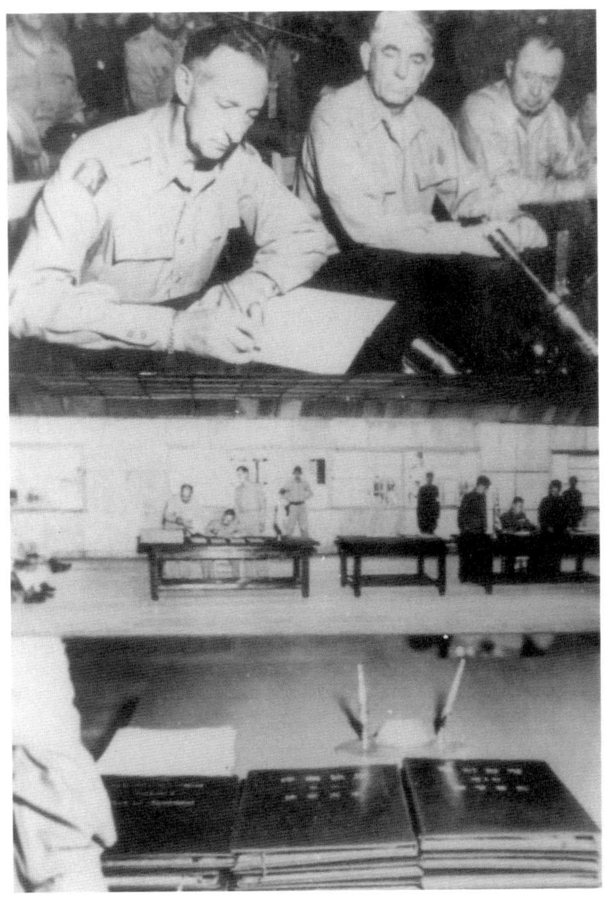

유엔군사령관 클라크 장군의 휴전협정 서명 장면(맨 왼쪽)

제1절 개관

한국전쟁 이전 미국은 국가안보체제의 전면적인 개편을 단행하였다. 이때 개편되었던 국가안보기구로는 국가안보회의, 중앙정보국, 국방부, 합동참모본부, 육군부, 공군부가 있었고, 이들 기구들을 통제하고 운용하기 위해 국방장관, 합동참모의장, 중앙정보국장의 직책이 신설되었다.

새로 개편된 국가안보체제는 한국전쟁 동안 한국전쟁을 수행하고 지도하는 전쟁지도부 역할을 하였다.

특히 국가안보회의는 대통령, 부통령, 국무장관, 국방장관, 각 군 장관 및 참모총장, 합참의장, 중앙정보국장 등 미국 외교 및 국방 수뇌들이 참석하여 한국전쟁을 둘러싼 정책과 전략을 수립하고 지도하였던 국가안보 최고기관으로서의 역할을 하였다.

그러나 이들 국가안보기구들은 제2차 세계대전 이후 전혀 새로운 조직체로서 탄생된 것이 아니라 제2차 세계대전을 수행하면서 임시 또는 특정부서로 활동하던 기구들이 하나의 조직으로 통합되거나 그 기능이 확대되었기 때문에 한국전쟁이 일어났을 때 이들 기구들은 일천한 역사에도 불구하고 한국전쟁을 지도하는 데 운용상의 문제점은 없었다.

한국전쟁 이전 미국은 소련의 팽창에 맞서 국무부와 합동참모본부에서 이에 대한 대책을 수립하였다. 미 국무부는 소련 전문가인 케난의 이론에 기초하여 대소 봉쇄정책을 마련하였고, 미 합동참모본부는 소련을 주적으로 하는 비상전쟁계획을 수립하였다. 그런데 이 둘은 소련의 팽창을 저지한다는 점에서는 공통점을 갖고 있으나 실제 적용함에 있어서는 차이점이 있었다.

한반도에서 38도 선은 봉쇄정책에서 소련의 침략을 저지하는 봉쇄선이 되었으나, 합동참모본부가 계획했던 전쟁계획에서 38도 선은 아무런 관련성이 없었다. 미국의 전쟁계획에서는 소련과의 전면전 시 극동에서는 일본을 보호하기 위해 극동방위전략에 입각한 도서방위선이 극동군이 수행할 방어선이자 대륙으로 진출하는 공격선이었다. 따라서 한국전쟁이 발발했을 때 미국은 합동참모본부의 전쟁계획에 의해서가 아니라 국무부의 봉쇄정책을 수행하기 위해 참전하였다.

한국전쟁이 발발했을 때 미국은 1주일 만에 해·공군을 파견한 데 이어 지상군을 대규모로 파견하여 전쟁을 수행하였다. 미군의 파견 규모는 전쟁 초기 몇 개월을 제외하고는 북한군을 압도하는 전력이었다.

미국은 전쟁 초기부터 천여 대의 전투기와 전략폭격기, 그리고 10여 척에 달하는 항공모함을 전개하여 제공권과 제해권을 장악한 가운데 군사력 우위에서 전쟁을 수행하였다. 미국은 유엔안보리의 결의에 의거 유엔군이 창설되자 미군 장성(將星)을 유엔군 사령관에 임명하고 전쟁을 전반적으로 주도해 나갔다.

미국은 유엔안보리가 결의한 38도 선 회복과 북한군 격멸을 전쟁목표로 정하고 이에 따라 전쟁을 지도하였다. 특히 전쟁수행 간에는 참전을 결정할 때 전제조건으로 고려했던 제3차 세계대전의 방지를 위해 노력하는 한편 소련과의 전면전을 치를 준비가 될 때까지 이를 유발할 수 있는 군사행동을 자제하는 가운데 전쟁을 지도해 나갔다.

결국 미국은 전쟁 이전 새롭게 개편된 전쟁지도체제하에서 국무부가 수립했던 대외정책인 봉쇄정책, 합동참모본부가 수립했던 소련을 주적으로 하는 비상전쟁계획, 소련보다 우위에 있던 해·공군의 전력, 원자폭탄을 보유한 국가라는 이점과 유엔안보리의 집단안전보장체제에 따른 전쟁해결이라는 틀 속에서 전쟁을 지도해 나갔다.

이 과정에서 미국은 전장 환경의 대내외적 요인에 따라 채택된 다양한 정책과 전략을 추구해 나갔다. 미국이 한국에 적용한 것은 미국의 전쟁계획이 아니라 봉쇄정책이었다.

미국은 봉쇄정책에 입각하여 한국에서 전쟁을 지도하고 수행하였다. 전쟁수행 과정에서 미 군부가 철군을 거론했던 것은 소련과의 전면전을 고려한 전쟁계획의 실행을 위한 준비단계였다.

미국은 극동방위선인 도서방위선을 점령하기 위해 철수정책을 거론하였다. 미국이 38도 선을 끝까지 회복하고자 했던 것은 봉쇄정책의 봉쇄선에서 소련과 중공의 지원을 받은 북한군을 저지하고 격멸하기 위함이었다.

이처럼 앞의 내용에서 검토했던 결과들은 각각 분리된 개체로서 움직인 것이 아니라 상호 연관성을 지니고 연계되어 있음을 알 수 있다.

제2차 세계대전 이후 새롭게 개편된 미국의 국가안보체제는 전쟁 중 전쟁지도부로서 전쟁결과에 영향을 줄 수 있었고, 전쟁 이전 수립되었던 미국의 전쟁계획과 봉쇄정책은 미국의 참전을 결정하는 데 결정적인 역할을 하였다.

또 전쟁수행 과정에서 전장 환경이 바뀔 때마다 38도 선과 극동 방위선을 고려하여 휴전정책과 철군정책을 낳게 하였다.

한반도에 전개되었던 미국의 군사력은 전쟁수행의 주체로서 전쟁 승패에 직접적인 영향을 주었다. 미국이 한국전쟁을 수행하면서 전쟁정책과 전략을 결정할 때 가장 중요한 요인으로 작용했던 것은 소련과의 전면전 내지는 제3차 세계대전을 방지하는 것이었다. 그렇다면 미국은 왜 한국전쟁에서 막대한 군사력을 투입하고도 승리 아닌 휴전을 하게 되었는가?

제2절 미국의 전쟁수행체제와 전쟁수행능력이 전쟁결과에 영향을 미쳤는가

한국전쟁 이전 개편된 미국의 국가안보체제는 전쟁 기간 동안 미국의 전쟁지도부로서 역할을 수행하였다.

한국전쟁 직전 미국은 새로운 국가안보체제의 개편으로 국가안보기구로서 국가안보회의와 중앙정보국을 신설했고, 미군은 2군 체제에서 공군이 육군 항공대에서 독립함으로써 3군 체제를 갖추게 되었다.

특히 미군은 각 군을 통제하는 국방부를 창설하였다. 또 제2차 세계대전 시 비상설기구로 운용되어 오던 합동참모본부를 상설기구로 법제화했고, 합동참모의장직을 신설하여 군령기관인 합동참모본부의 수장으로서 역할을 수행할 수 있도록 하였다.

한국전쟁 이전 새롭게 개편된 미국의 국가안보체제는 전쟁을 수행하기에는 가장 적합한 구조였다.

제2차 세계대전까지만 해도 미국에는 육·해·공군을 지휘 감독하는 국방부 및 합동참모본부가 존재하지 않았다.

이에 전쟁이 일어나면 전쟁부와 해군부가 서로 협조하여 국방정책 및 전략을 수립하여 전쟁을 수행하는 등 조직상의 완비를 갖추지 못하였다. 미국은 이러한 단점을 보완하기 위해 군정기관인 국방부와 군령기관인 합동참모본부를 신설하여 한국전쟁 기간 동안 이 체제하에서 전쟁을 수행하였다.

미국 국방부는 합동참모본부가 군사적 관점에서 전략문제를 수립하면 국방부는 업무상 파트너인 국무부와 상의한 후 이를 국가안보회의에 상정하여 미국의 전쟁정책 및 전략으로 추진하여 나갔다.

따라서 새롭게 개편된 미국의 전쟁지도체제하에서 미국의 전쟁지도는 시스템상으로 정상적으로 작동이 된 가운데 충분한 논의를 거쳐서 가장 합리적인 방책을 수립할 수 있었다.

새롭게 개편된 미국의 국가안보기구 및 국방부와 합동참모본부의 책임자들은 제2차 세계대전 시 전쟁경험이 있거나 국방 관련 부서에서 근무경험을 갖고 있는 인사들로 구성되었다.

예를 들면 미국 국방부장관 가운데 존슨은 제2차 세계대전 시 전쟁부(Department of War) 차관보를 지냈다. 마셜 장군은 제2차 세계대전 시 육군참모총장을 6년간이나 역임했고, 전후에는 국무장관을 역임한 역량 있는 인물이었다. 러베트 장관도 마셜 장관 밑에서 국방차관을 역임한 인물로서 국방 분야에 많은 경험을 갖고 있었다.

미국 합동참모들도 제2차 세계대전 시 유럽 및 태평양 전선에서 지휘관으로서 풍부한 전투경험을 갖고 있는 장군들로 구성되었다. 브래들리 합참의장을 비롯하여 콜린스 육군참모총장, 반덴버그 공군참모총장, 셔먼 해군참모총장은 제2차 세계대전 기간 내내 그 직책을 수행했기 때문에 풍부한 전략적 식견을 겸비한 가운데 일관성 있는 전쟁지도를 할 수 있었다.

그러면 미국의 전쟁수행능력, 즉 미국의 대외정책, 전쟁계획과 군사전략, 그리고 군사력이 전쟁에 어떠한 영향을 미쳤는가?

한국전쟁 이전 미국의 대외정책은 대소 봉쇄정책으로서 자유민주주의 세력에 대한 소련 공산주의 침략을 저지하는 것이 봉쇄정책의 목적이었기 때문에 이것이 전쟁의 결과에 부정적으로 작용했다고는 판단할 수 없다.

소련을 주적으로 하는 미국의 전쟁계획은 유럽에서 전략적 공세를 취함으로써 반드시 이 지역을 확보한 데 반해 한반도가 포함된 아시아지역에서 미국은 전략적 방어를 취함으로써 일본과 필리핀, 그리고 오키나와를 연결하는 극동방위선을 방어하는 것이었다.

따라서 한국전쟁을 수행하는 미국의 입장에서 미국의 대외정책에서 나온 봉쇄선인 38도 선과 전쟁계획에서 나온 극동방위선과는 운용 및 개념상에서 차이점을 나타내고 있었다. 그러나 미국은 전쟁수행 과정에서 이러한 개념에 뚜렷한 경계선을 그은 상태에서 전쟁을 지도해 나갔다.

미국의 봉쇄정책은 전면전쟁이 아닌 평시에 봉쇄선 주변에 대한 공산주의에 의한 국지도발성 침략이 있을 경우 미국은 이를 저지하여 봉쇄선을 확보하는 것이었다. 한국전쟁 이전 미국은 그리스, 터키, 이란, 그리고 베를린에서 이러한 봉쇄정책에 성공했던 사례가 있었다.

그렇지만 미국은 소련과의 전면전쟁이 일어나면 합동참모본부의 전쟁계획에 따라 아시아에서는 극동방위전략, 즉 극동방위선에서 해·공군력에 의해 전략적 방어를 하도록 되어 있었다. 38도 선과 극동방위선은 미국의 대외정책과 전쟁계획에 나타난 바와 같이 전략적 운용과 적용시기, 그리고 개념상으로 명확한 차이점이 있었다.

미국이 참전결정을 논의하는 과정에서 유엔에 제출한 결의안에 전쟁 이전 상태의 회복을 명시한 것도 대소 봉쇄정책에서 나온 것임을 알 수 있다. 또 중공이 개입하여 37도 선으로 후퇴하는 과정에서 소련과의 전면전을 위해 미국이 한반도에서 철수하고자 했던 것은 전쟁계획을 수행하기 위한 사전 군사적 고려 내지는 조치에서 나온 결과로 볼 수 있다.

미국은 이때 전쟁계획에 나와 있는 극동방위선에서 소련과의 전면전을 위해 한반도에서 미군 철수를 하고자 했던 것이다. 이러한 점에서 전쟁 이전 미국의 대외정책과 전쟁계획이 전쟁 유발 요인으로 작용했거나, 전쟁수행 과정에서 미국의 전쟁지도부가 전쟁 국면에 따라 정책 및 전략을 결정하는 고려 요소로서 작용했을지는 몰라도 전쟁 승패에 직접적인 영향을 미쳤다고는 볼 수 없다.

또한 제2차 세계대전 이후 대폭 감축된 미국의 군사력이 전쟁에 직접적인 영향을 주지 않았음도 알 수 있다. 전쟁 당시 미국의 군사력은 소련과의 전면전을 수행하기에는 부족했을지는 모르지만 한국전쟁과 같은 국지전을 수행할 수 없을 정도는 아니었다.

왜냐하면 미국이 전쟁 초기부터 종전까지 동원했던 지상군 규모는 1개 야전군에 3개 군단, 9개 사단이었다. 미국은 초기 몇 개월을 제외하고는 거의 대부분 이 전력을 유지하면서 휴전 때까지 전쟁을 수행해 나갔다는 점을 고려할 때 참전 규모가 전쟁 승패에 결정적인 영향을 미쳤다고는 할 수 없다.

제3절 미국의 참전결정과 미군의 군사력 전개는 시기적으로 타당했는가

미국은 한국전쟁 발발 다음 날부터 미 해·공군이 주한외국인 철수 및 한국군 지원을 위해 한국전선에 투입되었다.

미국의 전쟁지도부가 한국에 대한 사태 논의를 하면서 지상군의 참전을 결정하기까지는 불과 1주일밖에 안 걸렸다.

이때 북한군은 서울을 점령한 후 한강방어선을 공략하기 위한 준비를 하고 있었다. 이러한 점에서 미군의 참전결정 시기는 미국의 상황을 고려할 때 시의 적절했고, 도움을 받은 한국의 입장에서도 미국은 가장 적기에 참전하였음을 알 수 있다.

따라서 미국의 참전결정은 전쟁의 결과에 긍정적인 영향을 주었으면 주었지 전쟁의 결과에 부정적인 영향을 주었다고는 할 수 없다.

미군의 한반도 내 전개에 대해서는 다각적인 평가가 필요하다. 미국이 아무리 빨리 참전을 결정했다 하더라도 한국과 지리적으로 가까운 일본에 주일 미군 4개 사단이 없었다면 한국전쟁은 북한의 남침공격계획에 나타난 1개월 전쟁으로 끝났을 가능성이 높았다.

맥아더 장군 휘하의 주일 미군이 전투력 수준이 낮은 상태에서 긴급 투입되었지만 공간을 내주고, 대신 시간을 획득하게 함으로써 미 본토의 증원 병력이 전개할 수 있는 전략적 여건을 조성하였다는 점에서 순기능적 역할을 하였다고 평가할 수 있다.

또한 맥아더 장군이 한국과 가까운 일본에 미 극동군 사령관으로 있었다는 것도 주일 미군이 한반도에 전개하는 데 결정적인 역할을 했고, 미 본토에서 병력 및 장비를 지원하는 데도 커다란 역할을 하였다.

맥아더 장군은 한반도에 주일 미군을 전개하면서도 무조건 적을 저지하기 위한 것이 아니라 승리전략에 따른 상륙작전 구상에 따라 부대를 전개하였다. 맥아더 장군은 인천을 상륙지점으로 결정하고, 이를 위해 먼저 적의 남진을 저지하는 가운데 상륙부대가 적의 후방을 차단하여 적에게 2개의 전선을 강요하도록 하였다. 맥아더는 상륙작전을 수행하는 과정에서 적의 허를 찌르는 전략적 상륙기동으로 전쟁 초기 불리한 전세를 극복하고, 반격의 여건을 조성하게 되었다.

한반도에 전개된 미국의 군사력 규모도 미국이 목표로 정했던 전쟁수행에 영향을 주지 않았다. 미국은 지상군만 하더라도 3개 군단 및 9개 사단을 전개하여 전쟁을 수행하였는데 이 규모는 전쟁이 끝날 때까지 계속 유지되었다. 미국은 이 군사력으로 북진작전 등 가용한 한국전쟁에 있어서 모든 작전을 수행하였다. 비록 중공군 개입 이후 일시적으로 전략적 후퇴를 하였다고 하더라도 북진 당시 전투력을 재정비하여 38도 선을 다시 확보할 수 있었다. 다만

38도 선 부근의 캔사스 선에서 피아(彼我)가 격렬하게 대립된 상황에서 원산과 진남포 지역에 대규모 상륙작전을 전개하여 평양 - 원산 선을 확보하는 데에는 다소의 전투력이 필요할 뿐이었다.

그러나 미국이 그렇지 못한 것은 미국이 참전을 결정하면서 가장 우려했던 소련과의 전면전이 준비되지 않은 상태에서 제3차 세계대전을 유발할 수 있는 군사적 행동을 자제했기 때문이다.

미국은 전쟁 초기부터 북한지역에 대한 군사목표에 대해서는 공중폭격을 인정하면서도 소련 및 중공 국경지역에 대한 군사목표에 대해서는 철저하게 통제하였다. 따라서 미국은 중·소 국경지역에 대한 군사활동의 제한 등 전략적 목표에 대한 통제로 인해 한반도에 전개된 해·공군력을 효과적으로 운용하지 못하였다.

결과적으로 미국의 한국에 대한 지상군 참전결정 시기는 적절했다고 할 수 있으며, 한반도에 대한 미군의 전개 시기 및 규모도 당시 미국의 상황으로 봤을 때 최선으로 평가할 수 있을 것이다. 미국은 한국에 전개된 군사력이 불비해서가 아니라 군사 외적 요인, 즉 제3차 세계대전의 방지와 소련과의 전면전 회피라는 외교·안보 문제로 인해 군사력 운용에 제한을 받았다.

이러한 점에서 미국의 참전결정 시기와 군사력 전개 시기 및 규모는 전쟁수행 과정에 영향을 주었으나, 전쟁의 결과에까지 영향을 주지 않았음을 알 수 있다.

제4절 미국의 정책이 한국전쟁에 어떤 영향을 주었는가

미국은 한국전쟁이 발발하자 한국에 대한 참전을 결정하면서 전쟁정책과 전략, 그리고 전쟁수행방식을 결정하였다.

트루먼 대통령은 한국전쟁을 지도할 전쟁지도부로서 국가안보회의가 그 역할을 수행하도록 하였다.

이에 미국의 국가안보회의는 한국전쟁에 대한 미국의 정책과 전략 등을 결정했고, 이를 통해 전쟁을 지도해 나갔다.

미 국가안보회의에는 국무장관, 국방장관, 합동참모, 각 군 장관들이 대부분 참석하여 외교 및 군사사항에 대한 조언과 자문을 하였다.

미국이 한국전쟁에 필요한 정책과 전략을 수립할 때에는 안보 및 국방 관련 부서가 모두 동참하였다. 정책을 입안할 때 미국 국방부나 국무부 등 책임 부서에서 계획을 입안하여 다른 기관에 이를 회람시키면 관련 부서에서는 자기 부서의 견해를 첨부하여 제출하였다.

NSC에서는 각 부서의 견해를 종합하여 하나의 정책문서로 작성하여 대통령의 재가를 받은 다음 미국의 공식적인 정책 및 전략문서로 시행해 나갔다.

그렇기 때문에 각 부처 간의 이견 대립이나 어느 부서의 일방적인 독주는 있을 수 없었다. 물론 전쟁 초기 존슨 국방장관과 애치슨 국무장관 시절 존슨 국방장관의 비협조로 국무부와 국방부 간에 약간의 알력으로 짧은 기간 협조가 되지 않을 때도 있었다. 그러나 마셜 국방장관의 취임과 동시 이런 부서 간의 불화나 비협조적인 문제점은 해소되었다.

미국의 전쟁지도부는 한국전쟁의 수행에 필요한 정책과 전략을 결정하는 데 있어서 미국의 대외정책과 전쟁계획을 고려하였다. 미국은 국무부가 마련한 대외정책인 대소 봉쇄정책과 합동참모본부가 작성한 세계 차원(global)의 전쟁계획 및 전략에 따라 한국전쟁과 관련한 정책과 전략을 수립하였다. 아울러 미국은 전쟁수행 주체이면서도 국제평화기구인 유엔을 앞세워 전쟁을 수행하였다.

미국의 전쟁정책과 전략을 이해하는 데에 있어서 주목해야 될 부분이 있다면 평시 소련의 팽창과 침략에 대응하기 위해 수립된 미국의 대외정책으로서 봉쇄정책과 전시 소련과의 전면전에 대비하여 합동참모본부가 수립한 전쟁계획에 대한 개념 정리가 필요했다.

미국은 한국전쟁을 수행하면서 전시 상태에 있지 않았고, 또 전면전쟁에 대비한 국가 차원의 조치만을 강구하였다. 미국은 이러한 기조 위에서 전쟁정책을 수립하고 전쟁을 지도해 나갔다. 따라서 전쟁을 수행하는 과정에서 미국의 정책과 전략에 어떤 원칙이 없이 그 편차가 있는 것같이 보이지만 사실은 평시 봉쇄정책을 유지할 것인가 아니면 전시 적용되는 전쟁계획에 따른 전면전쟁에 돌입할 것인가의 정책상의 선택에 따라 한국에 대한 정책이 다르게 보였을 뿐이다.

한국전쟁 동안 미국의 정책을 결정하는 척도 역할은 전쟁 초기 유엔의 정책이자 미국의 정책으로 결정된 "전쟁 이전 상태의 회복과 그 지역에서의 국제평화와 안전 유지", 전쟁 이전 유엔의 자주적이고 독립된 한국통일, 그리고 합동참모본부가 소련과의 전면전을 상정하여 수립한 전쟁계획상에 나타난 극동방위선이었다.

이와 같은 요인들이 전선 상황의 변화에 따라 미국의 정책과 전략으로 투영되었다. 그렇기 때문에 한국전쟁에 대한 미국의 정책과 전략을 깊이 이해하지 않고 겉으로 드러난 정책시행의 결과만을 놓고 볼 경우 마치 미국의 정책에 커다란 변화가 있는 것처럼 인식되었다.

예를 들면 미국은 낙동강 방어선 전투까지는 전쟁 이전 상태의 회복이었고, 인천상륙작전 이후에는 국제평화와 그 지역의 안전 유지 및 통일한국이라는 정책 목표를 달성하기 위해 노력하였다.

중공군 개입 이후에는 전면전을 고려하여 한반도에서 철수를 고려했고, 전선이 38도 선에서 다시 교착되고 휴전협상이 시작된 이후에는 전쟁 초기 목표였던 전쟁 이전 상태의 회복으로 다시 회귀하였다. 미국은 이러한 외교 및 안보 차원의 틀 속에서 한국전쟁을 수행하고 지도해 나갔던 것이다. 이를 구체적으로 살펴보면 다음과 같다.

첫째, 북한군의 남침부터 유엔군의 북진단계까지 미국의 정책은 북한군의 남침을 저지하여 전쟁 이전 상태를 회복하는 것이었다. 이때 미국의 정책은 봉쇄정책의 연장선상에서 이루어졌다. 한반도에 전개된 미군이 북한군과의 교전 상태에서 죽어 가는 데에도 미국의 전쟁계획은 발동되지 않았다.

미국은 봉쇄정책에서 말하는 봉쇄선 주변부인 38도 선을 회복하기 위해 한국전쟁에 참전했던 것이다. 그러나 한국전쟁과 관련하여 유엔이 제시한 2가지 전쟁목표 중 다른 하나인 그 지역에서의 국제평화와 안전 유지 차원에서 미국은 38도 선 돌파를 결정했고, 이는 전쟁 이전 유엔의 한국에 대한 정치적 목표인 자주적이고 독립된 통일한국의 실현을 위해 통일로 가는 목표로 선회했던 것이다.

둘째, 중공군이 개입하면서 유엔군은 다시 수도 서울을 적에게 내주고 37도 선으로 후퇴를 하면서 한반도에서 철수까지도 고려하였다. 그러나 이것은 미국이 소련 및 중공과의 전면전을 고려하여 미국의 세계전쟁계획에 나타난 극동방위선에서 전쟁을 수행하기 위한 단계로 볼 수 있을 것이다.

미국은 소련과의 전면전에 돌입할 경우에는 서유럽에서는 전략적 공세를 취하고, 극동지역에서는 전략적 방어를 취한다는 전략개념에 따라 전쟁이 발발하면 한국에 있는 미군을 안전하게 철수하여 전면전에 대비한다는 것이었다. 이에 한국에 투입된 미군은 우선 극동방위선의 중심인 일본으로 철수했다가 추가지침에 따라 군사력을 배치한다는 것이었다.

셋째, 전선이 38도 선 부근에서 다시 교착되고 휴전협상이 시작되면서 미국은 전쟁 이전 상태의 회복을 염두에 둔 종전정책을 수립하게 되었다. 그러나 이 과정에서 맥아더와 워싱턴 간의 전쟁수행 개념상의 차이 및 맥아더 장군의 트루먼 대통령 지시에 대한 위반이 불복종으로 비쳐지면서 맥아더 장군은 해임되었다.

맥아더 장군 해임 이후 워싱턴의 전쟁지도부와 극동의 전구 사령관 사이에는 별다른 저항 없이 종전정책(終戰政策)을 원활하게 수행해 나가게 되었다.

미국의 종전정책은 트루먼 행정부를 거쳐 새로 들어선 아이젠하워 행정부에게로 그대로 인계되었다.

따라서 미국이 한국에서 승리 아닌 휴전을 할 수밖에 없었던 것은 한반도에 전개된 군사적인 문제가 아니라 미국 전쟁지도부 내의 정치지도자 및 군부지도자들의 전쟁해결방식과 전쟁지도에서 찾아야 할 것이다.

미국 전쟁지도부는 소련과의 전면전을 치를 준비가 되지 않았음을 고려하여 전쟁을 확대하지 않으려고 노력했고, 이러한 배경 위에서 정책 및 전략이 수립되었기 때문에 전쟁은 승리 아닌 휴전으로 갈 수밖에 없었다.

또한 전략적으로 유리한 지역을 차지할 수 있을 정도로 군사력이 충분했는데도 그렇게 하지 못했던 것은 미군의 손실과 혹 있을지 모를 제3차 세계대전의 원인을 제공하지 않을까 하는 우려에서 미국은 가급적 중공군 개입 이후부터 더욱 제한된 군사행동을 실시해 나갔다. 또 공세적 행동도 미국에 유리한 휴전 조건을 따르도록 공산군을 압박하기 위한 수단으로 이용되었다.

제5절 미국의 전략과 전쟁지도가 전쟁에 어떤 영향을 주었는가

미국은 한국전쟁이 발발하자 이에 대한 전쟁목표와 전략개념을 확정지었다. 1950년 6월 개전 초부터 1950년 11월 중공군의 본격적인 개입 이전까지 미국의 군사전략은 일관된 것이었다.

한국전쟁 초기 미국은 적을 격퇴할 충분한 공격능력을 갖출 때까지 시간을 벌기 위한 전략적 방어를 수행하였다. 그러나 1950년 9월 인천상륙작전이 성공하자 미국은 북한군의 침략을 격퇴하고 북한지역을 해방하기 위해 전략적 공세로 전환하였다.

그러나 1950년 11월 중공군의 본격적인 개입이 이루어지자 미국은 북한으로부터 강요에 의한 전략적 철수를 단행했고, 이어 남북한이 캔자스 선을 따라 대치하게 되자 다시 전략적 방어로 전환하였다.

중공군의 5월 공세가 저지된 1951년 6월 이후 미국은 정상적인 전쟁방식대로라면 적을 파괴하고 한반도에서 그들을 축출하는 데 필요한 전략적 공세를 취해야 하는 데에도 그렇게 하지 않았다.

이에 미 제8군 사령관 밴플리트 장군도 바로 그러한 전략적 공세를 상부에 건의하였으나 받아들여지지 않았다. 대신 미국은 전략적 방어를 그대로 유지하면서 군사적 수단이 아닌 휴전회담 및 외교협상을 통하여 전쟁을 종결짓는 데 모든 노력을 기울였다.

이러한 군사전략은 미국의 정책변화에 따라 신속히 이루어졌다. 당시 미국의 이러한 정책 결심은 전쟁수행방식을 결정하는 군사전략에 심각한 변화를 가져다주었다.

1950년 11월 중공군의 전쟁 개입에 따라 미국은 공산주의 침략을 저지하고 북한을 해방하는 적극적 전쟁정책을 포기한 대신, 공산주의 팽창을 봉쇄하는 소극적 정책을 채택하였다. 미국이 이러한 정책을 취하게 된 데에는 한반도에서 전쟁의 확산을 막아 소련과의 전면전을 방지한다는 것이었다.

미국이 국가정책으로 채택한 봉쇄정책은 군사전략을 전략적 방어로 전환시켰다. 전략적 방어는 적을 격멸하는 적극적인 공세적 전략에 비해 수동적이고 소극적이었다. 전략적 방어는 그 속성상 적의 공세를 저지하여 현상을 유지하는 것이 근본 목적이었다.

워싱턴의 전쟁지도부와 전선의 군부 사이에는 이러한 전략의 변화로 다음과 같은 예기치 못한 문제를 지켜보아야 하였다.

첫째로 전략적 방어는 전략적 공세를 계속 유지하여 공세의 끈을 놓지 않으려는 공산군의 전략개념과 극명한 차이를 보였다. 이에 대해 맥아더 장군은 1951년 의회 청문회에서 한국전쟁의 전쟁지도를 놓고 벌인 '대논쟁(Great Debate)'에서 "미군이 단순히 적에 저항하기 위해 그곳에 있어야 한다는 개념은 군사적으로 최악의 경우이다. 적은 우리의 군을 격멸한다는 명확한 목적을 가지고 싸우고 있는 것이다."라고 진술함으로써 전략적 방어의 문제점을 지적하였다.

두 번째로 수세적 입장에서 전쟁을 치르는 전략적 방어로는 전쟁의 결말을 낼 수 없다는 것이 자명한 사실이 되었다. 물론 휴전이나 외교적 협상 등도 전쟁을 해결하는 방식이 될 수 있다. 그런데 한국전쟁은 이의 전형적인 모델이 되었다. 1951년 전선이 교착되어 1953년 정전협정을 맺기 전까지 유엔군과 공산군 측은 2년간에 거쳐 외교적 협상을 벌였다. 이때 대부분의 미국인들은 전쟁이 장기전화되자 한국전쟁에 염증을 느끼고 군대를 철수하기를 희망하였다. 이러한 양상은 베트남전쟁에서도 그대로 재연되었다.

세 번째로 전쟁 초기 미국 정치지도자, 군부지도자, 국민들 사이에 전략적 환경 변화에 대한 인식의 차이가 있었다. 미국은 정부가 왜 한국전쟁에서 전략적 변화를 모색하지 않으면 안 되는가에 대해 국민들을 충분히 납득시키지 못하였고, 국민들은 적을 압박할 경우 핵전쟁을 수반한 제3차 세계대전이 일어날 위험성을 알지 못하였다.

미국 군부지도자들과 미국인들은 한국전쟁을 제2차 세계대전의 수준에서 보았다. 제2차 세계대전 시 미국은 전략적 공세정책과 군사전략을 채택하여 적군을 섬멸하고, 적의 수도 및 영토를 점령하고, 적의 저항의지를 말살하는 완전한 승리를 달성하였다. 마찬가지로 맥아더 장군도 이러한 가치기준에 의거 "승리를 대신할 것은 아무것도 없다(no substitute for victory)."[1]라는 생각을 가지고 전쟁의 확전을 주장하였다.

맥아더 장군에게 38도 선이나 소만(蘇滿) 국경은 크게 문제가 되지 않았다. 그에게는 오직 북한군의 격멸과 무조건 항복, 그리고 북한지역의 점령만이 전구 사령관으로서 실천해야 할 의무이자 책임이었다.

이제 전쟁에서의 승리에는 제2차 세계대전에서처럼 반드시 완전한 승리가 아니라, 한국전쟁에서처럼 전쟁 이전 상태의 회복이라는 현실적 정치목표가 포함되었다.

그 결과 제2차 세계대전과 같은 완전한 승리가 아닌 핵무기 시대의 전쟁 패러다임이 된 한국전쟁과 같은 제한전쟁은 납득이 되지 않았다.

이러한 점에서 한국전쟁에서 미국의 군사전략은 일견 성공한 것으로 평가될 수도 있을 것이다.

또 미국이 전쟁 초기 전쟁목표로 삼았던 한반도에서 전쟁 이전 상태를 회복했다는 점에서 긍정적인 평가를 내릴 수도 있을 것이다.

그렇다고 해서 그것이 미국 군부에게 성공적인 전쟁으로 기록되지는 않을 것이다.

---

1) MacArthur, *Reminiscences*, p.459.

제6절 요약 및 총 결론

결론적으로 미국이 한국전쟁에서 승리 아닌 휴전을 할 수밖에 없었던 이유는 무엇인가?

첫째, 미국이 휴전하게 된 데에는 전쟁 이전 미국의 군사능력이 부족했거나 전쟁지도부의 능력과는 관계가 없다는 것이다. 전쟁 초기를 제외하고는 미국의 군사력은 공산군을 항상 압도하였다.

미국의 전쟁지도부(국가안보회의·국방부·합동참모본부)는 제2차 세계대전을 통해 설치된 국가안보기관들을 한국전쟁 이전에 이미 설치하여 그 능력을 실험하였고, 이러한 전쟁지도체제는 21세기까지 그 골격을 유지하고 있다.

또 워싱턴의 정치지도자나 군부지도자, 그리고 도쿄의 군부지도자들은 제2차 세계대전에서 뛰어난 능력을 발휘한 인사들로 구성되어 있었다.

둘째, 한국전쟁 이전 미국의 전쟁계획이나 극동전략, 그리고 소극적인 대한 정책은 전쟁 유발 원인 및 배경이 될 수는 있어도 전쟁결과로 나타난 휴전에는 커다란 영향을 미치지 못하였다.

미국의 전쟁계획에서 나온 극동방위전략과 이러한 연장선상에서 애치슨 국무장관이 한국을 포함시키지 않았던 극동방위선 연설은 전쟁의 유발 원인으로 작용할 수 있었을지 몰라도 전쟁결과에 영향을 주지 않았다.

왜냐하면 미국은 전쟁 발발 이후 봉쇄정책을 적용함은 물론이고 애치슨 연설에서 천명한 유엔안보리를 통한 합법적 절차를 통해 한국에 군대를 전개하여 전쟁을 주도하였기 때문이다.

셋째, 전쟁 발발 이후 한반도에 전개된 미국의 군사력은 미국의 최초 전쟁목표인 '전쟁 이전 상태의 회복'은 물론이고 나아가서는 평양과 원산을 잇는 선으로까지 진출할 수 있는 군사적 능력을 고려할 때 휴전에 결정적인 요인으로 작용하지 않았다.

미국은 군사력이 부족해서가 아니라 소련 및 중공 국경선상의 전략적 군사목표에 대한 공격제한으로 인해 효과적인 군사력을 발휘할 수 없었다. 특히 한반도 통일을 위해 소모되는 전쟁비용 및 인명 손실도 미국으로 하여금 더 이상의 전쟁을 강요하기에는 무리였다.

넷째, 미국은 전쟁 전개과정에서 인천상륙작전 이후 38도 선을 돌파하고 북진을 감행하여 무력통일을 시도하였다. 그런데 미국은 자주적이고 독립된 한국통일과 전쟁 이전 상태의 회복이라는 전쟁목표 사이에서 확전으로 인한 제3차 세계대전의 방지를 위해 현실적 대안인 '전쟁 이전 상태의 회복'을 추구하였다.

따라서 이것은 정치적 목표를 달성하기 위한 휴전이었지 군사적 수준과 능력을 고려한 휴전은 아니었다.

결국 미국이 한국전쟁을 휴전으로 종결할 수밖에 없었던 것은 미국이 군사력이 부족하거나 전쟁을 수행할 능력이 부족해서가 아니라 미국의 한국전쟁수행원칙이 소련과의 전면전을 수행할 준비를 충분히 갖출 때까지 소련이나 중공과의 충돌을 회피한다는 미국의 전략적 판단에 기인하고 있었다.

또 미국은 서유럽 중심의 세계전략을 수행해야 되기 때문에 한국에 미국의 군사력을 전부 투입할 수 없는 입장이었다.

따라서 미국은 중공군 개입 이후 전면전을 회피하면서 전쟁 이전 상태의 회복이라는 최초 유엔의 정책목표에 기여할 수 있는 38도 선 부근에서 명예로운 휴전만이 최선의 방책임을 깨닫게 되었다.

미국은 전쟁 이전 일본을 연하여 그어진 미국의 극동방위선이자 전면전 시 미군이 점령할 극동방어선을 한반도의 휴전선으로 전진시켰다.

이는 미국으로 하여금 전쟁의 산물인 휴전선을 전면전쟁 시 미국이 점령할 극동방위선으로 격상시킴으로써 전후 한국의 안보를 책임지는 극동에서의 방공선(防共線) 역할을 하게 되었다.

이를 문서로 확인시켜 준 것이 휴전 이후 한·미 간에 체결된 한미상호방위조약이었다.

한미상호방위조약은 미국에 주한미군을 주둔시킬 수 있는 법적 근거를 제공했을 뿐만 아니라 미국 봉쇄정책의 절대 고수 및 극동에서 미국 전쟁계획의 범위 확대로 나타났다.

즉, 미국에 있어 휴전선은 단순한 의미의 휴전선이 아니라 소련의 팽창을 저지하는 미국의 봉쇄선이자 소련과의 전면전 시 미국이 극동에서 반드시 사수해야 될 극동방위선이라는 이중의 의미와 성격을 지니게 되었다.

그렇지만 미국은 한국전쟁에서 최초로 완전한 승리를 구하지 못하고 휴전협정에 조인하는 선례를 그들의 역사에 남겼다.

이는 휴전협정에 서명했던 유엔군 사령관 겸 미 극동군 사령관 마크 클라크(Mark W. Clark) 대장의 회고를 통해 당시 미국의 전쟁지도부와 미군들이 느꼈던 소회감(所懷感)을 느낄 수 있을 수 것이다.

"…나는 휴전협정에 조인하였다. 그러나 이것은 [미국이] 사상 처음으로 승리 없는 전쟁의 휴전협정에 조인한 미군 사령관을 탄생시킨 것이다."2)

---

2) Mark W. Clark, *From to the Danube the Yalu*(New York: Harper and Row, 1974), p.1.

▍ 참고문헌 ▍

1. 1차 자료

(1) 국문 공간자료

국가안전보장회의 비상기획위원회,「한국전쟁지도체제의 발전방향」, 서
　　　울: 비상기획위원회, 1993.
국방군사연구소,「한국전쟁 자료총서」, 서울: 국방군사연구소, 1996.
국방부,「군사조약 목록집」, 전사편찬위원회, 1995.
국방부 정훈국,「韓國戰亂 1年誌」, 1951.
＿＿＿＿＿＿,「韓國戰亂 2年誌」, 1952.
＿＿＿＿＿＿,「韓國戰亂 3年誌」, 1953.
＿＿＿＿＿＿,「韓國戰亂 4年誌」, 1954.
＿＿＿＿＿＿,「韓國戰亂 5年誌」, 1955.
국방부 전사편찬위원회,「국방조약집 1945 – 1980」제1집, 1981.
＿＿＿＿＿＿＿＿＿＿,「韓國戰爭史」제11권, 1980.
＿＿＿＿＿＿＿＿＿＿,「國防部史」, 1954.
＿＿＿＿＿＿＿＿＿＿,「한국전쟁 휴전사」, 1989.
국사편찬위원회,「남북한관계사료집: 6·25전쟁시기 한미정치관계 문서
　　　(1950 – 1954)」11권, 과천: 국사편찬위원회, 1995.

(2) 국문 회고록 및 평전

강성재,「참군인 이종찬 장군」, 서울: 동아일보사, 1986.
김정열,「김정열회고록」, 서울: 을유문화사, 1993.
딘 러스크 著, 홍영주 외 공역,「딘 러스크의 증언: 냉전의 비망록」, 서
　　　울: 시공사, 1991.
리지웨이 著, 김재관 역,「한국전쟁: 제2대 유엔군 사령관 매듀 B. 리지
　　　웨이」, 서울: 정우사, 1984.

마크 클라크 著, 김형섭 역, 「다뉴브 강에서 압록강까지」, 서울: 국제문
　　화출판공사, 1981.
박경석, 「오성장군 김홍일」 서울: 서문당, 1984.
백선엽, 「韓國戰爭 一阡日」, 東京: Japan Military Review, 1988.
＿＿＿, 「군과 나」, 서울: 대륙연구소, 1989.
＿＿＿, 「길고 긴 여름날 1950년 6월 25일」, 서울: 지구촌, 1999.
Paik Sun Yup, From Pusan to Panmunjom, Dulles, Va.: Brassey's, 1992.
이형근, 「군번1번의 외길인생」, 서울: 중앙일보사, 1993.
정일권, 「6 · 25비록 - 전쟁과 휴전」, 서울: 동아일보사, 1986.
＿＿＿, 「정일권 회고록」, 서울: 고려서적, 1996.
주영복, 「내가 겪은 조선전쟁」 1 · 2권, 서울: 고려원, 1990 - 1991.
짐 하우스만/정일화 공저, 「한국대통령을 움직인 미군대위 하우스만 증
　　언」, 서울: 한국문원, 1995.
유재흥, 「격동의 세월」, 서울: 을유문화사, 1994.
육군본부 역, 「위대한 장군 밴플리트」, 대전: 육군교육사령부 자료지원처, 2001.
육사 인문사회과학처 역, 「미국의 씨이저 맥아더 원수」, 서울: 병학사, 1984.
이응준, 「回顧 90年」, 서울: 汕耕紀念事業會, 1982.
프란체스카 여사, 「6 · 25와 이승만 대통령」 (1), 서울: 중앙일보사, 1984.
한표욱, 「韓美外交 요람기」, 서울: 중앙일보사, 1984.
해롤드 노블 著, 박실 역, 「戰火속의 大使館」, 서울: 한섬사, 1980.

　(3) 英文 자료

National Archives
　Record Group 59, General Records of the Department of State
　　Decimal Files
　　　740.00119(Control) Korea Category, 1945 - 1949
　　　795.00 Category, 1950.
　Record Group 218, Records of the U. S. Joint Chiefs of Staff
　　　CCS 383.21 Korea(3 - 19 - 45)
　Record Group 273, Records of the National Security Council

Record Group 319, Records of the Army Staff

    Plans & Operations 091 Korea

    Plans & Operations 091 Korea TS

    Plans & Operations 092 TS

Record Group 338, Ear East Command

CINCFE to CG Eigth Army, 7 December 1950.

CINCCUNC to CG Eigth Army, 8 December 1950.

CINCFE to Department of Army, 5 April 1951.

CINCFE to CG Eigth Army, 19 April 1951.

DOCUMENTS OF THE NATIONAL SECURITY COUNCIL: KOREA Ⅰ (1948 − 1950).

DOCUMENTS OF THE NATIONAL SECURITY COUNCIL: KOREA Ⅱ (1951 − 1954).

DOCUMENTS OF THE NATIONAL SECURITY COUNCIL: CHINA & JAPAN(1948 − 1954).

EUSAK, Command Report, 1950. 8 ∼ 1953. 7.

EUSAK, Office of the Commanding General, General Orders No.1(1950.7.13).

FECCOM, Staff Study OPERATION "GUNPOWDER"(1949.4.12).

GHQ, UNC, Operation Order No.1(1950.8.30).

GHQ, UNC, Operation Order No.2(1950.10.2).

JCS to MacArthur, 29 December 1950.

JCS to CINCFE, 9 October 1950.

JCS to Secretary of Defense, 18 May 1951.

JCS to Secretary of Defense, 27 March 1953.

MacArthur to JCS, 7 July 1950.

Memorandum of JCS for Secretary of Defense, 9 November 1950.

Office of the Secretary of Defense Historical Office, *The Department of Defense: Documents on Establishment and Organization 1944 − 1978*, Washington, D.C.: 1978.

SWNCC 76, 77, 78, 79(1945.3.19), SWNCC 101(1945.4.7),

SWNCC 21(945.8.11), SWNCC, SWNCC, 176/30(1947.8.4),

SANACC, 176/35(1948.1.14), SANACC, SANACC 176/37(1948.1.29), 176/39(1948.3.22),

UNC/FEC, Command Report, 1950.7 – 1953.7, RG 338, NA.

UNC/FEC, Intelligence Digest & Command Report, 1950.7 – 1953.7, RG 338, NA.

U. S. The Constitution of the United States, 17 September, 1787.

U. S. Department of Commerce, *The Historical Statistics of the United States From the Colonial Times to 1957*, Bureau of the Census, Washington, D.C.: Government Printing Office, 1960.

U. S. Department of State, *Foreign Relations of United States, 1946*, vol.8, The Far East, Washington, D.C.: Government Printing Office, 1969.

_____, *Foreign Relations of United States, 1947*, vol.Ⅵ, The Far East, 1973.

_____, *Foreign Relations of United States, 1948*, vol.Ⅶ, The Far East and Australia, 1976.

_____, *Foreign Relations of United States, 1950*, vol.Ⅶ, Korea, 1976.

_____, *Foreign Relations of United States, 1951*, vol.Ⅶ, Korea and China, 1983.

_____, *Foreign Relations of United States, 1952 – 54*, vol.ⅩⅤ, Korea, 1984.

U. S. JCS 1259/27(1946.12.11), JCS 1467(1945.8.13), JCS 1483/47(1947.11.24), JCS 1483/49(1948.1.15), JCS 1483/58(1948.11.22), JCS 1483/60(1949.2.1), 1483/72(1949.7.21), JCS 1641/4(1946.4.6), JCS 1641/5(1946.4.11), JCS 1769/1(1947.4.29), RG 218, NA.

JCS 1776/3(1949.6.13), JCS 1776/4(1949.6.20), JCS 1776/6(1950.6.29), JCS 1776/8(1950.6.29), JCS 1776/9(1950.6.30), JCS 1776/10(1950.7.1), JCS 1776/16(1950.7.3), JCS 1776/20(1950.7.6), JCS 1726/5(1950.7.9), JCS 1776/27(1950.7.10), JCS 1776/39(1950.7.18), JCS 1776/41(1950.7.19), JCS 1776/54(1950.7.24), JCS 1776/61(1950.7.28), JCS 1776/62(1950.7.29), JCS 1776/70(1950.8.5), JCS 1776/76(1950.8.16), JCS 1776/78(1950.8.21), JCS 1776/96(1950.9.4), JCS 1776/102(1950.9.13), JCS 1776/104(1950.9.15), JCS 1776/109(1950.9.21), JCS 1776/116(1950.9.26), JCS 1776/117(1950.11.9), JCS 1776/121(1950.10.3), JCS 1776/130(1950.11.6), JCS 1776/152(1950.11.6),

JCS 1776/163(1950.11.17), JCS 1776/164(1950.11.22), 1776/167(1950.12.4),
1776/168(1950.12.4), JCS 1776/172(1950.12.12), JCS 1776/176(1950.12.15),
JCS 1776/178(1950.12.29), JCS 1776/179(1951.1.2), JCS 1776/186(1951.1.16),
JCS 1776/192(1951.2.24), JCS 1776/196(1951.3.5), JCS 1776/201(1951.3.26),
JCS 1776/202(1951.3.30), JCS 1776/203(1951.4.3), JCS 1776/208(1951.4.24),
JCS 1776/221(1951.5.23), JCS 1776/234(1951.6.27), JCS 1776/243(1951.8.1),
JCS 1776/249(1951.9.1), JCS 1776/255(1951.10.3), JCS 1776/260(1951.11.14),
JCS 1776/268(1951.12.18), JCS 1776/297(1952.6.19), JCS 1776/298(1952.6.24),
JCS 1776/281(1952.2.12), JCS 1776/282(1952.3.12), JCS 1776/301(1952.7.8),
JCS 1776/306(1952.8.20), JCS 1776/317(1952.9.26), JCS 1776/323(1952.10.10),
JCS 1776/340(1952.12.9), JCS 1776/365(1953.3.23), JCS 1776/370(1953.5.4),
JCS 1776/372(1953.5.13), JCS 1776/373(1953.6.5), JCS 1776/374(1953.6.9),
JCS 1800/97(1950.7.12), JCS 1800/99(1950.7.13), JCS 1800/101(1950.7.18),
JCS 1800/102(1950.7.19), JCS 1800/104(1950.7.31), JCS 1800/110(1950.9.7),
JCS 1800/111(1950.9.11), RG 218, NA.
JCS 1844/1(1948.3.17), JCS 1844/13(1948.7.21), JCS 1844/37(1949.4.27),
JCS 1844/46(1949.11.8), JCS 1849/34(1950.7.13), JCS 1849/45(1950.8.29),
JCS 1920/1(1949.5.6), JCS 1924/10(1950.6.30), JCS 1924/17(1950.7.11),
JCS 1924/19(1950.7.12), JCS 1924/41(1950.10.24), RG 218, NA.
JCS 1966/1(1948.11.10), JCS 1966/11(1949.3.9), JCS 1966/17(1949.8.9),
JCS 1966/24(1949.12.19), JCS 1966/51(1950.11.22), JCS 1992/8(1950.1.5),
JCS 1992/82, RG 218, NA.
JCS 2147/1(1950.7.24), JCS 2147/3(1950.7.31), JCS 2147/4(1950.8.10),
JCS 2147/5(1950.8.11), JCS 2147/7(1950.8.16), JCS 2147/8(1950.8.17),
JCS 2147/41(1950.7.8), JCS 2148(1950.7.10), RG 218, NA.
JCS 2150/5(1950.8.5), JCS 2150/9(1950.11.1), JCS 2150/10(1950.12.4),
JCS 2155/1(1950.8.12), RG 218, NA.
JCS 2173(1950.11.21), JCS 2173/1(1950.11.29), JCS 2173/2(1950.12.3),
JCS 2173/3(1950.12.4), JCS 2173/4(1951.6.30), JCS 2173/6(1951.8.11),
RG 218, NA.
JWPC 416/1(1946.1.8), JWPC 432/6(1946.6.10), JWPC 432/6, Revised(1946.6.14),

JWPC 432/7(1946.6.18), JWPC 476/2(1947.8.29), JPS 789(1946.3.2),
JPS 789/1(1946.4.13), RG 218, NA.

U. S. National Security Council, NSC−8(1948.4.2), NSC−8/1(1949.3.16),
NSC−8/2(1949.3.22), NSC−48(1949.6.10), NSC−48/1(1949.12.23),
NSC−48/2(1949.12.30), NSC−48/3(1951.4.26), NSC(1951.5.4),
NSC−48/5(1951.5.17), NSC−61(1950.1.27), NSC−61/1(1950.5.16),
NSC−68(1950.4.14), NSC−68/1(1950.9.21), NSC−68/2 (1950. 9.30),
NSC−68/3(1950.12.8), NSC−68/4(1950.12.14), NSC−73(1950.7.1),
NSC−73/1(1950.7.29), NSC−73/2(1950.8.8), NSC−73/3(1950.8.22),
NSC−73/4(1950.8.25), NSC−74(1950.7.10), NSC−76(1950.7.21),
NSC−76/1(1950.7.25), NSC−80(1950.9.1), NSC−81(1950.9.1),
NSC−81/1(1950.9.9), NSC−81/2(1950.11.14), NSC−85(1950.9.14),
NSC−90(1950.10.26), NSC−92(1950.12.4), NSC−95(1950.12.31),
NSC−100(1951.1.11), NSC−101(1951.1.12), NSC−118(1951.11.9),
NSC−118/1(1951.12.7), NSC−118/2(1951.12.20), NSC−134(1952.7.2),
NSC−147(1953.4.2), NSC−148(1953.4.6), NSC−154(1953.6.15),
NSC−154/1(1953.7.7), NSC−156(1953.6.23), NSC−156/1(1953.7.17),
NSC−156/1(1953.7.17), NSC−157(1953.6.25), NSC−157/1(1953.7.7),
NSC−158(1953.6.29), NSC−167(1953.10.22), NSC−167/1(1953.11.2),
NSC−167/2(1953.11.6), NSC−170(1953.10.22), NSC−170/1(1953.11.20),
NSC File, NA.

U. S. Public Law 253, "National Security Council Act of 1947", 26 July 1947.

U. S. Public Law 216, "National Security Council Amendments Acts of
1949", 10 August 1949.

U. S. Senate, Committee on Armed Services and the Committee on Foreign Relations,
Eigthy−Second Congress, *Military Situation in the Far East: Conduct an
Inquiry into the Military Situation in the Far East and the Facts
Surrounding the Relief of General of the Army Douglas MacArthur from
His Assignments in that Area*, Washington, D.C.: Government Printing
Office, 1951.

(4) 영문 회고록

Acheson, Dean G., *Present at the Creation: My Years in the State Department*, New York: W. W. Norton, 1969.

______, *The Korean War*, New York: W. W. Norton, 1969.

Bradley Omar N. and Blair, Clay, *A General's Life: An Autobiography by General of the Army*, New York: Simon & Schuster, 1983.

Clark, Mark Wayne, *From the Danube to the Yalu*, New York: Harper and Bros., 1954.

Clayton, James, D., *The Years of MacArthur: Triumph And Disaster, 1945 – 1964*, Boston: Houghton Mifflin, 1985.

Collins, J. Lawton, *War in Peacetime: The History and Lessons of Korea*, Norwalk, Connecticut: the Eastern Press, 1969.

Donovan, Robert J., *Tumultuous Years: The Presidency of Harry S. Truman, 1949 – 1953*, New York: W. W. Norton, 1982.

Eisenhower, Dwight D., *The White House Years: Mandate for Change, 1953 – 1956*, Garden City, New York: Doubleday, 1963.

Gunther, John, *The Riddle of MacArthur*, New York: Harper and Bros., 1951.

Kennan, George F., *American Diplomacy, 1900 – 1950*, Chicago: University of Chicago Press, 1951.

Khrushchev, Nikita, *Khrushchev Remembers*, Boston: Little, Brown, 1970.

MacArthur, Douglas, *Reminiscences*, New York: Mcgraw Hill, 1964.

Manchester, William, *American Caesar: Douglas MacArthur, 1880 – 1964*, New York: Dell, 1978.

Noble, Harold Joyce, *Embassy at War*, Seattle: University of Washington Press, 1975.

Ridgway, Matthew B., *The Korean War*, Garden City, NY: Doubleday, 1967.

Schaller, Michael, *Douglas MacArthur: The Far Eastern General*, New York: Oxford University Press, 1989.

Truman, Harry S., *Year of Decisions*, Vol. Ⅰ, Garden City, NY: Doubleday, 1955.

______, *Years of Trial and Hope*, Vol. Ⅱ, Garden City, NY: Doubleday,

1956.

Whitney, Courtney, *MacArthur: His Rendezvous With History*, New York: Knopf, 1956.

2. 2차 자료

(1) 단행본

1) 國文

강성철, 「주한미군」, 서울: 일송정, 1988.
강성학 외, 「주한미군과 한미 안보협력」, 서울: 세종연구소, 1996.
권용립, 「미국대외정책사」, 서울: 민음사, 1997.
구영록 외, 「한국과 미국」, 서울: 박영사, 1983.
국방대학원, 「미국의 국가안전보장 정책결정 과정」, 서울: 국방대학원, 1990.
국방대학원, 「전쟁지도에 관한 연구」, 서울: 국방대학원, 1984.
국방대학원 역, 「미국의 전쟁전략과 정책」, 서울: 국방대학원, 1993.
국방대학원 역, 「戰爭의 指導」, 서울: 국방대학원, 1960.
국방부 군사편찬연구소, 「한국전쟁사의 새로운 연구」①, 서울: 군사편찬 연구소, 2001.
__________________, 「한국전쟁사의 새로운 연구」②, 서울: 군사편찬연구소, 2002.
__________________, 「軍事史 硏究叢書」 제1집, 서울: 군사편찬연구소, 2001.
__________________, 「軍事史 硏究叢書」 제2집, 서울: 군사편찬연구소, 2002.
김덕중 외, 「한미관계의 재조명」, 서울: 경남대학교 극동문제연구소, 1988.
김원모, 「한미외교관계 100년사」, 서울: 철학과 현실사, 2002.
김연진 외, 「미국인의 역사」 제1 · 2 · 3권, 서울: 비봉출판사, 1998.
김영호, 「한국전쟁의 기원과 전개과정」, 서울: 두레, 1998.
김진웅, 「現代美國外交史」, 서울: 아세아문화사, 1987.
______, 「냉전의 역사」, 서울: 비봉출판사, 1999.

남정옥, 「한미군사관계사 1871－2002」, 서울: 국방부군사편찬연구소, 2002.

문창극, 「한미갈등의 해부」, 서울: 나남출판, 1994.

미국사 연구회, 「미국 역사의 기본사료」, 서울: 소나무, 1992.

박두복 편, 「한국전쟁과 중국」, 서울: 백산서당, 2001.

박명림, 「한국전쟁의 발발과 기원」 1·2권, 서울: 나남출판, 1996.

박무성 역, 「미국 외교정책사」, 서울: 범조사, 1983.

박영호 외, 「한미관계사」, 서울: 실천문학사, 1990.

박인숙 역, 「미국 외교의 비극」, 서울: 도서출판 늘함께, 1995.

박재규, 「冷戰과 美國의 對아시아 政策」, 서울: 박영사, 1982.

박철규 역, 「미 국방성과 전쟁술」, 서울: 명지출판사, 1986.

서상문, 「毛澤東과 6·25전쟁」, 서울: 국방부군사편찬연구소, 2006.

서울신문사, 「駐韓美軍 30年」, 서울: 杏林出版社, 1979.

선우학원, 「한·미관계 50년사」, 서울: 일월서각, 1997.

양동안, 「대한민국 건국사」, 서울: 현암사, 1998.

윌리암 스툭 저, 김형인·김남균 외 공역, 「한국전쟁의 국제사」, 서울: 푸른역사, 2001.

＿＿＿＿＿＿, 서은경 역, 「한국전쟁과 미국외교정책」, 서울: 나남출판, 2005.

유영익·이채진 편, 「한국과 6·25전쟁」, 서울: 연세대학교출판부, 2003.

육군교육사령부, 「戰爭指導 理論과 實際」, 대전: 교육사령부, 1991.

이보형 외, 「미국사 연구서설」, 서울: 일조각, 1984.

이삼성, 「미국의 대한 정책과 한국 민족주의」, 서울: 한길사, 1993.

이수형 역, 「미국 외교정책사」, 서울: 한울 아카데미, 1997.

이정혁, 「팀스피리트와 미국의 군사전략」, 서울: 동녘신서, 1989.

이종판 외, 「한국전쟁의 진실」, 서울: 국방대학원 안보문제연구소, 2002.

이주영·김연진 외, 「미국 현대사」, 서울: 비봉출판사, 1996.

장해광 역, 「한미 정책 배경론」, 서울: 학문사, 1986.

정일영 편, 「한국외교 반세기의 재조명」, 서울: 나남출판, 1993.

진덕규, 「미군정시대의 국가와 행정」, 서울: 이화여자대학교 출판부, 1996.

차상철, 「해방전후 미국의 한반도정책」, 서울: 지식산업사, 1991.

＿＿＿, 「한미동맹 50년」, 서울: 생각의 나무, 2004.

차상철·김남균 외, 「미국 외교사」, 서울: 비봉출판사, 1999.

최영보 외, 「미국현대외교사」, 서울: 비봉출판사, 1998.

한국전쟁연구회 편, 「탈냉전시대의 6·25전쟁의 재조명」, 서울: 백산서
　　당, 2000.

한배호 역, 「미국의 한국참전결정」, 서울: 범문사, 1968.

______, 「미국의 대한 정책」, 서울: 한림대학교 아시아문제연구소,
　　1998.

함성득 외, 「미국정치와 행정」, 서울: 나남출판, 1999.

2) 日文

陸戰史研究普及會, 「朝鮮戰爭第」 1～10卷, 東京: 原書房, 昭和41.

佐佐木春隆, 「朝鮮戰爭 韓國」(上中下), 東京: 原書房, 昭和51.

3) 英文

Appleman, Roy E., *South to the Naktong, North to the Yalu, June－November
　　1950*, United States Army in the Korean War, Washington, D.C.:
　　Government Printing Office, 1961.

______, *East of Chosin: Entrapment and Breakout in Korea,1950*, College
　　Station: Texas A&M University Press, 1987.

______, *Disaster in Korea: The Chinese Confront MacArthur*, College Station:
　　Texas A&M University Press, 1989.

______, *Ridgway Duels for Korea*, College Station: Texas A&M University
　　Press, 1990.

Bailey, Syndney D., *The Korean Armistice*, New York: St. Martin's Press,
　　1992.

Barros, James and Lie, Trygve, *The Cold War*, University of Illinois Press,
　　1989.

Blair, Clay, *The Forgotten War: America in Korea, 1950－1953*, New York:
　　Times Book, 1987.

Braim, Paul F., *The Will to Win*, Annapolis: The Naval Institute Press, 2000.

Bohlen, Charles E., *Witness to History 1929 – 1969*, New York: Norton, 1973.

Borden, William S., *The Pacific Alliance*, Madison: University of Wisconsin Press, 1984.

Brauer, C. M., *Presidential Transitions: Eisenhower through Reagan*, New York, 1986.

Bueschel, Richard M., *Communist Chinese Air Power*, New York: Praeger, 1968.

Cagle, Malcolm W., and Manson, Frank A., *The Sea War in Korea*, Washington, D.C.: U. S. Naval Institute, 1957.

Caridi, Ronald J., *The Korean War and American Politics: The Republican Party as a Case Study*, Philadelphia: University of Pennsylvania Press, 1968.

Clark, Keith C. and Legere, Laurence J., *The President and the Management of National Security*, New York: Frederick A. Praeger Publisher, 1969.

Condit, Doris M., *History of the Office of the Secretary of Defense*, Vol. II, *The Test of War, 1950 – 1953*, Washington, D.C.: Government Printing Office, 1988.

Cowdrey, Albert E., *The Medic's War, U. S. Army in the Korean War*, Washington, D.C.: Office of the Chief of Military History, United States Army, 1987.

Eisenhower, Dwight D., *The White House: Mandate for Change, 1953 – 1956*, Garden City, NY: Doubleday and Company, 1963.

Field, James A., *United States Naval Operations, Korea*, Washington, D.C.: Department of the Navy, 1962.

Fehrenbach, T. R., *This Kind of War: A Study in Preparedness*, New York: Macmillan, 1963.

Finley, James P., *The US Military Experience in Korea, 1871 – 1982: In the Vanguard of ROK – US Relations*, San Francisco: Command Historian's Office, Secretary Joint Staff, Hqs, USFK/EUSA, 1983.

Foot, Rosemary, *The Wrong War: American Policy and the Dimensions of the Korean Conflict, 1950 – 1953*, Ithaca, NY: Cornell University Press,

1985.

__________, *A Substitute for Victory: The Politics of Peacemaking at The Korean Armistice Talks*, Ithaca, NY: Cornell University Press, 1990.

Futrell, Robert F., *The United States Air Force in Korea: 1950 − 1953*, Washington, D.C.: Government Printing Office, 1983.

Goldstein, Donald M., and Andrews Jr., Henry L., *Security in Korea: War, Stalemate, and Negotiation*, Boulder · San Francisco · Oxford: Westview Press, 1994.

Goulden, Joseph C., *Korea: The Untold Story of the War*, New York: Times Books, 1982.

Gurney, Gene, *A Pictorical History of the United States Army*, New York: Crown Publishers, INC., 1977.

Hastings, Max. *The Korean War*, New York: Simon & Schuster, 1987.

Hess, Garry R., *Presidential Decisions for War: Korea, Vietnam, and the Present Gulf*, Baltimore and London: The Johns Hopkins University Press, 2001.

Hermes, Walter G., *Truce Tent and Fighting Front, U. S. Army in the Korean War*, Washington, D.C.: Office of the Chief of Military History, United States Army, 1966.

Huston, James A., *The Sinews of War: Army Logistics, 1775 − 1953*, Washington, D.C.: Center of Military United States Army, 1988.

James, D. Clayton, *Refighting the Last War Command and Crisis in Korea 1950 − 1953*, New York: The Free Press, 1993.

Jordan, Amos A. Taylor, Jr., William J., and Mazarr, Michael J. *American National Security*, Baltimore: Johns Hopkins University Press, 1999.

Kinnard, Douglas, *The Secretary of Defense*, Lexington: University of Kentucky, 1980.

Korb, Lawrence J., *The Joint Chiefs of Staff: The First Twenty − Five Years*, Bloomington: Indiana University Press, 1976.

Kuokka, Hubard D., Montross, Lynn and Hicks, Norman W. *U. S. Marine Operations in Korea*, Vol.Ⅳ, Washington: Historical Divisions, G − 3,

U. S.M.C., 1975.

Levy, Jacks S., *War in the Modern Great Power System, 1495 − 1975*, The University Press of Kentucky, 1983.

Marshall, S. L. A., *The River and the Gauntlet*, New York: William Morrow, 1953.

Martain, Michael and Gelber, Leonard, *Dictionary of American History*, Totowa, New Jersey: Littlefield, Adams & Co, 1965.

Matray, James I., *The Reluctant Crusade: American Foreign Policy in Korea, 1941 − 1950*, Honolulu: University of Hawaii Press, 1985.

McDonald, Donald S., *U. S. − Korean Relations from Liberation to Self − Reliance*, Oxford: Westview Press, 1992.

Mossman, Billy C., *Ebb and Flow November 1950 − July 1951*, Washington, D.C.: Center of Military History U. S. Army, 1990.

Muller, John, *Retreat from Doomsday: The Obsolescence of Modern War*, New York: Basic Books, 1989.

Mueller, John E., War, *Presidents, and Public Opinion*, New York: John Wiley, 1973.

Osgood, R. E., *Limited War: The Challenge to American Strategy*, Chicago: University of Chicago Press, 1957.

Paterson, Thomas G., Clifford, J. Garry and Hagan, Kenneth J. *American Foreign Policy: A History/1900 to Present*, Lexington: D.C. Heath And Co., 1988.

Quiang, Zhai, *The Dragon, Lion, and Eagle: Chinese − British − American Relations, 1949 − 1958*, Kent, Ohio: Kent State University Press, 1994.

Rees, David, *Korea: The Limited War*, New York: St. Martin's Press, 1964.

Sandler, Stanley, *The Korean War: An Encyclopedia*, New York: Garland, 1995.

Sawyer, Robert K., *Military Advisors in Korea: KMAG in Peace and War*, Washington, D.C.: Office of the Chief of Military History, U. S.

Army, 1962.

Scalapino, Robert A., *The United States and Korea: Looking Ahead*, Beverly Hills/London: Sage Publications, 1979.

Schilling, Warner R., Hammond, Paul Y., and Synder, Glenn H. *Strategy, Politics, and Defense Budgets*, New York: Columbia University Press, 1952.

Schnabel, James F., *United States Army in the Korean War — Policy and Direction: The First Year*, Washington, D.C.: Office of the Chief of Military History, United States Army, 1972.

Schnabel, James F. and Watson, Robert J., *The History of the Joint Chiefs of Staff: The Joint Chiefs of Staff and National Policy*, Vol. Ⅲ — *The Korean War*, Washington, D.C.: The Joint Chiefs of Staff, 1978.

Shugang, Zhang, *Deterrence and Strategic Culture: Chinese American Confrontations, 1949 — 1958*, Ithaca, New York: Cornell University Press, 1992.

Small, Melvin, *Was War Necessary?: National Security and U. S. Entry into War*, Beverly Hills, SAGE Publications, 1980.

Spanier, John W., *The Truman — MacArthur Controversy and the Korean War*, New York: W. W. Norton, 1965.

_______, *American Foreign Policy Since World War Ⅱ*, 12 rev. ed., Washington, D.C.: Congressional Quarterly, 1992.

Stuckey, John D. and Pistorious, Joseph H., *Mobilization of the Army National Guard and Army Reserve: Historical Perspective and the Vietnam War*, Carlisle Barracks, PA: Strategic Studies Institute, U. S. Army War College, 1984.

Summers, Harry G., *Korean War Almanac*, New York: Facts on File, 1990.

Toland, John, *In Mortal Combat: Korea, 1950 — 1953*, New York: William Morrow, 1991.

Torkunov, Anatoly, *The War in Korea 1950 — 1953: Its Origin, Bloodshed and Conclusion*, Tokyo: ICF Publishers, 2000.

Trofimenko, Gerinkh, *The U. S. Military Doctrine*, Moscow: Progress

Publishers, 1986.

Tucker, Spencer C., *Encyclopedia of the Korean War: A Political, Social, and Military History*, New York: Facts on File, 2002.

Weigley, Russell F., *The American Way of War: A History Of United States Military Strategy And Policy*, Bloomington, IN: Indiana University Press, 1973.

Whiting, Alan S., *China Crosses the Yalu: The Decision to Enter the Korean War*, New York: Macmillan, 1960.

Williams, William J., *A Revolutionary War: Korea and the Transformation of the Postwar World*, Chicago: Imprint Publications, 1993.

(2) 논문

1) 國文

김남균, 「세계사적 관점에서 본 맥아더」, 「한국전쟁의 성격과 맥아더 논쟁의재조명」, 한국전쟁학회 2006년 춘계학술회의, 2006.3.

김철범, 「한국전쟁과 미국외교정책」, 김철범 편, 「한국전쟁을 보는 시각」, 서울: 을유문화사, 1990.

김계동, 「미국의 대한반도 군사정책 변화」, 「군사」 제20호, 서울: 전사편찬위원회, 1990.

남정옥, 「미국 트루먼 행정부의 대유럽정책」, 「史學志」 제32호, 서울: 단국대학교, 1999.

______, 「6·25전쟁시 주일 미군의 한반도 전개」, 「6·25전쟁시 주일 미군의 한반도 전개」, 한·일군사사워크숍, 서울: 국방부군사편찬연구소, 2004.11.8.

______, 「6·25전쟁시 주일 미군의 참전결정과 한반도 전개」, 「군사」 54호, 서울: 국방부군사편찬연구소, 2005.

______, 「6·25전쟁시 미군의 한반도 전개양상과 특징」, 「6·25전쟁과 동북아 군사관계의 변화」, 6·25전쟁국제학술세미나, 서울: 국방부 군사편찬연구소, 2005.6.9.

______, 「6·25전쟁 초기 미국의 정책과 전략, 그리고 전쟁지도」, 「군

사」 제59호, 서울: 국방부 군사편찬연구소, 2006.

남주홍, 「미국의 참전」, 「한국전쟁의 정치외교사적 고찰」, 서울: 평민사, 1989.

문창극, 「한미간의 갈등유형연구」, 서울: 서울대학교 박사학위논문, 1993.

민병천, 「미국의 대한군사정책 전개」, 「軍史」 제4호, 서울: 전사편찬위원회, 1982.

박명림, 「한국전쟁의 전개과정」, 「한국전쟁 연구」, 서울: 태암, 1990.

서용선, 「미국의 한국전쟁 개입정책에 관한 연구」, 서울: 단국대학교 박사학위논문, 1998.

서주석, 「한국전쟁의 초기 전개과정」, 하영선 편, 「한국전쟁의 새로운 접근」, 서울: 나남출판, 1990.

양규송, 「중국의 한국전 출병 시말」, 「한국전쟁과 중국」, 서울: 백산서당, 2001.

엄영호, 「한국의 전쟁지도에 관한 연구」, 서울: 건국대학교 석사학위논문, 1988.

온창일, 「超總力戰 그리고 制限戰－6・25전쟁의 遂行過程」, 「6・25전쟁의 정치외교사적 고찰」, 서울: 평민사, 1989.

______, 「한국전쟁과 한미상호방위조약」, 「탈냉전시대 한국전쟁의 재조명」, 서울: 백산서당, 2000.

이광일, 「한국전쟁의 발발 및 군사적 전개과정」, 「한국전쟁의 이해」, 서울: 역사비평사, 1990.

이상호, 「한국의 전쟁지도체제에 관한 연구」, 연세대학교 석사학위논문, 1980.

이원덕, 「한국전쟁 직전의 주한미군 철수」, 「한국전쟁의 새로운 접근: 전투주의와 수정주의를 넘어서」, 서울: 나남출판사, 1990.

이철순, 「이승만 정권기 미국의 대한 정책 연구」, 서울: 서울대학교 박사학위논문, 2000.

조성훈, 「한국전쟁 중 유엔군의 포로정책 연구」, 성남: 한국정신문화연구원 한국학 대학원 박사학위논문, 1998.

______, 「맥아더와 한국전쟁: 인천상륙작전 재평가」, 「한국전쟁의 성격과 맥아더 논쟁의 재조명」, 한국전쟁학회 2006년 춘계학술회

의, 2006.3.

정용욱, 「1942 – 47년 美國의 對韓政策과 過渡政府 形態 構想」, 서울:
　　서울대박사학위논문, 1996.

＿＿＿＿, 「韓國戰爭時 美軍 防諜隊 組織 및 運用」, 「軍事史研究叢書
　　」 1집, 서울: 軍史編纂研究所, 2001.

정일영, 「韓國戰爭의 國際法的 性格」, 「季刊 現代史」創刊號, 서울언
　　론 문화클럽, 1980.11.

정춘일, 「한미군사관계의 역사적 변천」, 「軍史」 제23호, 서울: 전사편
　　찬위원회, 1991.

정토웅, 「한국전쟁 중 미8군 사령관의 작전지도」, 「전사」 제4호, 서울:
　　군사편찬연구소, 2002.6.

차상철, 「이승만과 한미상호방위조약」, 「한국과 6·25전쟁」, 서울: 연
　　세대 현대학연구소 제4차 국제학술회의, 2001.

＿＿＿＿, 「이승만과 1950년대의 한미동맹」, 「1950년대 한국사의 재조
　　명: 비판과 성찰」, 서울: 연세대 현대학연구소 제5차 국제학술회
　　의, 2002.

＿＿＿＿, 「외교가로서 이승만 대통령」, 「이승만 대통령의 역사적 재평
　　가」, 서울: 연세대 현대학연구소 제6차 국제학술회의, 2004.

최병갑, 「전쟁지도론」, 「안전보장론」, 서울: 국방대학원, 1991.

＿＿＿＿, 「전쟁지도」, 「국가안전보장론」, 서울: 국방대학원, 1992.

한배호, 「미국의 대한 정책」, 구영록 외, 「미국과 동북아」, 서울: 서울
　　대학교 미국학연구소, 1984.

＿＿＿＿, 「한미방위조약 체결의 협상과정」, 「軍史」 제4호, 서울: 전사
　　편찬위원회, 1982.

2) 英文

Bartel, Ronald F., "Attitudes toward limited war: An Analysis of elite and public
　　opinion during the Korean conflict", Ph. D. dissertation, University of
　　Illinois, 1970.

Bernstein, Barton J., "Truman's Secret Thoughts on Ending the Korean
　　War", *Foreign Service Journal* 57(November 1980): 31 – 33, 44.

Buhite, Russell D. and Hamel, William Cristopher, "War for Peace: The question of an American Preventive War against the Soviet Union", *Diplomatic History* 14(Summer 1990).

Caridi, Ronald James, "The Republican Party and the Korean War", Ph. D. dissertation, New York University, 1966.

Dingman, Roger, "Strategic Planning and the Policy Process: American Plans for War in East Asia, 1945－1950", *Naval War College Review* 32(November－December, 1979).

Flint. Roy Kenneth, "The Tragic Flaw: MacArthur, The Joint Chiefs, and the Korean War", Ph. D. dissertation, Duke University, 1976.

Joseph, Robert Gregory, "Commitments and Capabilities: United States Foreign and defense policy coordination, 1945 to the Korean War", Ph. D. dissertation, Columbia University, 1978.

Lo, Clarence Yin－Hsieh, "The Truman administration's military budgets during the Korean War", Ph. D. dissertation, University of California, 1978.

Osmer, Harold Henry, "United States Religious Press Response to the Containment Policy during the period of the Korean War", Ph. D. dissertation, New York University, 1970.

Ostholm, Hakon, "The First Year of the Korean War: The Road Toward Armistice", Ph. D. dissertation, Kent State University, 1982.

Riggs, James Richard, "Congress and the Conduct of the Korean War", Ph. D. dissertation, Purdue University, 1972.

Sanders, Jerry Wayne, "Peddlers of Crisis: The Committee on the President danger and the Legitimation of Containment Militarism in the Korean War and Post－Vietnam Periods", Ph. D. dissertation, University of California, 1980.

Twedt, Michael S., "The War Rhetoric of Harry S. Truman during the Korean Conflict", Ph. D. dissertation, University of Kansas, 1969.

Wood, Hugh Garland, "American Reaction to Limited war in Asia: Korea and Vietnam", Ph. D. dissertation, University of Colorado, 1974.

남정옥

▌약 력

충남대학교와 단국대학교에서 미국 현대사 전공
단국대학교 대학원 사학과(문학박사)
현재 국방부 군사편찬연구소 책임연구원, 우남이승만연구회 이사

▌주요논문 및 저서

『한미군사관계사』
『한국전쟁사의 새로운 연구』(공저)
『6·25전쟁사』(공저)
『알아봅시다! 6·25전쟁사』(공저)
『전투지휘의 실과 허』(번역)
「한국전쟁 주요 10대 전투고찰」
「국민방위군」
「미국 군사전략의 발전과 분석 고찰」
「미국의 마샬(Marshall) 계획과 유럽통합정책」
「미국 트루먼 행정부의 대유럽정책」
「미국의 국제전쟁 개입원인과 국가안보」
「한국전쟁시 미국 합동참모본부의 역할」
「6·25전쟁시 주일 미군의 참전결정과 한반도 전개」
「6·25전쟁 초기 미국의 정책과 전략, 그리고 전쟁지도」
「6·25전쟁시 미국 지상군의 한반도 전개방침과 특징」
「6·25전쟁의 주요 전투에 나타난 국가수호정신」
「한국전쟁시 남북한 점령지역 정책과 민사작전 분석」
「6·25전쟁기 북한의 게릴라전 지도와 수행」
「태평양전쟁기 이승만 박사의 군사외교와 활동」
「6·25전쟁시 이승만 대통령의 국가수호노력」
「6·25전쟁시 이승만 대통령의 전쟁지도(戰爭指導)」
「이승만 대통령 기록물 이해」
「건군 전사: 건군 주역들의 시대적 배경과 군사경력」 외 다수

미국은 **왜**
한국전쟁에서
휴전할 수밖에
없었을까

초판인쇄 | 2010년 3월 5일
초판발행 | 2010년 3월 5일

지은이 | 남정옥
펴낸이 | 채종준
펴낸곳 | 한국학술정보㈜
주　　소 | 경기도 파주시 교하읍 문발리 파주출판문화정보산업단지 513-5
전　　화 | 031) 908-3181(대표)
팩　　스 | 031) 908-3189
홈페이지 | http://www.kstudy.com
E-mail | 출판사업부　publish@kstudy.com
등　　록 | 제일산-115호(2000. 6. 19)

ISBN　978-89-268-0854-2 93390 (Paper Book)
　　　　978-89-268-0855-9 98390 (e-Book)

내일을여는지식 은 시대와 시대의 지식을 이어 갑니다.